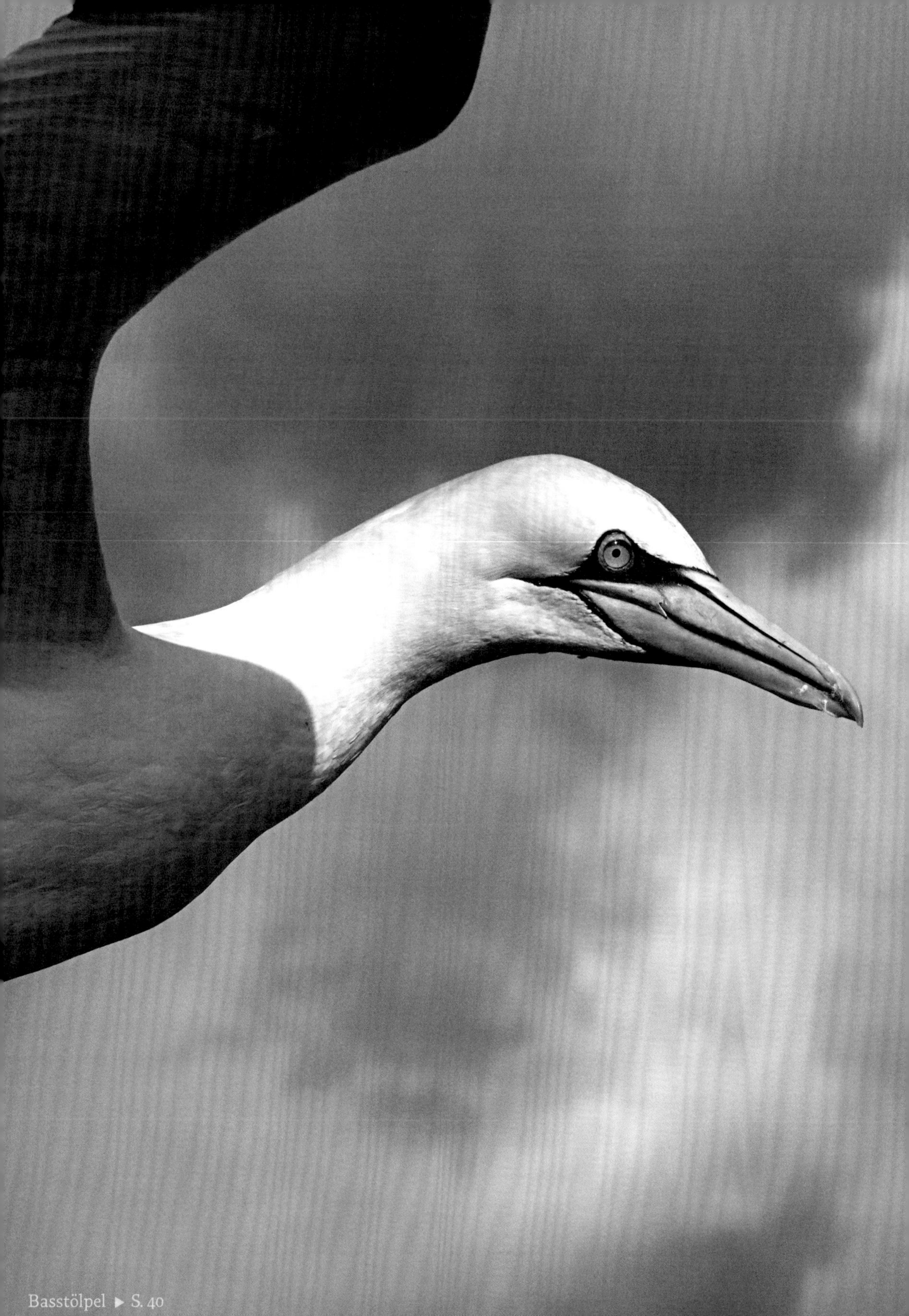

Basstölpel ▸ S. 40

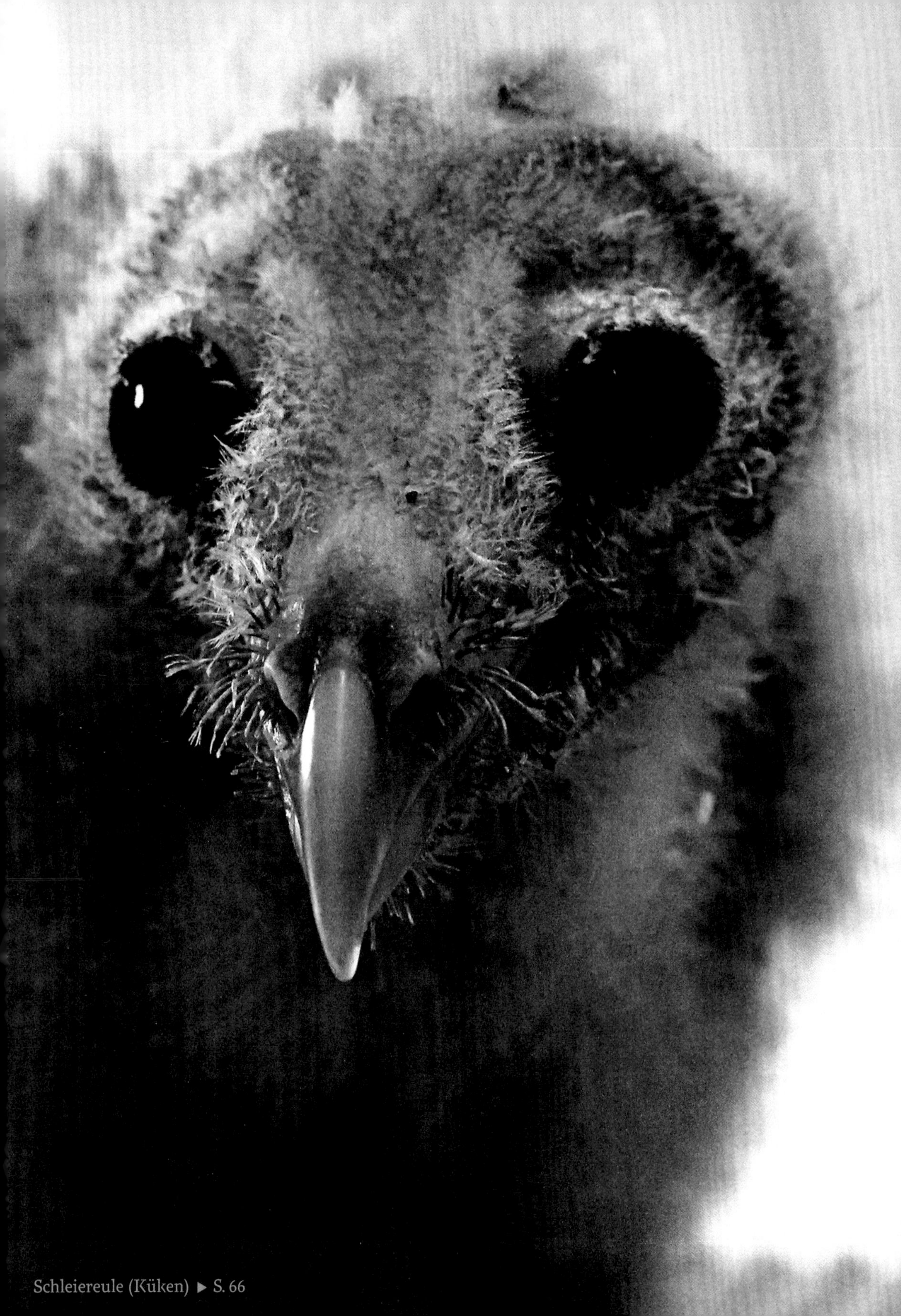

Schleiereule (Küken) ▶ S. 66

TOM KRAUSZ

Texte
Elke Heidenreich & Urs Heinz Aerni

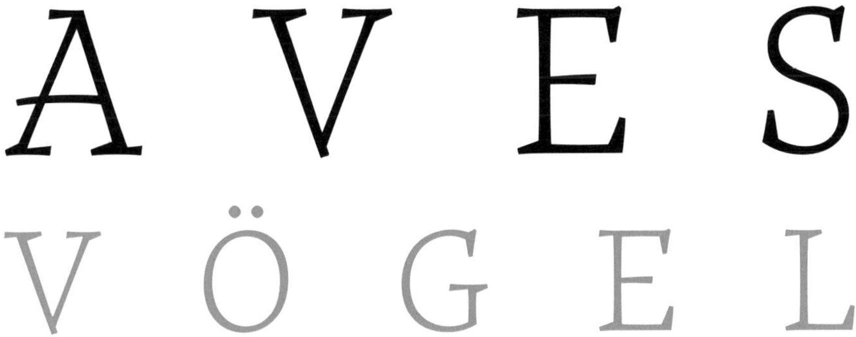

Charakterköpfe

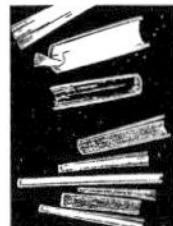

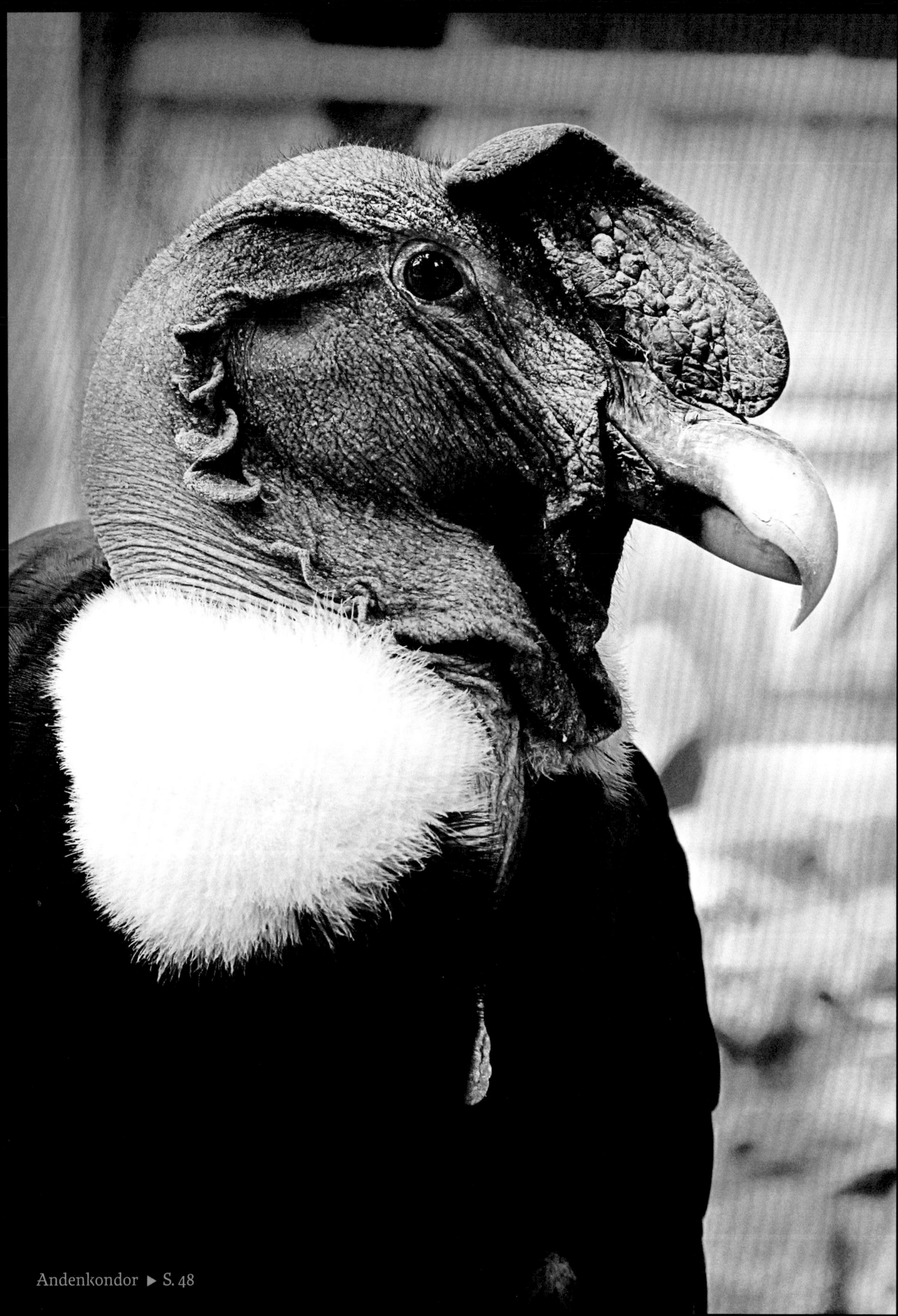

Andenkondor ▶ S. 48

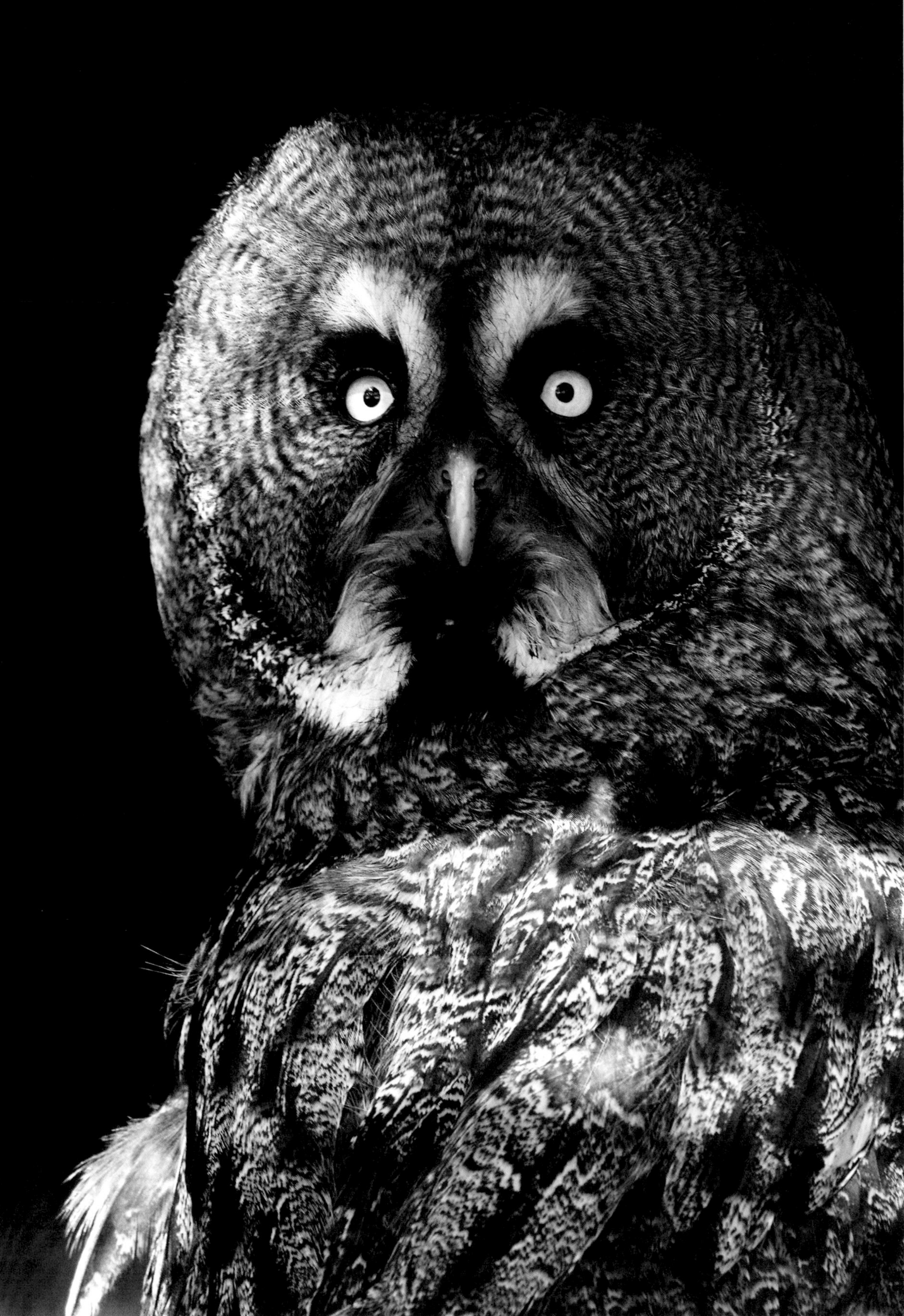

SIE SEHEN UNS AN ...

von Elke Heidenreich

Vor mehr als zwanzig Jahren bin ich mit Tom Krausz, der mir auf dieser ersten Reise zum Freund für immer wurde, durch Neuseeland gereist auf den Spuren der Pinguine. Wenn sie an abgelegenen Stränden im Morgengrauen auftauchten, sahen wir aus der Nähe nicht die erwarteten putzigen Kerlchen im Frack, sondern Raubvögel mit scharfen Augen und starken Schnäbeln. Und wir sahen Albatrosse mit riesigen Spannweiten, die wochenlang in der Luft bleiben und jeden kleinen Fisch von hoch oben entdecken. Vor zwanzig Jahren sind Tom und ich auf den Spuren von Macbeth durch Schottland gewandert, und er wollte eine Eule fotografieren, weil Eulen in Shakespeares »Macbeth« eine Rolle spielen. Die puschelige Eule: letztlich auch ein Raubvogel mit durchdringendem Blick und beachtlichem Schnabel. Als wir am Grab des von uns verehrten Dichters Dylan Thomas in Wales einen Whisky auf ihn tranken und etwas aßen, pickten kleine Vögel zutraulich die Krümel auf. Irgendwie flog und fliegt immer etwas um uns herum, und immer spürte ich Toms Faszination für diese freien Tiere, die doch so nah bei uns Menschen leben.

Heute habe ich einen Garten, in dem ich Meisen, Finken, Amseln, ein Dompfaffpärchen, ein Rotkehlchen, einen Buntspecht beobachten kann. Und nachts höre ich das Käuzchen, es wohnt in der alten Eiche. Aufgewachsen bin ich als Großstadtkind, das Vögel vor allem aus Büchern, aus Liedern und Opern kannte ... Da kommt ein Vogel geflogen und bringt von der Mutter einen Gruß, da sind alle Vögel schon da, da flög ich zu dir, wenn ich ein Vöglein wär. Und da war es auch immer schon die Nachtigall und nicht die Lerche, die die Nacht für die Liebenden verlängerte – fataler Irrtum bei Romeo und Julia. Mozart schuf in seiner »Zauberflöte« einen unvergesslichen Vogelfänger, Rossini eine diebische Elster, »La gazza ladra«, und in Wagners »Ring des Nibelungen« ist es ein Waldvogel, dessen Sprache Siegfried versteht und der ihn zu Brünnhilde auf den Isenstein führt.

Auch in unsere Alltagssprache ist der Vogel eingegangen: Wir zeigen uns einen Vogel, rupfen ein Hühnchen mit jemandem, denken, dass ein Spinner wohl einen Vogel haben muss oder gar selbst ein schräger Vogel ist. Und die Dichter hatten es schon immer mit den Gefiederten, die Freiheit, Sehnsucht, Weite symbolisieren. Der Wiener Poet H. C. Artmann schrieb: *»Fliang, fliang, fliang mechad e hoed kena, ohne maschinarii, wi a fogal auf fligln«.* Wer möchte das nicht – fliegen können, frei wie ein Vogel. 1979 sang Leonard Cohen *»Like a bird on the wire ... I have tried in my way to be free.«* Die Freiheit des Vogels oben auf der Stromleitung ist teuer erkauft, sein Lebensraum wird zunehmend ungemütlich, falls er nicht gleich ganz verschwindet. Nester werden geplündert, Futterplätze zugebaut. Die Vögel, die Tom in diesem Buch porträtiert, sehen fast alle streng oder sorgenvoll aus: Sie kämpfen ums Überleben, es ist bestimmt nicht leicht, ein Vogel zu sein. Nigel Hinton beschreibt in seinem anrührenden Roman »Im Herzen des

Bartkauz ▶ S. 72

Tals« (»The Heart of the Valley«, 1986) das Leben einer kleinen Heckenbraunelle: Ihr erstes Nest reißt der Sturm herunter, das zweite ein Auto beim Wenden, in das dritte legt ein Kuckuck sein Ei, sie füttert ihn groß und stirbt am Ende an Erschöpfung. Tauben, diese sanften, friedlichen Tiere – Picasso malte sie als Friedenssymbol und nannte seine Tochter Paloma –, die Tauben, die der Mensch einst aus dem Wald gelockt und an sich gebunden hat, werden heute als »Ratten der Lüfte« verteufelt und führen in unseren Städten ein armseliges Leben, gehasst und verachtet.

Free like a bird? Das trifft es nur noch selten, und man sieht es in diesen Fotos. Statt dessen Anspannung, Wachsamkeit, Misstrauen, Verletzlichkeit. Den Vogel zeichnet aus, dass er fliegen kann – bei Tom Krausz: keine Flügel, keine Krallen, nur Gesichter. Diese Blicke! Seine Porträts sind von großer Würde, sie nötigen uns Respekt und Staunen ab, sogar Furcht. Dem Weißkopfseeadler, Amerikas Wappentier, mit seiner imposanten Spannweite bis zu zweieinhalb Metern möchte man lieber nur in gebührender Entfernung begegnen. Tom Krausz interessiert vor allem sein Blick: helle Augen, ein Schnabel wie eine Waffe, eine Löwenmähne – ganz eindeutig der König der Lüfte.

Noch nie habe ich in so viele faszinierende Vogelgesichter geblickt wie in diesem Buch. Nie bin ich überhaupt auf die Idee gekommen, man könnte Vögel fotografieren ohne das, was sie definiert: ihre Flügel. In diesem Buch sehen wir sprechende Gesichter, Charakterköpfe: Rechtsanwälte, Mafiosi, Hausfrauen, Charmeure, Betrüger und Naive – wie im richtigen (Menschen-)Leben –, wir sehen den Punk und den strengen Gelehrten. Und wir begreifen die Individualität jedes Einzelnen dieser Tiere wie die jedes einzelnen Menschen – nicht »die ganze Vogelschar«, sondern lauter Individualisten, jeder mit seinem Überlebenskampf beschäftigt, jeder Einzelne vor uns Menschen auf der Hut.

Wir lieben die Vögel, wir füttern sie, aber wir tun ihnen nicht gut, denn wir zerstören ihren Lebensraum. In Italien werden immer noch Fangnetze gespannt, um Millionen von Zugvögeln zu fangen und sie als Delikatesse zu verkaufen. Wildgänse werden abgeschossen, Singvögel in Käfige gesperrt – mit Recht schauen all diese Vögel äußerst skeptisch in die Kamera des Fotografen, obwohl der ihnen nun wirklich nichts Böses will. Wenigstens ein Mal haben die Vögel zurückgeschlagen, das war in Hitchcocks Film »Die Vögel« – aber das waren, wir wissen es heute, nur Tricks.

In diesem Buch stehen sie sich gegenüber: ein Mensch und jeweils ein Vogel. Sie blicken sich an. Sie verstehen sich nicht wirklich, sie sind beide auf der Hut. Aber wir wissen, dass sie durchaus auch zusammenleben können, Freundschaft schließen, einander respektieren. So nah und so deutlich haben wir das in Vogelgesichtern noch nie gesehen wie in diesen Porträts.

Es gibt viele wunderbare Gedichte und Zitate, in denen Vögel eine Rolle spielen. Mein Lieblingstext ist ein Gedicht von Hilde Domin:

Nicht müde werden
Sondern dem Wunder
Leise,
wie einem Vogel,
die Hand hinhalten.

Die Fotos von Tom Krausz sind leise Wunder, die uns demütiger machen.

Silberwangenhornvogel *Bycanistes brevis*

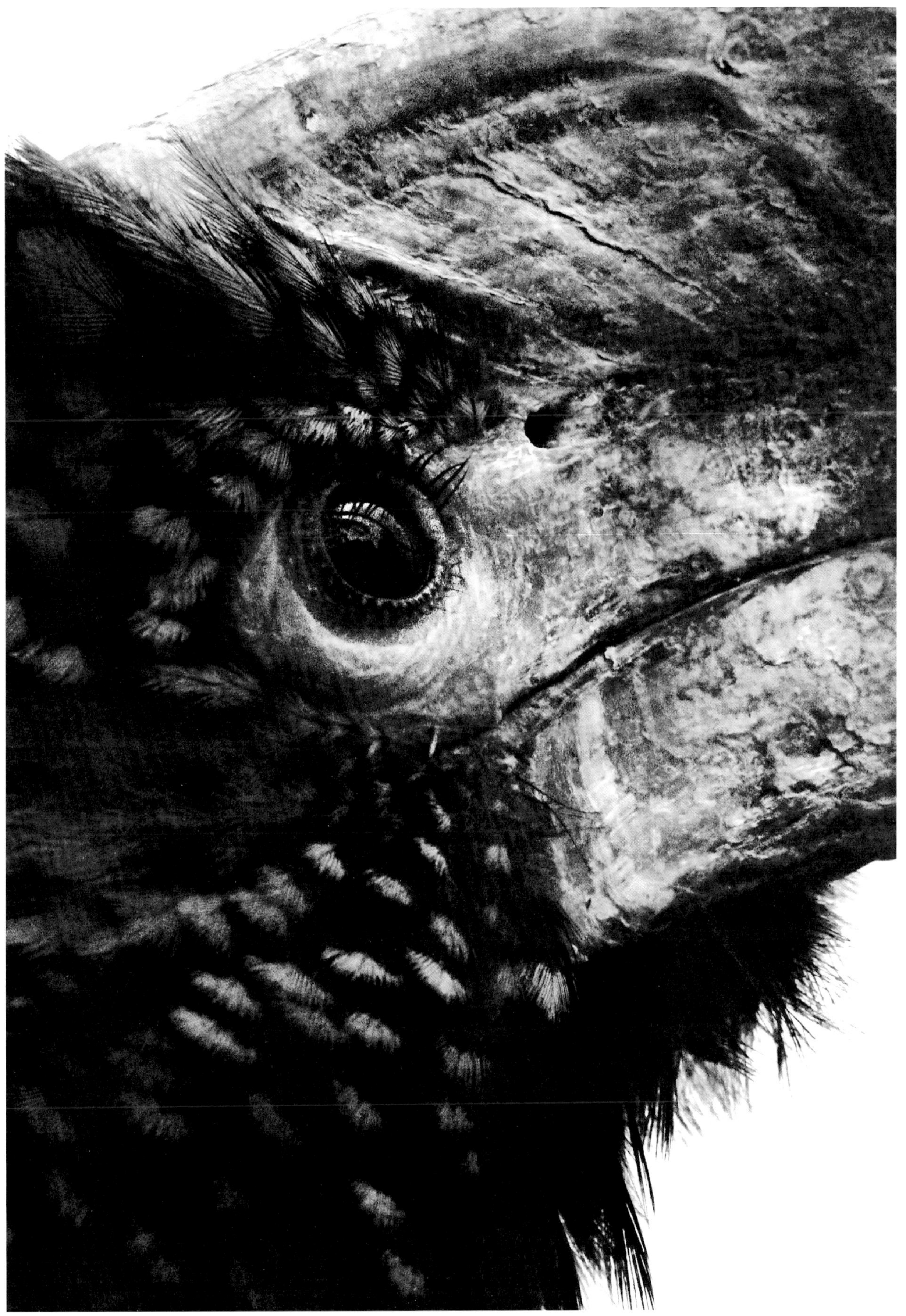

DER ERSTE UND DER LETZTE BLICK

von Prof. Dietmar Schmidt

Wenn wir ein Tier anschauen, schauen wir seine Gattung an. Das ist ein seltsamer Sachverhalt, über den wir uns, während wir wahrnehmen, wenig bewusst sind. Wie könnten wir auch, wenn wir ein höchst gegenwärtiges, lebendiges, handelndes und leidendes Wesen vor Augen haben? Und doch schleicht sich in die Betrachtung etwas Allgemeines, Abstraktes ein: die Vorstellung, das Wissen, der Begriff einer gattungsmäßigen Zugehörigkeit. Es scheint, als müssten wir eine mythische Urszene abendländischer Kultur immer und immer wiederholen: die Szene, in der Adam, der erste Mensch, die Tiere um sich versammelt, um ihnen Namen zu geben – und um im Akt der Benennung seine Herrschaft über das Tierreich zu proklamieren.

Es gibt demnach einen adamitischen Reflex, dem unsere Wahrnehmung von Tieren unterliegt, ein Wissen-Macht-Gefüge, das Begegnungen mit ihnen prägt. Das ist gewiss nichts allgemein Menschliches; unter anderen geschichtlichen, anderen kulturellen Bedingungen kann das anders sein. Aber in Verhältnissen, die von einer weitestgehenden industriellen Nutzbarmachung der Tierwelt, von einer Verknappung angestammter tierischer Lebensräume, von einer bedrohlich fortschreitenden Minimierung der Artenvielfalt geprägt sind, bekommt der mythische »erste Blick« des Adam – von dem wir nicht annehmen können, dass es ihn wirklich gegeben hat – eine denkwürdige Aktualität: Wenn wir Tiere anschauen, ist das wie ein letzter Blick, in dem sich Adams Blick wiederholt; ein letzter Blick auf eine Gattung, bevor sie verschwunden sein wird.

In der Fotografie verschärft sich dieses Problem. Die fotografisch festgehaltene Wahrnehmung eines Tiers ist ja selbst bereits eine vergangene. Die Fotografie sagt also: Dieses Tier konnte einmal gesehen werden. Aber wie ist es jetzt, heute, beim Anblick der Fotografie? Unweigerlich wird das Bild des Tiers unter diesen Bedingungen vom Aspekt der Sorge bestimmt. Die Zeichen seiner Lebendigkeit, die uns vor Augen stehen, sind zugleich Hinweis auf seinen Tod.

Physiognomik

Seit dem Zeitalter der Aufklärung wird »Leben« durch dreierlei Kriterien definiert: durch seine Empfindungsfähigkeit (Sensibilität), durch seine Erregbarkeit (Irritabilität) und schließlich durch seine Fähigkeit, sich als Gattung fortzuzeugen (Fertilität). Anschaulich sind uns vor allem die ersten beiden Merkmale, in Gestalt der leidenden und handelnden Individuen; das Überleben oder gar der Tod der Gattung dagegen stehen uns nicht unmittelbar vor Augen. Um von dem Letzteren eine Vorstellung zu gewinnen, greifen wir wiederum auf das Schicksal wahrnehmbarer Individuen zurück.

So entsteht ein sonderbarer Zirkel. Einerseits hängt die Lebendigkeit des Einzelnen an seinem Gattungsbezug; andererseits aber ist diese Gattung für uns nur durch die Individuen wirklich. Das tierische Individuum wird so zum Beispiel seiner Spezies, zum Exemplar. Es lebt nicht nur, es bedeutet: Es ist stellvertretend, zeichenhaft wahrnehmbar.

Die Tiere sind Chimären aus Leben und Bedeutung. So geraten tierische Gestalten kulturell als Bilder in Umlauf. Das geschieht auf vielerlei Wegen: Sie sind Wahrzeichen und Wappentiere, sie können Institutionen und Gemeinwesen repräsentieren (der Bundesadler, der gallische Hahn). Tiergestalten sind in die Anfänge des Spracherwerbs verstrickt, sie zieren Lesefibeln (von A wie Amsel bis Z wie Zebra). Und von alters her sind sie Chiffren physiognomischen Wissens – ja, man kann sagen, dass die tierischen Zeichen-Charaktere die Grundlage aller Physiognomik bilden.

Was ist Physiognomik? Physiognomik lehrt, vom Äußeren einer Gestalt auf »innere« oder »seelische« Eigenschaften zu schließen. Schon in den antiken »Physiognomonica« aus dem 3. Jahrhundert vor Christus, die Aristoteles zugeschrieben wurden, finden sich Beobachtungen, die das borstige Haar des Löwen mit seinem Mut in Beziehung bringen. Durch den Löwen als Gattungswesen wird dieser zeichenhafte Zusammenhang in jedem seiner Exemplare wiederholt und bekräftigt. In einem nächsten Schritt kann dieses Kennzeichen dann auf menschliche Individuen übertragen, das heißt an ihnen als äußeres Merkmal löwengleichen Mutes wiedererkannt werden.

Die Überlieferung solcher Gewissheiten, die sich, zumal mit der Autorität des Aristoteles, bis weit in die Neuzeit erstreckt hat, war wohl kaum durch ein reines Interesse an der Tierwelt geprägt. Stets mischte sich in den physiognomischen Blick auf das Tier das Interesse an einer Kultivierung der Tierkenntnis zum Vorteil des menschlichen Verkehrs: Lange vor den gigantischen Schlachthöfen im Chicago des 19. Jahrhunderts, die das Leben von Tieren industriell nutzbar machten, haben die Denkfabriken des menschlichen Geistes die Bedeutung von Tieren in Dienst genommen – für medizinische, gerichtliche, geschäftliche Zwecke.

Immer handelte es sich darum, an dem Äußeren menschlicher Individuen charakterliche Beschaffenheiten – Neigungen zu Tugenden oder Lastern – abzulesen, die aus anderen Kategorien (der Herkunft, des Standes, des Geschlechts) nicht sicher gewonnen werden konnten. Die Wiedererkennbarkeit tierischer Charakterzüge an den Subjekten schuf hier Evidenz. Aber man darf die Vertracktheit dieser Übertragungen zwischen Tieren und Menschen nicht unterschätzen: Subjekte sollten erkannt werden können, indem man die Fauna auf ein Repertoire verlässlich sich wiederholender Gattungsmerkmale reduzierte – Individualisierung von Menschen auf dem Wege der Entindividualisierung von Tieren. Es lässt sich in der Geschichte der Physiognomik beobachten, dass dieses Vorgehen umso dringlicher wurde, je stärker sich die menschlichen Individuen im Zuge der neuzeitlichen Auflösung ständischer Gesellschaftsstrukturen einer Einordnung entzogen. Als am Ende des 18. Jahrhunderts der pietistische Pfarrer Johann Caspar Lavater seine monumentalen vierbändigen »Physiognomischen Fragmente« entwarf, kam er immer wieder auf die Deutung tierischer Gestalten zurück; nicht einmal vor Insekten machte er halt.

Aves

Was es heißt, Tierphysiognomik zu betreiben – und was es heute nicht mehr heißen kann –, lässt sich sehr schön für die physiognomische Betrachtung von Vögeln nachvollziehen. Aves – die traditionelle taxonomische Bezeichnung für die Klasse der Wirbeltiere, die von den Vögeln gebildet wird – verweist auf das dominante Interesse an den exemplarischen Eigenschaften des jeweiligen Tiers. Dabei ist jedoch aufschlussreich, wie sich die physiognomische Perspektive von anderen Wahrnehmungspraktiken, etwa der Beobachtung, unterscheidet. Denken wir an Unternehmungen des *bird watching*, wie sie in jüngerer Zeit zunehmend populär geworden sind, sei es als naturkundliche Liebhaberei oder aus sportlichen Gründen, so ergibt sich ein von der physiognomischen Wahrnehmung ganz verschiedenes Bild: Hier sind Beobachter und Beobachterinnen im Spiel, die, bewaffnet mit Ferngläsern, das Flugverhalten der Vögel studieren, ihre Nistplätze aus der Ferne betrachten, ihrem Gesang lauschen und anderes mehr. Es geht darum, einen Blick auf den Vogel zu erhaschen, seine Stimme zu hören. Sportlich wird die Unternehmung, wenn man die gesehenen Arten zählt und miteinander um die Höchstzahl konkurriert; Einträge ins Buch der Rekorde sind möglich. Die Vogelbeobachtung macht deutlich, wie rar und glücklich die Anblicke der Tiere in der Natur sind. Nicht nur bei Vögeln, auch bei anderen Tieren ist das so; aber bei Vögeln, die fliegen können und also davonfliegen und sich den Blicken der Leute entziehen, ist das Problem besonders klar: Ihre Sichtbarkeit und Wahrnehmbarkeit muss erst mühsam hergestellt werden. Man muss sich anpirschen.

Der physiognomische Blick auf Vögel dagegen beobachtet nicht. Allenfalls setzt er Beobachtung voraus. Beobachtung findet nur statt, wo sich etwas bewegt. Ein Bild etwa wird nicht observiert, es wird betrachtet. Und in der Tat hat der physiognomische Blick schon immer mit einem Bild zu tun (welcher Art es auch sei: eine Zeichnung; ein Kupferstich; ein Präparat; eine Fotografie). Gewiss muss auch dieses Bild erst hergestellt werden, ebenfalls mühsam. Viel Beobachtung mag notwendig sein, um eine gelungene Aufnahme von einem Tier, und gar einem Vogel, zu erhalten. Aber all dies wird in der physiognomischen Anschauung nicht thematisiert. Die Arbeit verschwindet im Bild. Dieses Bild ist wie ein Kunstwerk, dem man die Prozesse seiner Herstellung nicht ansieht.

Weitere bedeutsame Unterschiede zwischen der Beobachtung von Vögeln und ihrer physiognomischen Betrachtung liegen auf der Hand. Notwendig blendet das Bild, mit dem die Betrachtung zu tun hat, den Lebensraum der Tiere aus. Das Tier wird nicht in seiner Umgebung gezeigt, sondern für sich. Sein Porträt sperrt das Tier ein. Das Bild ist ein Vogelkäfig. Auch Lebensgewohnheiten, Verhaltensweisen, die charakteristisch sind, ja, nicht zuletzt Vergesellschaftungen, in denen sich die Tiere individualisieren, zeigt das Bild nicht. Und auch jenes Merkmal fehlt, an dem wir einen Vogel oft zuerst erkennen: seine Stimme.

Diese, wie man sagen könnte, ungeheuerliche Reduktion kennt in der Geschichte der Physiognomik spektakuläre Beispiele.

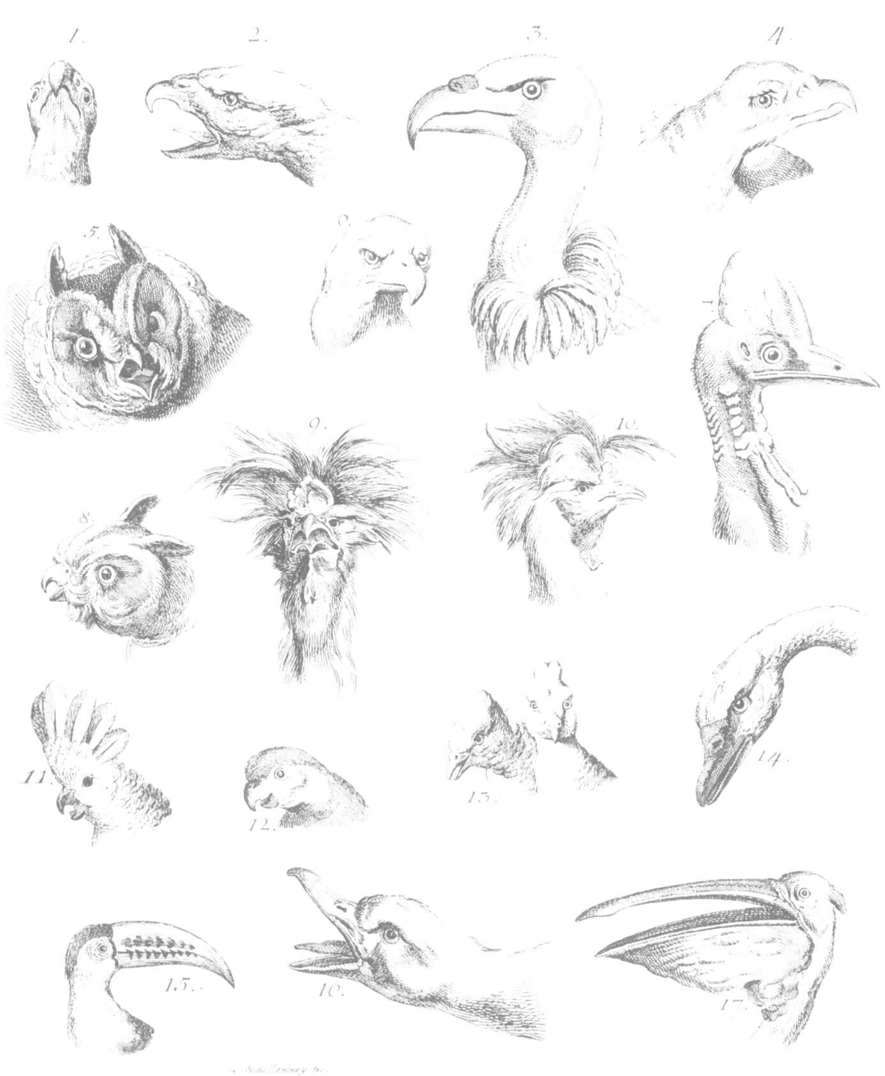

Johann Rudolf Schellenberg, »17 Köpfe von elf einheimischen und exotischen Vögeln«, in: Lavater, »Physiognomische Fragmente, zur Beförderung der Menschenkenntniß und Menschenliebe«, 1776

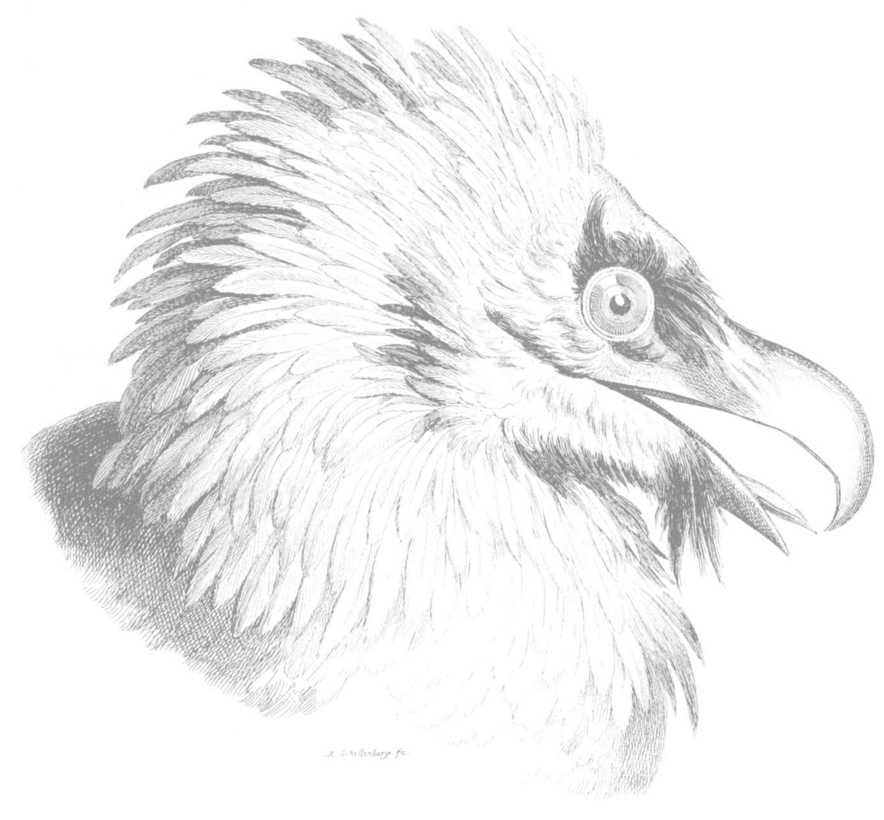

Johann Rudolf Schellenberg, »Goldadler«, 1740, in: Johann Caspar Lavater, »Physiognomische Fragmente, zur Beförderung der Menschenkenntniß und Menschenliebe«, 1776

Man kann sich hier noch einmal an den berühmten Physiognomiker der Goethezeit, Lavater, erinnern: Er arbeitete vorzugsweise mit Schattenrissen. In rigoroser Beschränkung auf die bloße Silhouette ergab sich für ihn eine elementare Sprache: eine Art Alphabet der physiognomisch deutbaren Gestalt.

Nichts unterscheidet die physiognomische Betrachtung der Vögel klarer vom *bird watching* als dieser Bezug auf die Sprache. Physiognomik findet ausschließlich statt als Relation von Text und Bild. Was das Bild vermeintlich nicht zeigt, das spricht der Text ihm zu: vor allem Charaktereigenschaften, wie sie sich in typischem Verhalten, in ausgeprägten Gewohnheiten zeigen; aber auch das Heimischsein in bestimmten Regionen oder das Unterwegssein des Zugvogels zwischen Kontinenten; und schließlich auch die Stimme. Im Verhältnis des Betrachters / der Betrachterin zum Bild, das streng als Porträt gerahmt ist, entspinnen sich Gedanken, weben sich Texte, die eine ganze Welt, eine Lebenswelt vor Augen stellen können. Über den Adler schreibt Lavater:

»Der hellen wolkenlosen Sonne kühn entgegen hebt sich der majestätische Adler, schaut weit umher in unermeßliche Gegenden, und entdeckt in der Tiefe seinen lebendigen Raub – auf der Erde, oder auf einem Baum, oder in der Luft schwebend – stürzt sich herab, ergreift ihn mit gewaltiger Klaue, und trägt ihn auf einsame Felsen, oder in Thäler mit stolzer Kraft, ihn noch vollends zu zerreissen und zu verschlingen! Wer kann ihn anschauen, ohne diese Stärke, diese siegreiche Schnellkraft, diesen stolzen Grimm, diesen furchtbaren Räuber – in seiner äussern Gestalt zu erblicken! wie funkelt sein Aug'! – Ist's nicht wie der Blick des Blitzes! [...] Aber nicht nur die Glut des blitzenden Adlerauges spricht innere Wahrheit, auch der obere Umriß, auch die übergewälzte Stirnhaut – zeigt seinen Zorn, und seinen Muth.«

Grauwerte

Inwiefern ist dieser physiognomische Blick noch zeitgemäß? Kann eine Wahrnehmung, die von einem reduzierten, aus Zusammenhängen herausgelösten Bild ausgehen will, dem heute geforderten ökologischen Denken, dem zwar nicht alles mit allem, aber alles mit etwas zusammenhängt (Donna Haraway), angemessen sein?

Die Fotografien von Tom Krausz sind von einer eindrucksvollen ästhetischen Entscheidung geprägt: Sie sind in Schwarz-Weiß. Sie zeigen die Grauwerte von Farben, nicht ihre Buntheit. Zusätzlich zur besonderen Fokussiertheit der Porträtfotografie (ihrer Ausblendung von Umgebungen, ja von Teilen des Körpers) führt dies zu einer weiteren fühlbaren Konzentration. In den Grauwerten ist die physiognomische Tradition bedacht, wie wir sie uns mit Lavaters Schattenrissen und Kupferstichen verdeutlichen können. Zugleich aber wird uns klar, dass die Voraussetzungen der älteren physiognomischen Sichtweise in diesen Fotografien nicht mehr gelten. Es ist wie mit alten Familienalben, deren Fotografien monochrom geworden sind: Die darin festgehaltenen Personen sind miteinander und mit uns durch Verwandtschaftsgrade verbunden, die wir kaum oder nicht mehr erinnern. Die Fotografien bekunden, dass sich für uns das traditionelle Verhältnis von Individuum und Gattung verkehrt. Die tierische Gattung ist nicht mehr ein Topos von Gewissheiten. Wir sind weit entfernt davon, dem Tier, das wir sehen, mittels seiner Unterordnung unter die Idee und den Begriff seiner Gattung eine fixe Bedeutung abgewinnen zu können. Eher versuchen wir mit unserem adamitischen Reflex, diese verlorene Idee, diesen verlorenen Begriff im individuellen Tier wiederzufinden. Wir haben, wenn wir ehrlich sind, von seiner Gattung kaum noch einen Schimmer. Wenn wir ehrlich sind, bleibt uns nichts als die Physiognomie. Unsere Tierliebe gilt heute den Individuen; aber darauf können wir uns nichts einbilden, das geschieht aus der Not.

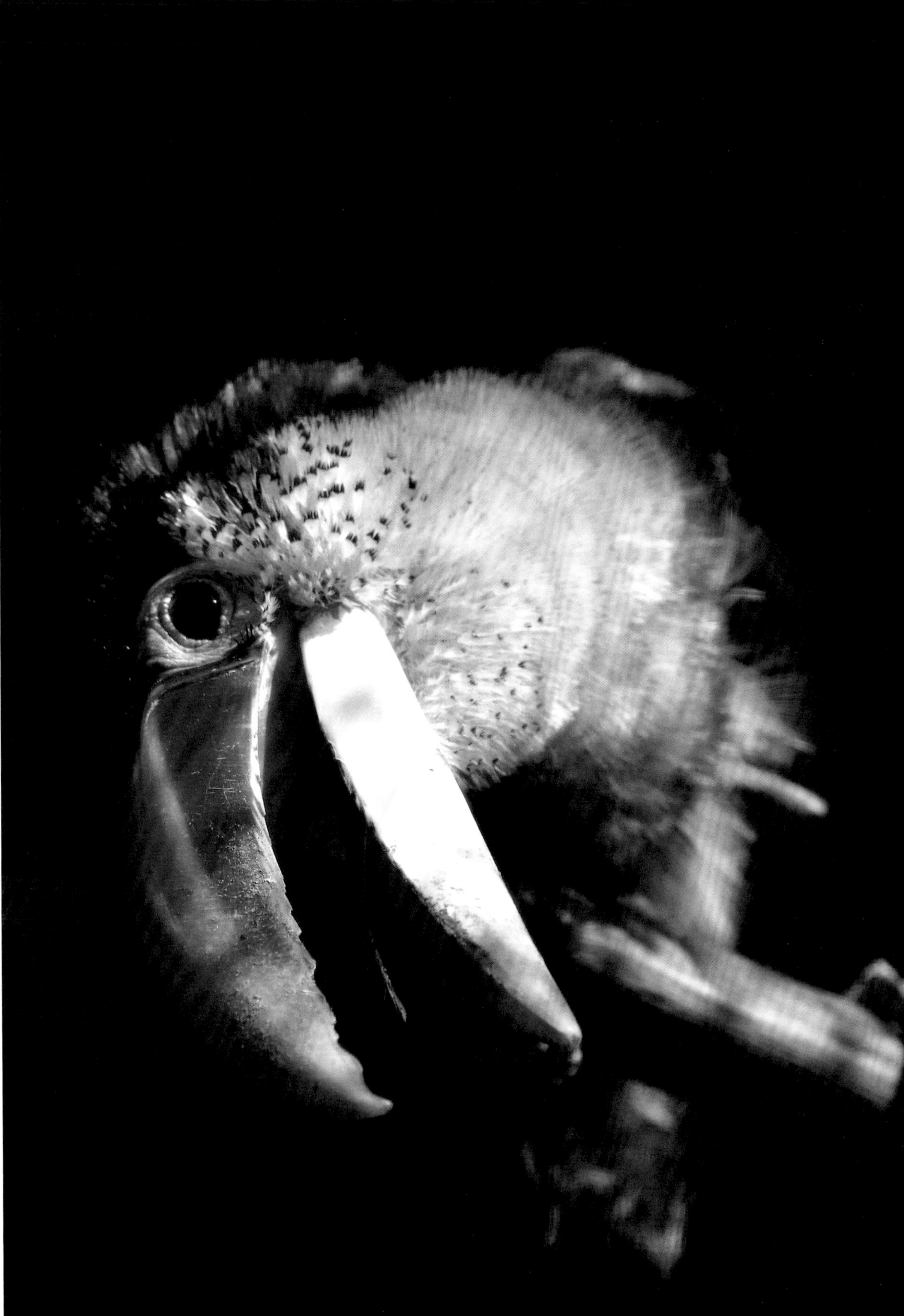

AUGE IN AUGE

von Tom Krausz

Die Faszination für Vogelgesichter war der ausschlaggebende Impuls, dieses Buchprojekt zu beginnen. Natürlich hatte ich schon des Öfteren Vögel in freier Wildbahn fotografiert und wusste, dass es dabei um Geduld, Ruhe und immer wieder auch um Glück bei den Aufnahmen geht. Aber die Konzentration auf klassische Schwarz-Weiß-Porträts als Profil, Halbprofil, Frontalaufnahme oder Brustbild war zunächst ungewohnt für mich.

Nach anfänglichen mittelmäßigen Erfolgen musste ein neues Objektiv her, ein längeres Teleobjektiv, 400 Millimeter mindestens. So ein Handwerkszeug bringt neue Probleme mit sich: Man muss die Vögel im richtigen Licht antreffen, um sehr kurze Belichtungszeiten zu ermöglichen. Musste aber sein. Jetzt konnte ich den Vögeln endlich in die Augen schauen. Plötzlich und begeistert erkannte ich unruhige Blicke, die müden Augen eines Watvogels, die hellwache Jägeriris, ich sah Neugierde, Stolz, aber auch Misstrauen.

Für die meisten Vögel, die mithilfe ihrer außergewöhnlichen Sehkraft leben und überleben, war ich genauso im Fokus wie sie für mich. Manche Vögel machten ihre Mätzchen, wenn die Kamera auf sie gerichtet war, zum Beispiel der Kea oder die immer zu Späßen aufgelegten Tukane und Papageien.

Einige der Aufnahmen sind auf Reisen in Neuseeland, Galapagos und auch in Schottland entstanden, die meisten aber im *Weltvogelpark Walsrode* und im *Vogelpark Niendorf* an der Ostsee; das trifft vor allem auf die Exoten unter den Arten zu. Elster, Sperling, Meise und Co. habe ich im eigenen Garten fotografiert.

Die Vogelparks legen Wert darauf, ihre Arbeit im erweiterten Sinne des Artenschutzes zu vermitteln. Längst geht es nicht mehr nur um das Präsentieren einer Vogelart, sondern es »verschiebt sich der Schwerpunkt mehr und mehr auf die Erhaltung bedrohter Arten aus Artenschutz-Gründen«. So der britische Autor Colin Tudge in »Letzte Zuflucht Zoo«.

Viele der abgebildeten Vögel sind schon jetzt als eigene Art vom Aussterben bedroht. Rodungen und Abholzung, Pestizide in der Landwirtschaft, Zivilisationskrankheiten und auch unnützes Jagen bzw. Wildern gefährden den Bestand vieler Arten. Wir geben in diesem Buch an, welchen Status die IUCN *International Union for Conservation of Nature* der jeweiligen Vogelart zuordnet. Darüber hinaus unterliegen viele Arten Gefährdungen, die oft nur in regionalen »Roten Listen« verzeichnet sind.

Meine Absicht ist es, mit meinen »Charakterköpfen« zu vermitteln, welche erstaunliche Vielfalt die Vogelwelt – die artenreichste Klasse der Landwirbeltiere – aufweist. Das Buch »Aves | Vögel« erlaubt Ihnen durch seine nahen Porträtaufnahmen physiognomische Betrachtungen; es soll veranschaulichen, ohne zu deuten oder gar zu bewerten.

Krauskopfarassari *Pteroglossus beauharnaesii*

MERKMALE häufigster Falke in Europa · Körperlänge bis 36 cm, Spannweite bis 82 cm · spitz zulaufende Flügel · rostbraune Oberseite, Männchen mit blaugrauem Kopf, markante Gesichtszeichnung · große Augen, die ultraviolettes Licht wahrnehmen können · feiner Schnabel VORKOMMEN Europa, Asien, Afrika · eher im flachen Grünland LEBENSWEISE ernährt sich von Kleinsäugern, auch Singvögeln, Reptilien und Insekten · jagt oft im charakteristischen Rüttelflug auf einer Stelle flatternd · brütet auf hohen Gebäuden, auch in der Stadt

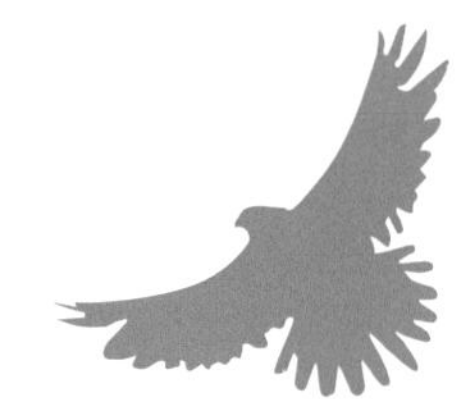

TURMFALKE

Falco tinnunculus

Faust, 2. Teil, 5. Akt, tiefe Nacht. Lynkeus, der Türmer, steht hoch oben und singt:

Zum Sehen geboren,
Zum Schauen bestellt,
dem Turme geschworen,
gefällt mir die Welt.

Neben dem Türmer im Dunkeln hockt der Turmfalke und hört zu. Der Türmer weiß, dass er da ist, auch wenn er ihn nicht sieht. Er wohnt schon lange hier oben und schaut mit ihm zusammen in die Nacht. Aber jetzt gleitet er lautlos hinaus, breitet die Flügel aus, fliegt unter Mond und Sternen auf der Suche nach Nahrung, nach unvorsichtigen Mäusen, und vielleicht aus Lust am Fliegen, so wie der Türmer aus Lust am Leben singt. Er sieht den Falken davonfliegen über die Dächer, er weiß, dass er die Felder ansteuert, dann in der Luft still stehen bleiben wird, bis er hinabstürzt und zielsicher seine Beute greift. Sie leben gut zusammen, Falken und Menschen, sie mögen sich, sie respektieren sich. In der großen Falkenfamilie ist der Turmfalke laut Brehm der lustigste und liebenswürdigste, aber wenn man sich seinen Jungen nähert, kann er sehr wütend werden und sehr mutig sein.

Der von Kürenberg, ein Minnesänger aus dem 12. Jahrhundert, dichtete das berühmteste Falkengedicht, das auch ins Nibelungenlied einging – »ich zoch mir einen valken«:

Ich zog mir einen Falken,
länger als ein Jahr lang.
Und als ich ihn gezähmt hatte,
flog er davon in fremde Reviere …

War das wirklich nur ein Falke? Nicht doch eher eine schöne Dame? Der Turmfalke jagt und schweigt. **EH**

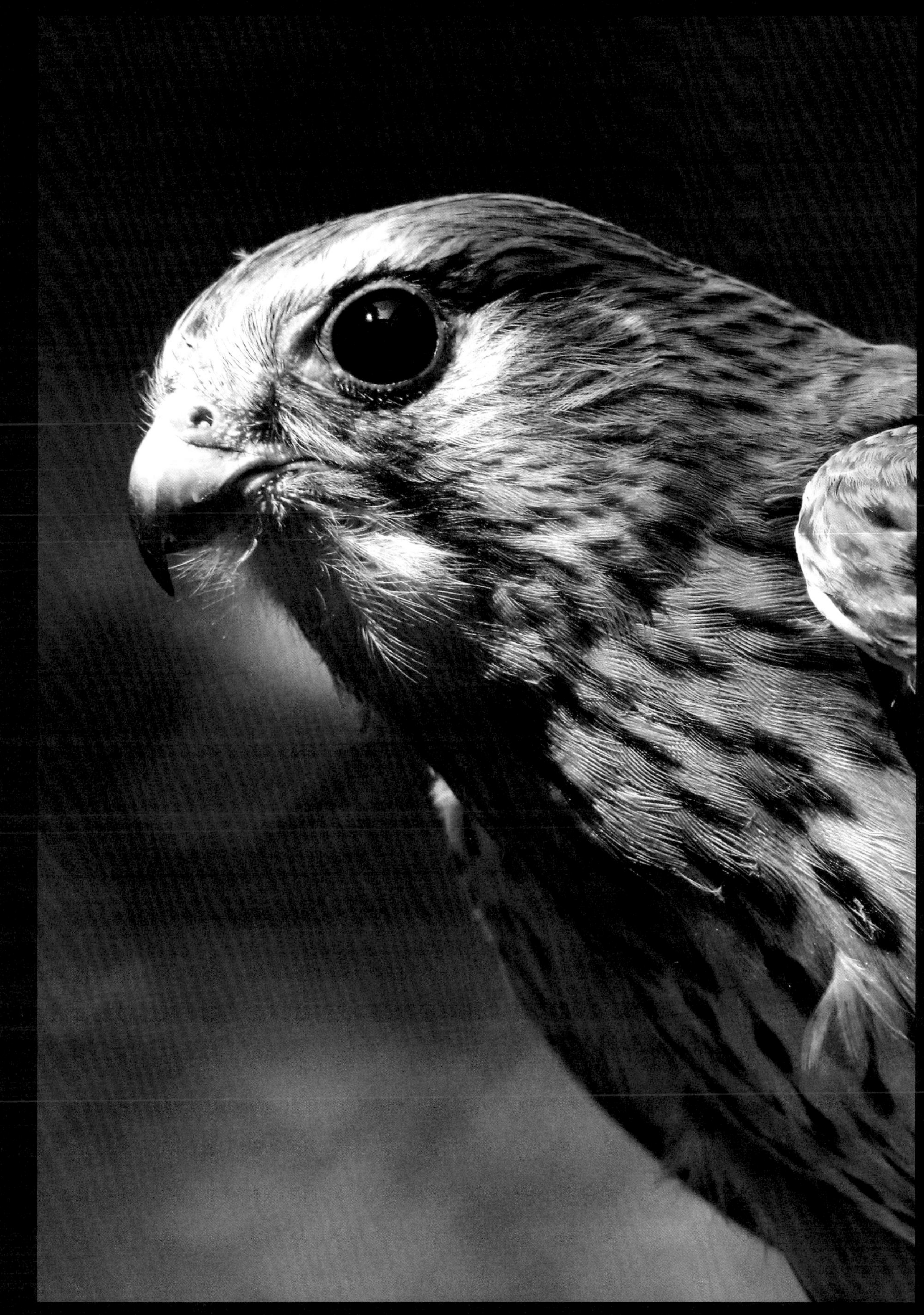

MERKMALE Körperlänge bis 50 cm, Spannweite bis 1,10 m · Oberseite dunkelgrau mit heller Bänderung, Bauchseite hell mit dunkleren Flecken, rotbrauner Kopf · besonders gut entwickelter Sehsinn VORKOMMEN Afrika, Arabische Halbinsel, Kleinasien, Italien, Balkan · offenes trockenes Gelände LEBENSWEISE gewandter und schneller Flieger, der im Flug vor allem kleine bis mittelgroße Vögel schlägt und auch zur Fasanen- und Rebhuhnjagd eingesetzt wird · segelt gerne bei guter Thermik · nistet in steilen Felswänden

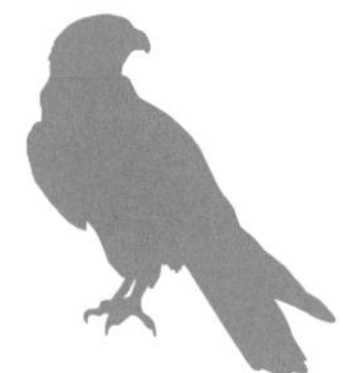

LANNERFALKE

Falco biarmicus

»Sie haben noch ein veraltetes PDF. Herzliche Grüße«. Das mailte mir der Verlag auf den Weg an die Nordsee. Dann überschrieb ich auf dem veralteten Ausdruck eben den unrichtigen Namen Gerlanner Falke mit »Lannerfalke«. Tja, meine Damen und Herren, das ist ganz wichtig, ob wir es hier mit einem *Falco biarmicus* zu tun haben, der gerne in Afrika bis Südeuropa zu Hause ist, oder nicht. Sonst mache ich schreiberisch den gleichen Fehler wie der Rentner aus dem bayerischen Schwandorf. Dieser saß vor dem Amtsgericht. Ihm wird vorgeworfen, einen Sakerfalken mit einem Lannerfalken verbotenerweise gekreuzt zu haben und einen Gerfalken ebenfalls mit einem Lannerfalken. Daraus sind sogenannte Hybride geboren, diese dürfen nicht gehalten werden. Seit 35 Jahren züchte er Greifvögel, sagte der Angeklagte, und nie habe es Beanstandungen gegeben. Der Rentner versuchte sich als Entschuldigung hinter seinem Analphabetismus und seiner Frau zu verstecken, die für ihn die Formulare ausfüllte.

Weiß der Geier, was das mit den ständigen Kreuzungen in Gefangenschaft soll. Dabei ist der Lannerfalke so eine gelungene Kreatur, die frei und wild über Steppen und steinig-sandige Wüsten fliegt und an Felsen brütet. Elegant sein Flug, ähnlich einem Turmfalken, eine Gesichtsmaske ähnlich einem Wanderfalken, aber eben doch wieder anders. Und die Beute holt er sich lieber im Flug, ähnlich wie der Baumfalke, aber eben doch wieder … na ja, Sie wissen, was ich meine. Der Lannerfalke ist trotz allem ein schönes Tier mit eigener Klasse.

Dieses Hobby-Kreuzzüchten mit anderen Falken wäre echt nicht nötig, finde ich. Und der Mann in Schwandorf erhielt gerichtlich 90 Tagessätze zu je 25 Euro aufgebrummt. Ausgekreuzt, mein Lieber. **UA**

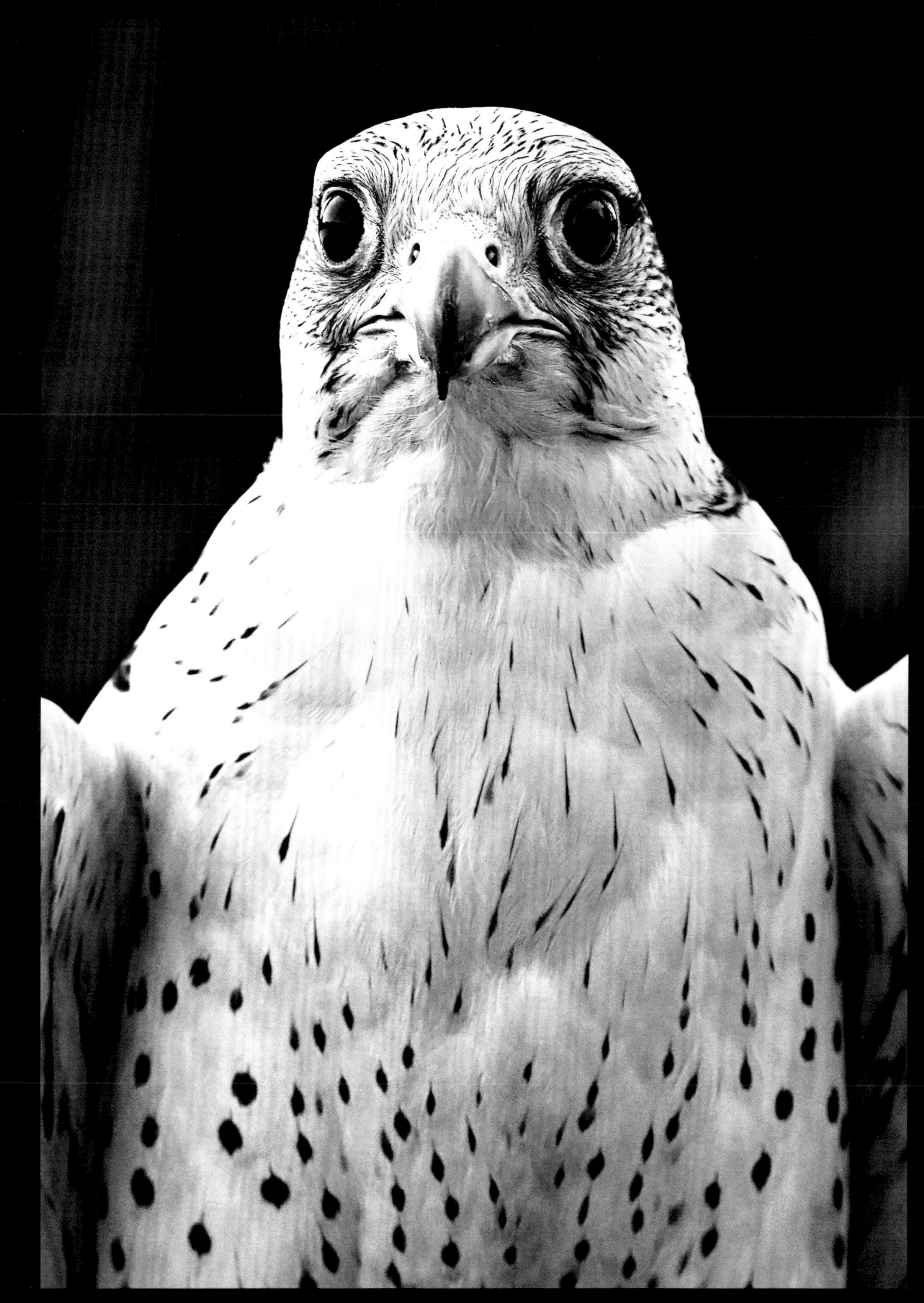

MERKMALE auch Aguja oder Kordillerenadler · größte Bussardart, Körperlänge bis 80 cm, Spannweite bis 2 m · Gefiederfärbung verändert sich mehrfach bis zum adulten Vogel, dessen Oberseite und Flügel blaugrau bis graubraun sind, weiße Kehle · gelbliche Beine · großer, kräftiger Schnabel
VORKOMMEN zentrales und südliches Südamerika, entlang der Anden
LEBENSWEISE reiner Fleischfresser, ernährt sich von kleineren Säugetieren, Vögeln, Reptilien, Insekten, Aas · jagt im Sturzflug nach langem Kreisen oder Segelflug und tötet mit seinen kräftigen Klauen

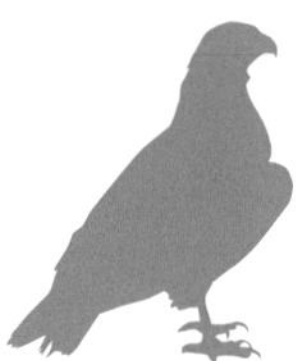

BLAUBUSSARD

Geranoaetus melanoleucus

Befanden Sie sich am 26. Mai 2020 am Sonnensee? Wo das ist? Na, gleich bei der Sport- und Freizeitanlage nordöstlich von Hannover. Schön ist's da, umgeben von einem Landschaftsschutzgebiet, gehört zum Stadtgebiet von Misburg. Warum ich das frage? Ist Ihnen nichts aufgefallen damals? Oben am Himmel, und die Feuerwehr? Nicht? Etwas Bläuliches hätten Sie sehen sollen, so ähnlich wie ein Mäusebussard, aber mit recht kurzem Schwanz. Wenn Sie mit jemandem zusammen das gesehen hätten, dann hätten Sie gesagt: »Komisch, sieht so seltsam aus. Kein Mäusebussard, kein Habicht und kein Milan.« Gut hätten Sie kombiniert, denn es handelte sich um einen Blaubussard. Sie hätten gesagt: »Wow! So ein Tier bei uns?« Richtig. Er gehört bekanntlich in die Fauna Südamerikas.

Falls Sie einen Zwergspitz mit sich geführt haben sollten, dann hätten sie ihn straff zu sich gezogen; der Vogel holt Beutetiere bis zu drei Kilo. Sie wären also dagestanden, mit Hündchen und Begleitung, und müssten dann gesagt haben: »Wie kommt der hierher?« Dann hätten Sie Ihre Begleitung und Ihr Hündchen angesehen und hätten nachdenklich gesagt: »Also, jetzt kann keiner mehr den Klimawandel abstreiten.«

Sie alle drei hätten sich dann umdrehen müssen, weil hinter Ihnen die Feuerwehr heranfuhr. Ein Zivilist blickte zu den Bäumen hoch und überredete den Bussard mit Lockrufen zur Rückkehr.

Ja, wären Sie am 26. Mai am Sonnensee gewesen, wären Sie Zeuge einer Heimführung eines Blaubussards gewesen, der aus dem Zoo entfleuchte und eine Woche lang die Gegend auskundschaftete.

Und falls Sie also doch nicht da gewesen sein sollten, so war es mir ein Anliegen, Ihnen davon zu erzählen. **UA**

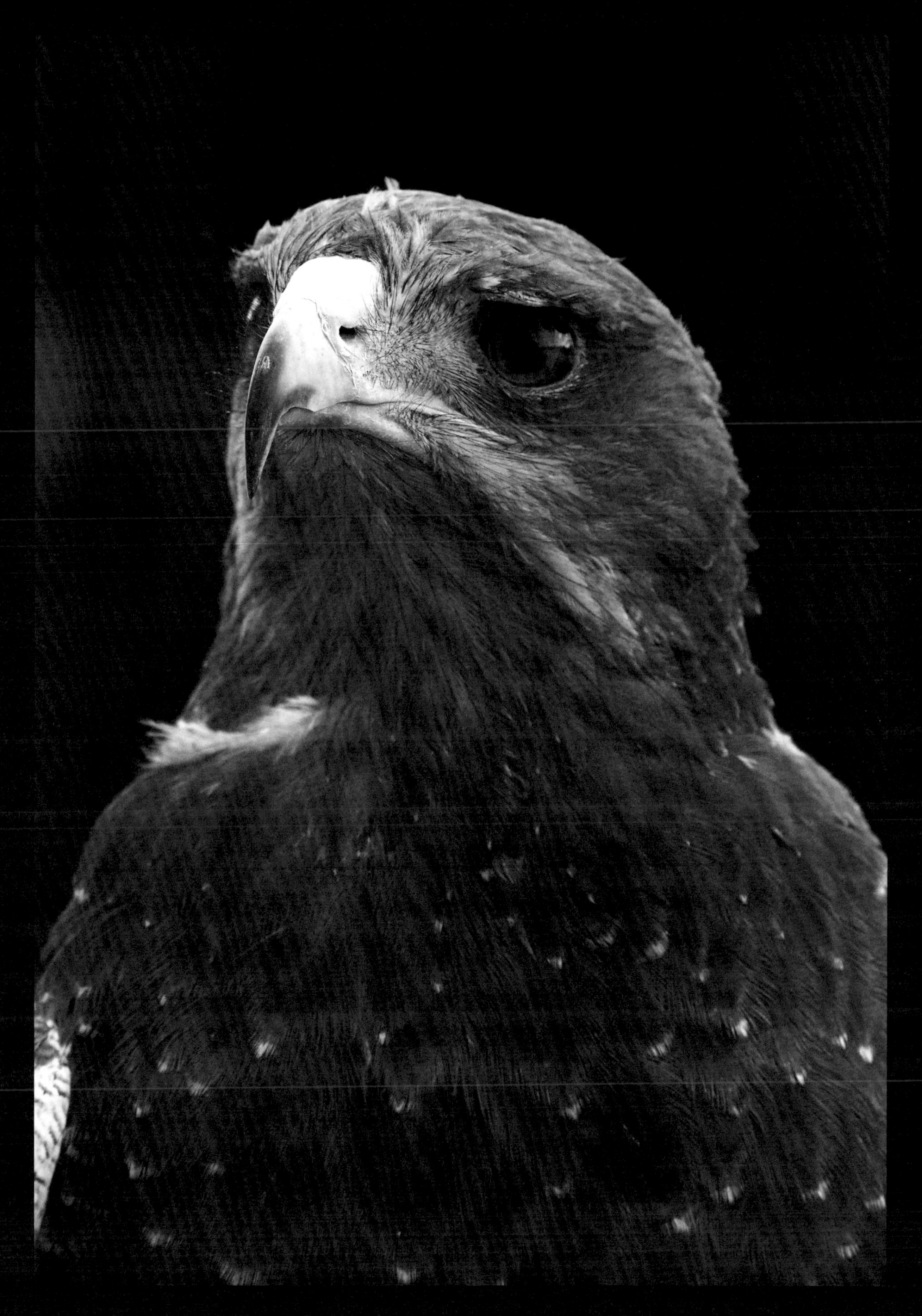

MERKMALE zweitgrößter Greifvogel Nordamerikas, Körperlänge bis 96 cm, Spannweite bis 2,50 m · weiß leuchtende Kopf- und Halsfedern, Füße, Schnabel und Iris gelb · größtes Nest der Vogelwelt (Durchmesser bis 3,50 m)
VORKOMMEN Nordamerika · Küsten und Binnengewässer LEBENSWEISE guter Flieger, der im Flug andere Vögel und vor allem Fische schlägt und bis zu 66 km/h schnell fliegen kann · ernährt sich vorwiegend von Fischen, auch Vögeln, Kleinsäugetieren und Aas · auch als Beuteschmarotzer · lebt monogam und ist horsttreu · kann unter idealen Bedingungen bis zu 36 Jahre alt werden

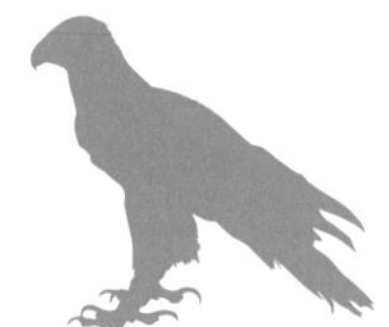

WEISSKOPFSEEADLER

Haliaeetus leucocephalus

Wissen Sie, was ein »Krafttier« ist? Zu denen gehören auch die Adler, also auch unser Weißkopfseeadler hier. Ein Sioux soll gesagt haben, dass alle Tiere Mächte in sich hätten, da der große Geist in allen wohne. In der heutigen Schamanen-Szene würden sogenannte Krafttiere uns eine Zeit lang begleiten, in der wir Hilfe und Unterstützung brauchen, eine Art Lebensabschnittspartner. Seit Menschengedenken wird der Adler verehrt, mythologisch mit der Sonne verglichen, und Zeus ließ seine Blitze per Adler verteilen. Das Adlerantlitz hatten die Inder dem Gott Vishnu verpasst, und die Germanen ließen ihren Odin in einen Adler verwandeln.

Seit dem 19. Jahrhundert geht es unserem Weißkopfseeadler in seiner Heimat, den USA und Kanada, so ziemlich an den Kragen. Abgeschossen wurde er, vergiftet und in Gefangenschaft gesetzt. Seine Beförderung zum US-amerikanischen Wappentier bot mitnichten Schutz und Respekt. Aber mal ganz unter uns, wird er nicht überschätzt, auch wenn heilsuchende Esoteriker ihn mit Attributen beladen wie »Klarheit«, »Freiheit« und »Wagemut«?

Kein Held

Schauen Sie ihm mal direkt in seine Augen. Wirkt er nicht eher verdutzt als stolz? Im Vergleich zu anderen Vögeln brauchen die Kleinen oft sechs Jahre, bis sie wissen, wie man mit dem anderen Geschlecht zurechtkommt. Okay, sie können bis zu zwanzig Jahre alt werden, aber trotzdem. Das Lob auf das Segeln ist auch so eine Sache. Das ist reine Faulheit, solange die Thermik was bietet, wird kein Flügelschlag unternommen, die sollen sich mal ein Beispiel an den Kolibris nehmen. Wenn es ums Fressen geht, tun sie sich jetzt auch

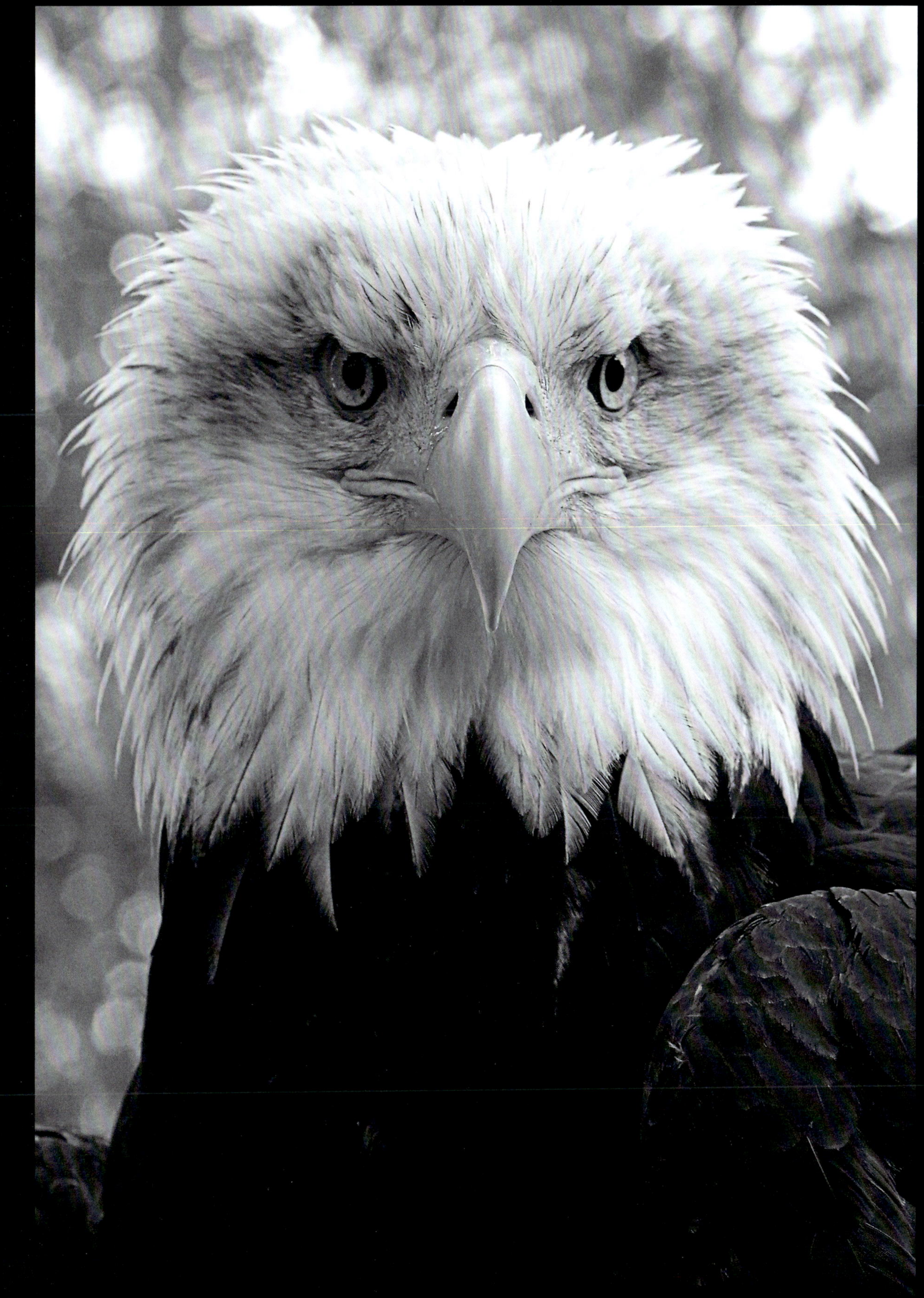

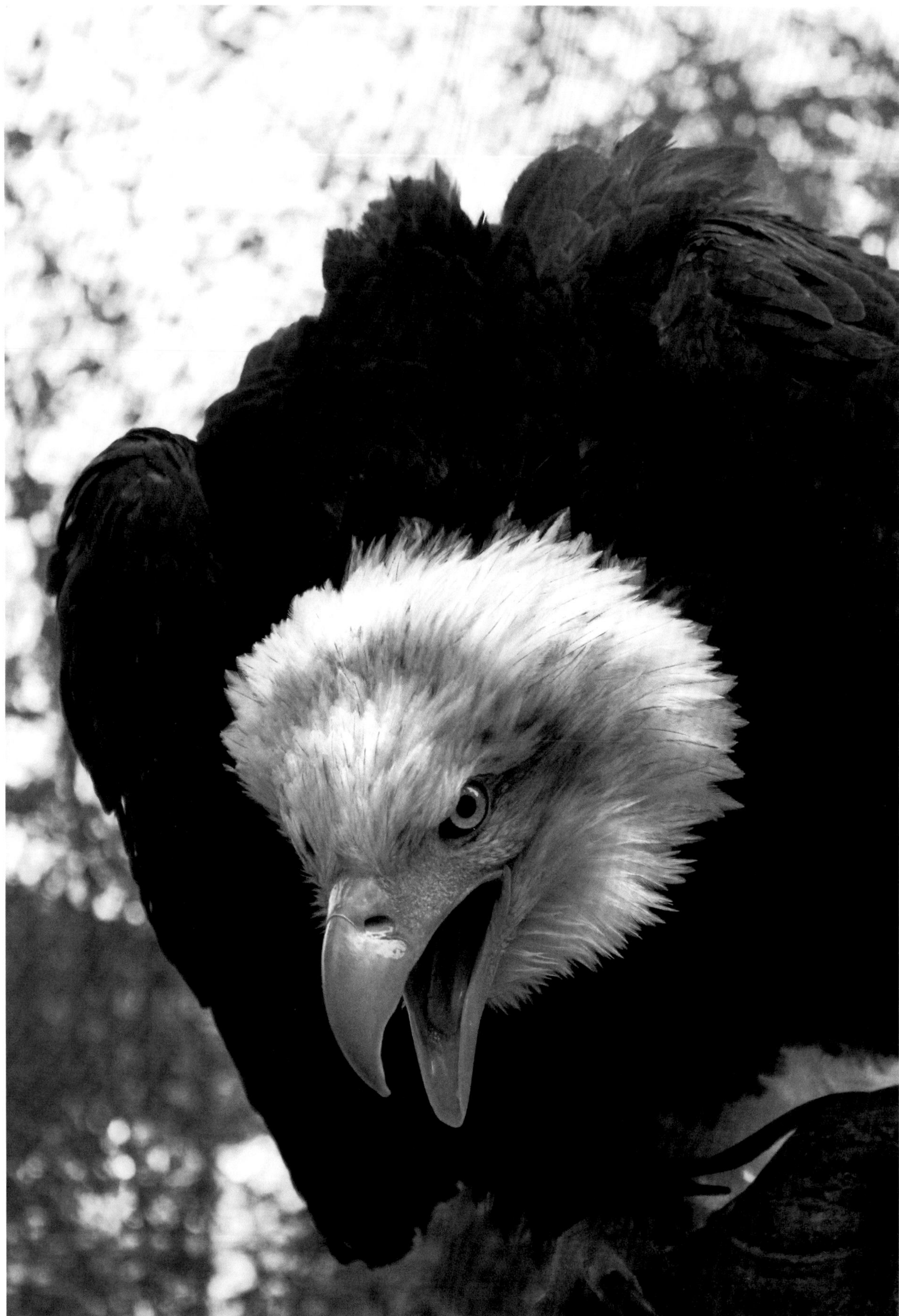

nicht gerade besonders mutig hervor. Es wurde schon beobachtet, dass ein Adler eine Gämse zuerst zum tödlichen Absturz bringen wollte, da war nichts zu sehen von mutigem Kampf oder so. Okay, das war ein Steinadler, aber unser Weißkopfseeadler hätte es auch nicht anders gemacht. Unvorsichtige Fische, alte Aale sind sein Ziel, dumme Kaninchen oder ausgebüxte Hamster, auf solche Opfer steht er. Beobachtungen bestätigen gar, dass schon Möwen ihn beim Fliegen mobbten oder Krähen beim Futterplatz an seinen Schwanzfedern zerrten. König der Lüfte? Wagemut? Ich bitte Sie. Jetzt gerade traf noch die Meldung ein, dass im US-Bundesstaat Maine ein Weißkopfseeadler von einem Seetaucher (eine Vogelart mit spitzem Schnabel) erstochen wurde. Und der gute alte Tierforscher Alfred Brehm (1829 – 1884) schrieb schon fast verächtlich, dass Weißkopfseeadler – die natürlich auch etwas kleiner sind als der europäische Seeadler – *»sich wiederholt nach Europa verflogen hätten und sogar im Innern Deutschlands, in Thüringen, erlegt worden seien«.*

Und apropos »Klarheit«: Adler verwechselten schon Menschenkinder mit Hasen oder vergriffen sich an einem Yorkshire-Terrier vor einem Einkaufscenter und wurden von der Besitzerin mit der Handtasche verscheucht.

Mit Murks durchs Leben

Haben Sie schon mal die Nestlinge gesehen, wie sie so ziemlich deppert aus der flaumigen Weißwäsche starren? Fachleute stellten fest, dass vielfach weniger als 50 Prozent das erste Lebensjahr erreichen. Raben, Elstern, Eulen und Waschbären machen sich liebend gerne über die Eier und die frisch geschlüpften Küken her. Ja, es kam sogar auch schon vor, dass das Nest so schlecht gebaut war oder überladen wurde, dass es zusammenbrach und herunterfiel, samt dem Nachwuchs.

Die oben genannten Adlerverehrer meinen, dass wir Menschen mit Ehrfurcht zu Adlern hochsähen, dabei ist es die Angst, nicht von einer halb toten Ratte oder einem Schiss getroffen zu werden.

Fazit? Richtig, es ist halb so wild um den edlen Ruf dieses Vogels. Schauen Sie sich ihn jetzt nochmals an, merken Sie es? Es handelt sich um ein Tier, das sich genauso mit Murks durchs Leben wurstelt wie alle anderen.

Und jetzt sind wir beim Kerngedanken: Wenn wir mal die US-Alltagspolitik der letzten Jahre bei Lichte betrachten und dann mit dem hier Gelesenen abgleichen, bekommt der Grund für die Wahl zum Wappentier eine ganz andere Bedeutung.

Nachtrag

Als der Verfasser vor Kurzem durch die Naturschutzgebiete Langenargen und Eriskirch am Bodensee pirschte, stieß er auf die Schilder »Naturschutzgebiet« mit einem stilisierten Weißkopfseeadler. Angesichts dessen, dass ein solches Tier hier weit und breit nicht zu finden ist, wurde der NABU angefragt, warum ausgerechnet dieses Tier dazu ausgesucht wurde. Bis zur Drucklegung dieses Buches ging noch keine Erklärung ein. Aber zum Kaufpreis dieses Werkes gehört die Dienstleistung, dass Sie den Verfasser noch nachträglich danach fragen können. **UA**

MERKMALE gehört zu den größten und schwersten Greifvögeln Mittel- und Nordeuropas, Körperlänge bis 95 cm, Spannweite bis 2,40 m, Gewicht bis 4,6 kg · breite, brettartige, tief aufgefingerte Flügel · Gefieder braun, Kopf, Hals und Brust heller · hellgelbe Iris VORKOMMEN Nordeuropa, Nordasien bis Pazifikküste · Küsten und Gewässer LEBENSWEISE ernährt sich vor allem von Fischen und Wasservögeln, auch von Aas · beobachtet Schwarmvögel ausdauernd und vorgeblich uninteressiert, bis er geschwächte Tiere ausmacht und schlägt ROTE-LISTE-STATUS (IUCN) stark gefährdet (seit 2015 in einigen deutschen Bundesländern)

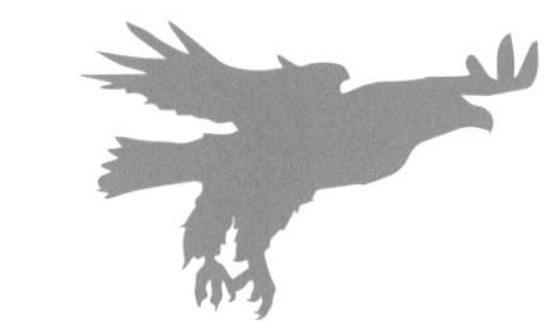

SEEADLER

Haliaeetus albicilla

Liebe Leserin, lieber Leser,
ich weiß ja nicht, ob Sie dieses Buch von vorne nach hinten durchlesen oder einfach mal so rein- und durchblättern und je nach Bild stoppen, um in die Texte zu schnuppern. Falls Sie den Beitrag zum Weißkopfseeadler schon gelesen haben sollten, dann wissen Sie nun um die neue Theorie zu den Hintergründen des US-Wappentieres. Hier sind wir bei einem Verwandten, dem Seeadler, der höchstwahrscheinlich als Staatswappentier für Deutschland herhalten musste. Mit ziemlicher Sicherheit handelt es sich nicht um einen Steinadler *(Aquila chrysaetos)*, der bereits vom Alpenland Österreich für die Wappenbeschmückung verpflichtet wurde.

Wie es um die Kompatibilität der Eigenschaften des Seeadlers mit denen der Deutschen Bundesregierung bestellt ist, müssen Sie einschätzen, da ich mich bei der Auswertung von Charaktereigenschaften beim Weißkopfseeadler im Vergleich mit den USA doch recht ordentlich aus dem Fenster lehnte – Sie wissen ja, ich als Schweizer Autor bin hier umzingelt von Mitwirkenden aus Hamburg, München und Köln, und nach einem schönen Foto eines alpinen Steinadlers getraute ich mich gar nicht zu fragen.

Nun, es geht jetzt halt um den Seeadler, auch nicht um den Fischadler. Übrigens, beide lassen sich vom Schiff aus während der Fahrt zwischen dem polnischen Stettin und Berlin-Tegel auf der Oder und dem Havelkanal famos beobachten. Unser größter europäischer Greifvogel, eben der Seeadler, wurde so um 1900 fast ausgerottet. Doch, den Naturschützern sei Dank, gibt es weltweit rund 12 000 Brutpaare, davon etwa 600 in Deutschland, hauptsächlich im Norden.

Hat der große Vogel mal eine Beute, einen Fisch, eine Ente oder einen Hasen,

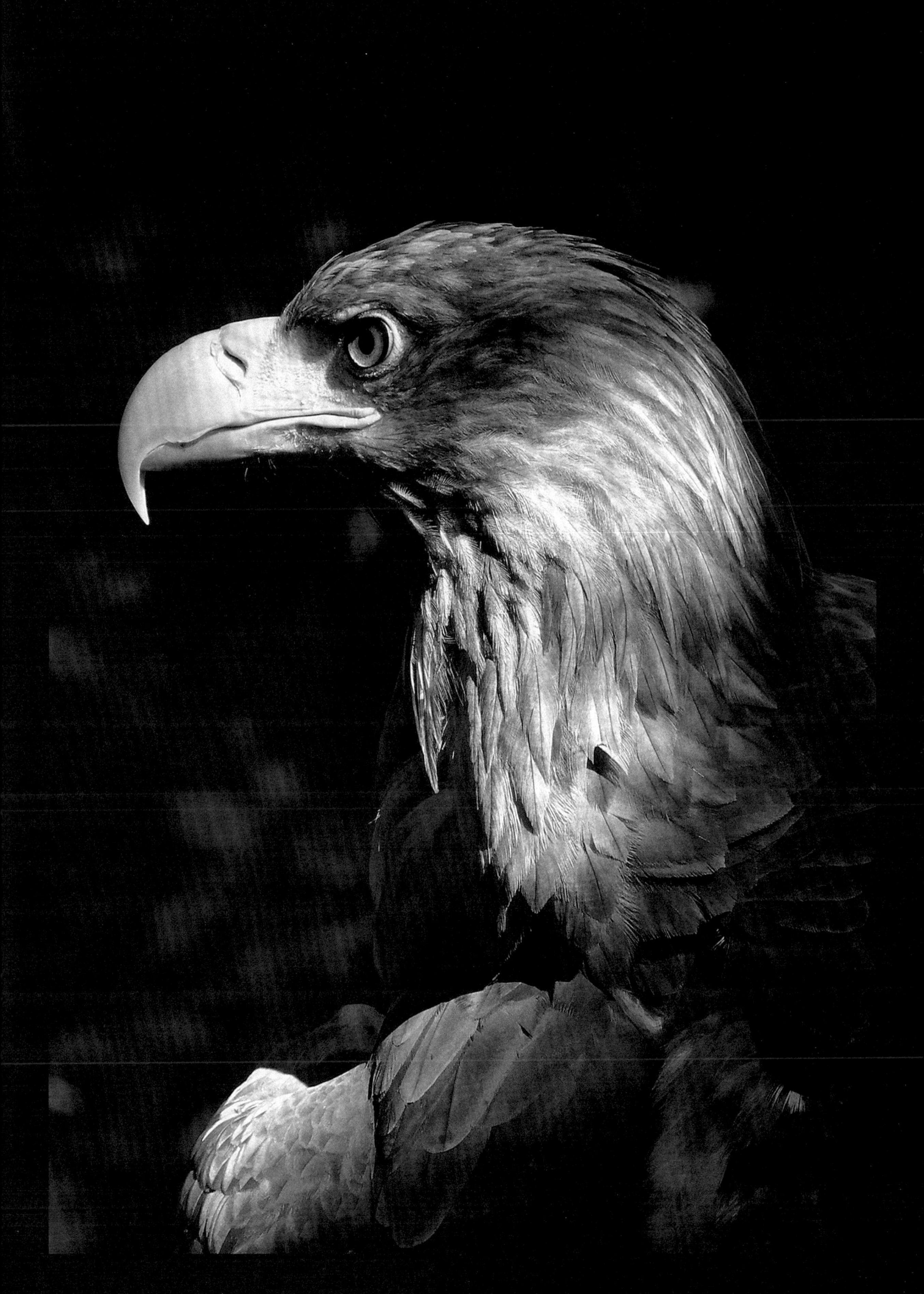

dann ist Belästigung angesagt, durch Möwen, Rabenkrähen, ja, sogar Graureiher sollen schon versucht haben, dem Adler seine Beute abzuluchsen. Aber oho, meine Lieben, der Adler kann ebenso hinterlistig und gemein sein. Es wurde schon beobachtet, wie ein Seeadler über einem Blässhuhn den Rüttelflug oder so viele Scheinangriffe flog, dass sich das arme Huhn ständig durch Tauchen verstecken musste. Das ging so lange, bis das Huhn fix und fertig war und damit zur leichten Beute wurde. Aber es kommt noch besser. Es sollen schon Seeadlerpaare gemeinsam Jagd auf Möwen gemacht haben. Abwechselnd flogen die beiden knapp an der Möwe im Sturzflug vorbei, um einen Sog zu erzeugen, der die Möwe immer weiter nach unten zur Wasseroberfläche zog und sie so hilflos dem direkten Angriff ausgeliefert war.

Jetzt daraus charakteristische Schlüsse zum Wappentier zu schließen, scheint mir doch etwas an den Federn herbeigezogen zu sein, nicht wahr? Natürlich ergeben sich immer viele neue Rätsel, wie bei jedem anderen Vogel.

Es kommt auch bei diesem Adler vor, dass wegen architektonischen Größenwahns ganze Nester mit allem drin krachend zu Boden fallen. Und warum er trotz seiner Jagdintelligenz immer wieder von den Rotoren der Windkraftanlagen zerhackt wird, löst bei Fachleuten ein ratloses Kopfschütteln aus. Allein in Niedersachsen sind es in diesem Jahr bis zur Drucklegung dieses Buches sieben Tiere gewesen.

Jetzt mal egal, ob ein Vogel als Wappentier zur politischen Kultur des dazu gehörenden Landes passt oder nicht – angesichts des hier Berichteten muss diese Frage zugelassen werden: Warum liegen Cleverness und Dämlichkeit so nahe beieinander? **UA**

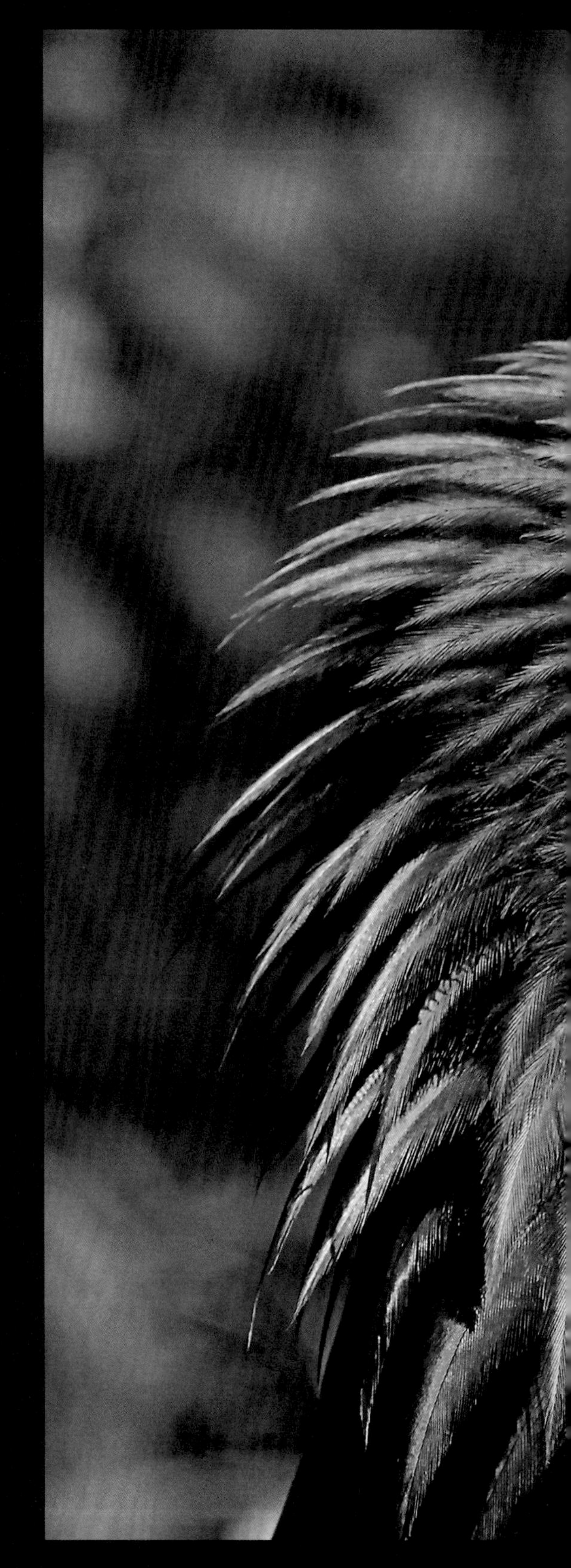

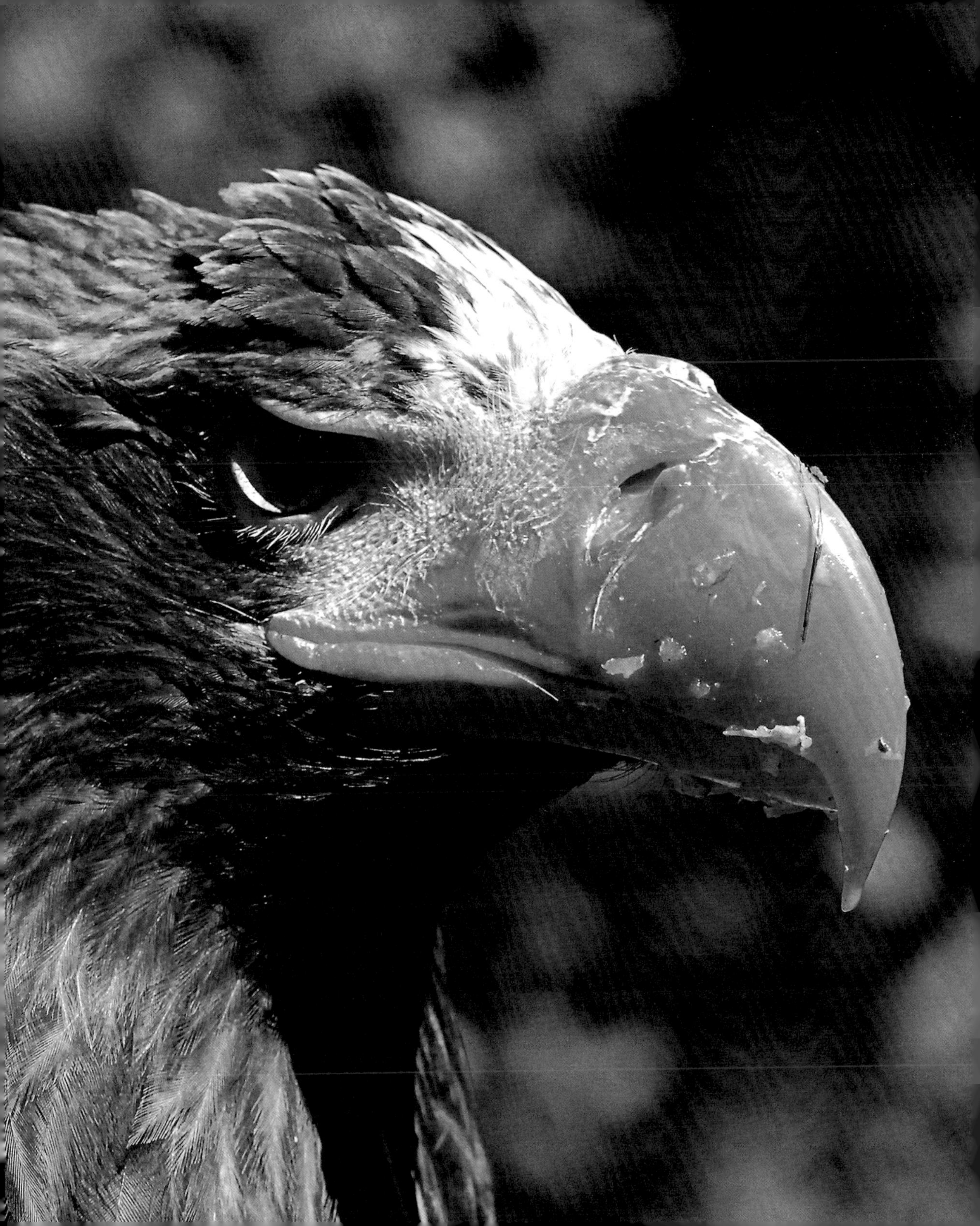

MERKMALE Greifvogel aus der Unterfamilie der Schlangenadler · Körperlänge bis 70 cm, Spannweite bis 1,80 m · Gefieder überwiegend schwarz und rostbraun · Gesicht und Füße orangerot · Schopf am Hinterkopf, der bei Erregung aufgestellt wird VORKOMMEN zentrales und südliches Afrika · Savannen LEBENSWEISE wendiger Flieger, der während der Balz beeindruckende Flugmanöver mit taumelnden Sturzflügen vorführt · ernährt sich von kleinen Säugetieren und Vögeln, auch von Reptilien und Aas ROTE-LISTE-STATUS (IUCN) potenziell gefährdet

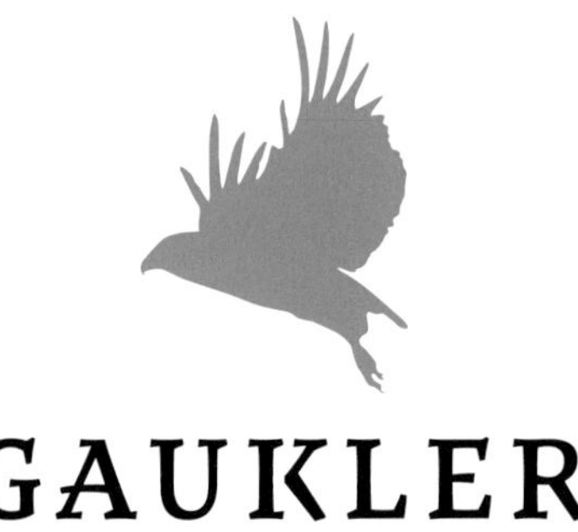

GAUKLER

Terathopius ecaudatus

Wie haben wir es doch geliebt, die Welt der Täuschungen, Tricks und Zauberkünstler auf der Kirmes und im Zirkus. Diese Bauchredner oder Feuerschlucker gaukelten uns Künste vor, dass wir mit ganz wirren Köpfen die Hand der Eltern fassten, damit wir sicher nach Hause kamen.

Wie der dunkle Greifvogel mit Heimat Mittel- und Südafrika zu diesem Namen kam, ist nicht einfach herauszufinden. Sie segeln etwas »gaukelnd« den ganzen Tag lang und weit, mit wenigen Flügelschlägen. Sie überraschen gerne mal durch seitliches Wegfallen und Klatschen der Flügel. Zur Balz-Show oder um einen Dikdik zu schlagen oder um als Erster bei einer toten Maus zu landen. Durch seine Art der weiten Flüge überraschte er schon Vogelbeobachter auf Zypern, als hätte er vorgaukeln wollen, dass er nun auch hier ein Zuhause gefunden hätte.

Alfred Brehm schreibt: *»Seine Erscheinung ist so auffallend, daß sie überall zu Sagen Veranlassung gegeben hat.«* Sein Kollege John Hanning Speke soll aus dem 16. Jahrhundert überliefert haben, dass ihm *»von den Eingeborenen Ostafrikas allen Ernstes versichert wurde, daß der Schatten des Vogels unheilvoll sei; im Innern Afrikas dagegen betrachtet man diesen mit einer gewissen Ehrfurcht, weil man ihn als den Arzt unter den Vögeln ansieht, welcher von fernher heilsame Wurzeln herbeiträgt.«*

Die herbeigebrachten Hölzer und Wurzeln sind vor allem wichtig, für die sehr großen Nester, erbaut innerhalb sechs Wochen. Die Sache mit den Heilkräften gaukelt sich wohl der Mensch selber vor.

Falls Sie demnächst mal im Grasland von Uganda einen Schrei hören sollten, dann freuen Sie sich nicht zu früh, es könnte auch ein Schreiadler gewesen sein, der Ihnen was vor... **UA**

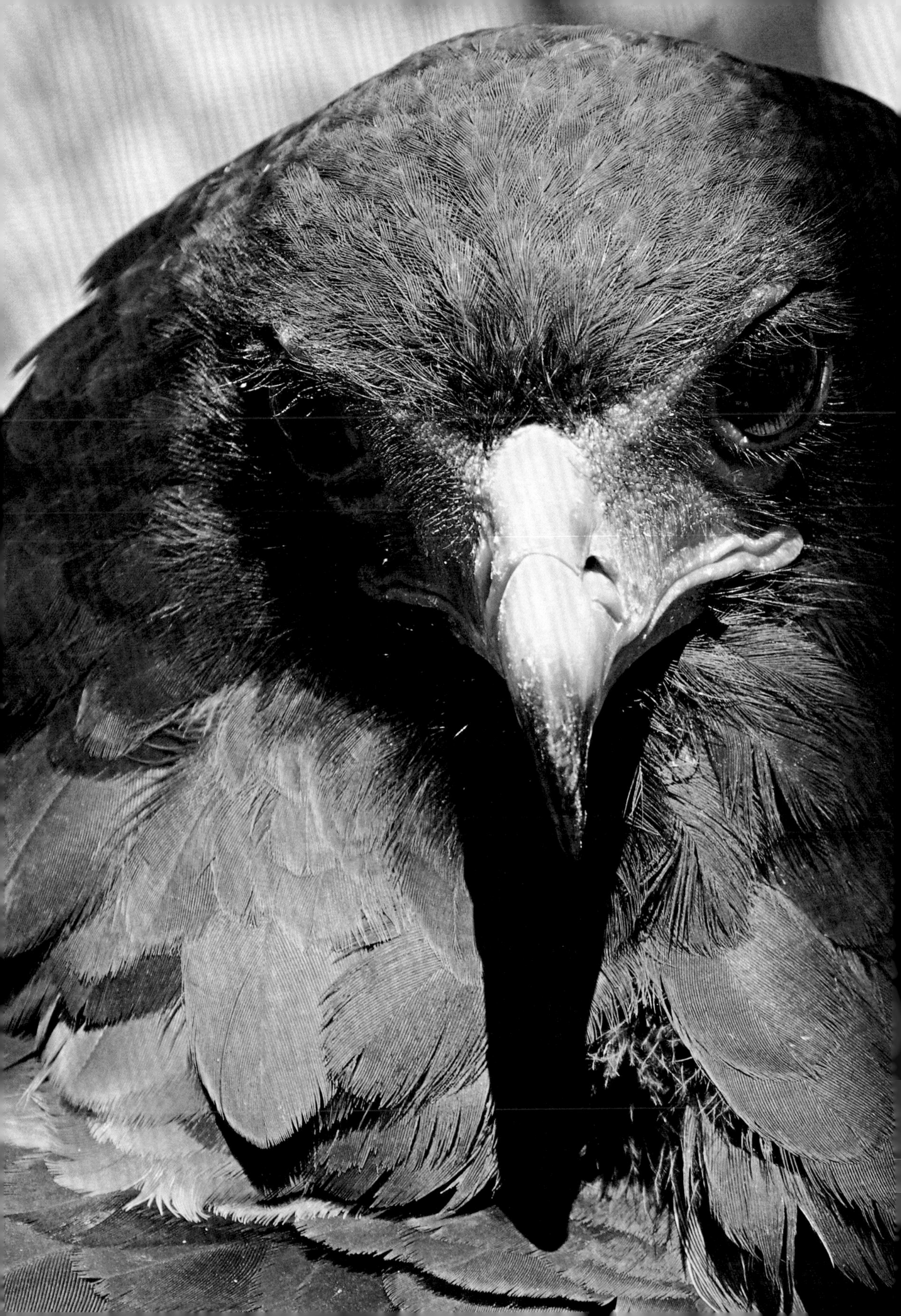

MERKMALE Körperlänge bis 1,15 m, Spannweite bis 2,50 m, Fänge bis 12 cm · Gewicht bis 9 kg · schwerer, kräftiger Körperbau, schwarzer, zweizipfliger Federschopf am Hinterkopf, der sich bei Erregung aufstellt · Gefieder überwiegend grau, Hals und Kopf hell, Läufe signalgelb VORKOMMEN Mittel- und Südamerika · Amazonasgebiet LEBENSWEISE ernährt sich vor allem von großen Wirbeltieren, z. B. Faultieren und Affen, die er in seinen kräftigen Fängen tragen kann · das Jagdgebiet ist bis zu 100 km^2 groß ROTE-LISTE-STATUS (IUCN) gefährdet

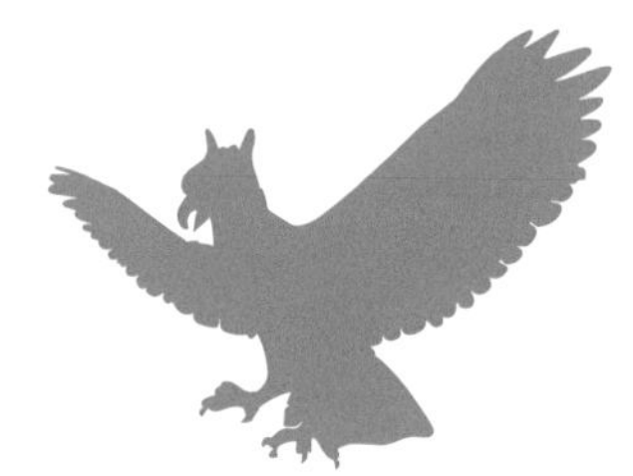

HARPYIE

Harpia harpyja

Ist es Ihnen beim Betrachten dieses Buches aufgefallen, wie die Augen je nach Tier unterschiedlich angelegt sind? Blättern Sie mal zum Sundheimer Huhn und schauen Sie, wo die Augen sind. Und schlagen Sie nun die Seite der Taube auf. Und nun noch zum Truthuhn. Korrekt, die Augen befinden sich seitlich am Kopf. Und jetzt schauen Sie sich hier die Harpyie an. Wie alle Greifvögel schaut der wohl kräftigste von allen auf dieser Welt eindeutig nach vorne. Das Naturgesetz gibt es vor: Gejagte müssen weit nach links und rechts einen möglichen Feind sehen können; der Jagende darf den Blick auf die Beute vorne nicht verlieren. Das gilt auch bei den Säugetieren. Vergleichen Sie die ängstlichen Augen der Rehe und der Pferde mit dem Blick des Luchses, Tigers ... o. k., auch dem der Katze des Nachbarn.

Zurück zu unserem Vogel. Für die Recherche zu diesem Beitrag stieß ich auf viele mystische Bilder und mythische Geschichten rund um diesen südamerikanischen Greifvogel. Grauselige, aber faszinierende Funde im weltweiten digitalen Netz dokumentieren, wie der Vogel als Symbol und Abbild mit Frauenkopf im Reich eines alten Volkes diente oder wie sich Widerstandskämpfer gegen Herrschaften wehrten, mit goldenen Harpyie-Masken. Der Vogel soll auch auf Wappen von mittelalterlichen Städten gewesen sein, von denen ich noch nie hörte. Tja, man hat nie ausgelernt, und ich klickte mich weiter in die Tiefen des Netzes. Beim Durchstrecken des Rückens vor dem Computer fragte ich mich, wie diese alten, mittelalterlichen Völker überhaupt auf diesen Vogel aus Südamerika kamen, denn die Neue Welt war ja gar noch nicht entdeckt worden ...

Ich begann zu stutzen und schaute mir die Website an. Das darf nicht wahr sein, ich landete in der Episode »Die Söhne

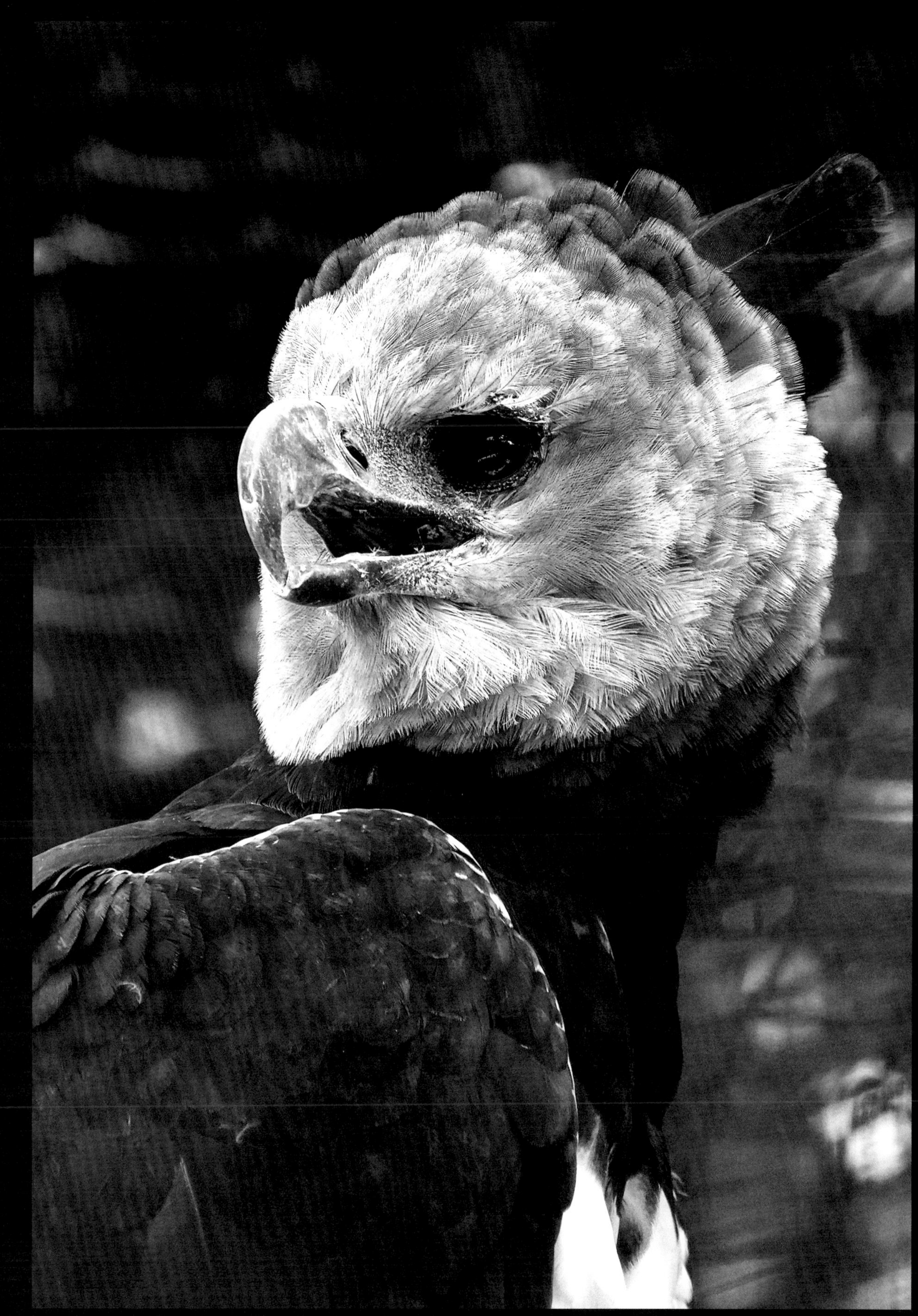

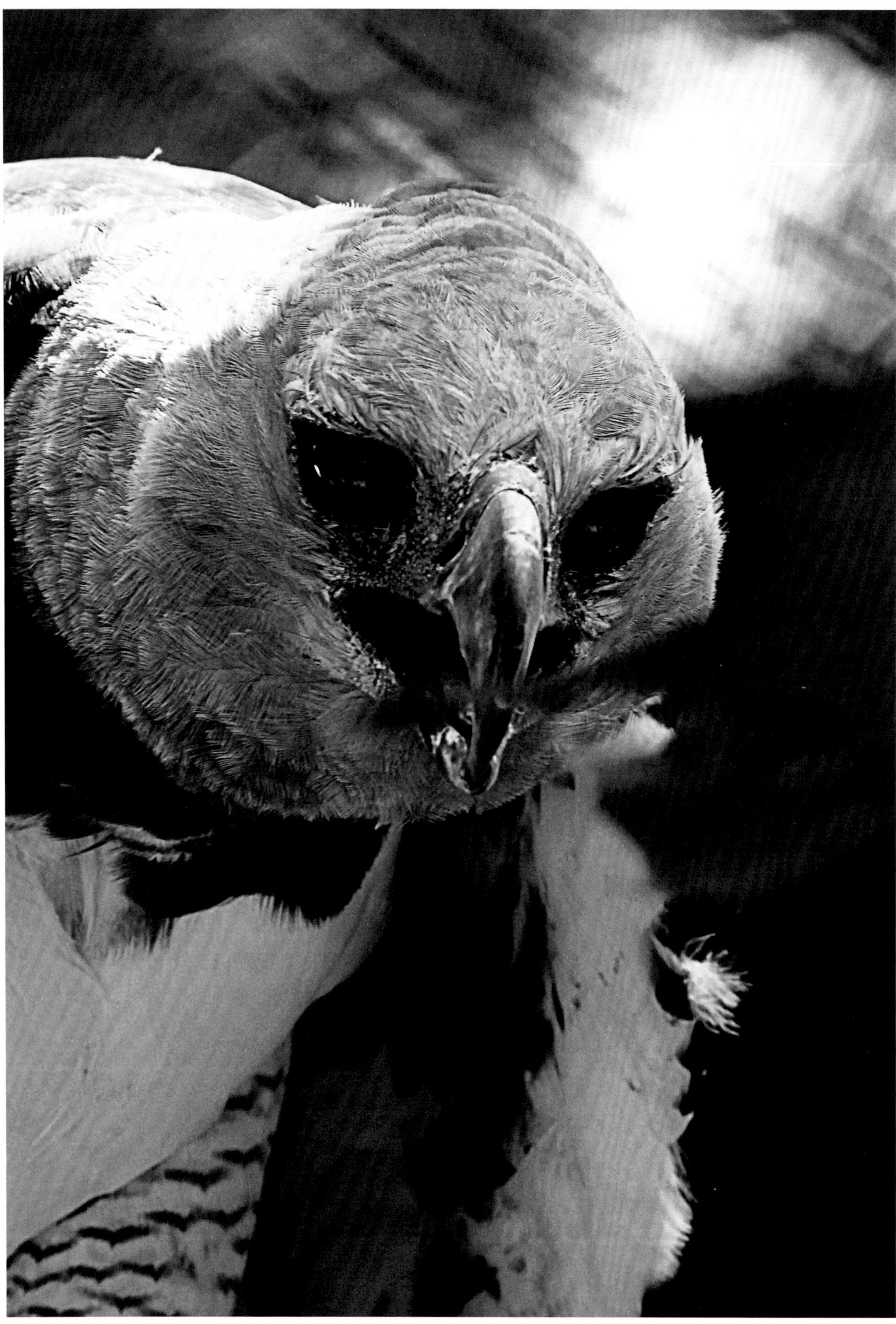

der Harpyie«, eine Episode der US-amerikanischen Fantasy-Filmserie »Game of Thrones«. So wie Antlitze der Mythologie verführen können, tun es heute Webseiten. Die Dämonen aus der griechischen Mythologie mit Frauenköpfen namens Harpyie boten immensen Stoff für die Weltliteratur. Auch der Brite David Herbert Lawrence (1885 – 1930) kam an dieser Figur nicht vorbei: *»Dann hier in der mächtigen Flut von Licht umschlang sie ihn plötzlich hart, als wäre die Kraft der Vernichtung über sie gekommen, sie schlang ihre Arme um ihn und presste ihn in ihren Fesseln zusammen, während ihr Mund den seinen in einem harten, herzzerreißenden, fortwährend an Kraft zunehmenden Kusse suchte, bis sein Leib kraftlos in ihrer Umschlingung ruhte, sein Herz in Furcht vor dem wilden, scharfen Harpyienkusse dahinschmolz.«*

Meine Frau betritt das Schreibzimmer und lächelt: »Kommst' voran?« Aber so was von voran, log ich zurück, schloss den Browser und öffnete gedruckte Bücher. Statt mit der Computermaus glitt nun mein Zeigefinger Texte entlang, unter anderem einem, der fachkundig erklärt, dass Harpyien nur einen einzigen Nachwuchs pro Saison durchzubringen versuchen, betreut und gefüttert durch den Vater, mit Sachen, die die Mutter aus dem Dschungel anschleppt. Sehr interessant scheint mir die Tatsache zu sein, dass ausgerechnet dieser schwerste Greifvogel keinen Rekord mit der Flügelspannweite vorweisen kann. Aus einem ganz logischen Grund. Aber davon später.

Die lange Brutzeit von bis zu 55 Tagen plus weiteren langen 70 Tagen an Nestbetreuung kann der Harpyie zum Verhängnis werden. Erstens, weil in Brasilien angesiedelte Bauern zuerst die großen, dicken Bäume fällen (Nestverlust), dann auf alles schießen, was für Hühner und Kleinvieh gefährlich sein könnte, und dazu alles niederbrennen, um Weideland zu gewinnen. Und doch gelingt es uns hier vielleicht ausnahmsweise zu einem Happy End zu kommen. In der Gegend von São Paulo wachsen immer seltener werdende und nur im Atlantischen Regenwald vorkommende Jussara-Palmen. Seit den 1960er Jahren hat der Export des essbaren Teiles von Stamm und Blättern am oberen Ende der Palme dermaßen zugenommen, dass um die Zukunft dieses Baumes gefürchtet werden muss. Und jetzt tun sich hier, mangels natürlicher Feinde, die Schwarzen Brüllaffen an diesen Früchten gütlich, sodass die Bäume zusätzlich traktiert werden.

In Anbetracht dessen, dass die Harpyie nicht nur Schlangen, Faultiere und Stachelschweine schlägt und verspeist, sondern eben auch Brüllaffen, könnte das seine Rettung bedeuten: durch Umsiedlung dieses Vogels genau in diese Wälder, um die letzten Palmherzen zu retten. Brüllaffen mit dem Gewicht von bis zu 6,8 Kilo sind schon in den Klauen der Harpyie gesichtet worden. Diese Information als ein glückliches Ende dieses Beitrages zu sehen, scheint mir nicht so richtig zu funktionieren, wenn menschliche Gier nach einem Geschäft mit Leckereien die einzige Motivation ist, um ein Tier vor dem Aussterben zu retten.

Nun gehe ich wohl richtig in der Annahme, dass Sie wissen möchten, warum dieser Greifer nicht auch mit seiner Flügelspannweite alle Rekorde bricht. Die verpulverten Zeilen mit dem Exkurs über die Fantasy-Filmwelt zwingt mich, Sie zu bitten, diese Fragen entweder an die Herausgeberschaft zu richten oder eine Mail zu senden an: ursaerni@web.de **UA**

MERKMALE größter Seevogel, Körperlänge bis 1,20 m, Spannweite bis 3,20 m · Gefieder weiß, Flügelspitzen und Handschwingen schwarz · sehr großer, kräftiger Schnabel mit gebogener Spitze VORKOMMEN Südpolarmeer · Brutgebiet in Neuseeland (Chatham Islands) LEBENSWEISE Einzelgänger · sehr guter, energiesparender Flieger, meist auf offener See, fliegt nur bei Wind · langer Fortpflanzungszyklus · ernährt sich von der Wasseroberfläche aus jagend von (Tinten-)Fischen ROTE-LISTE-STATUS (IUCN) gefährdet

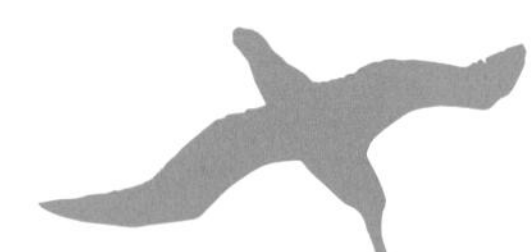

KÖNIGS-ALBATROS

Diomedeidae epomophora

Oft kommt es, dass das schiffsvolk zum vergnügen
Die albatros, die großen vögel, fängt,
die sorglos folgen, wenn auf seinen zügen
das schiff sich durch die schlimmen klippen zwängt.

Kaum sind sie unten auf des deckes gängen,
als sie, die herrn im azur, ungeschickt
die großen weißen flügel traurig hängen
und an der seite schleifen wie geknickt.

Er, sonst so flink, ist nun der matte, steife.
Der lüfte könig duldet spott und schmach:
Der eine neckt ihn mit der tabakspfeife,
der andre ahmt den flug des armen nach.

Der dichter ist wie jener fürst der wolke.
Er haust im sturm, er lacht dem bogenstrang.
Doch hindern drunten zwischen frechem volke
Die riesenhaften flügel ihn am gang.

Charles Baudelaire (1821 – 1867), Der Albatros

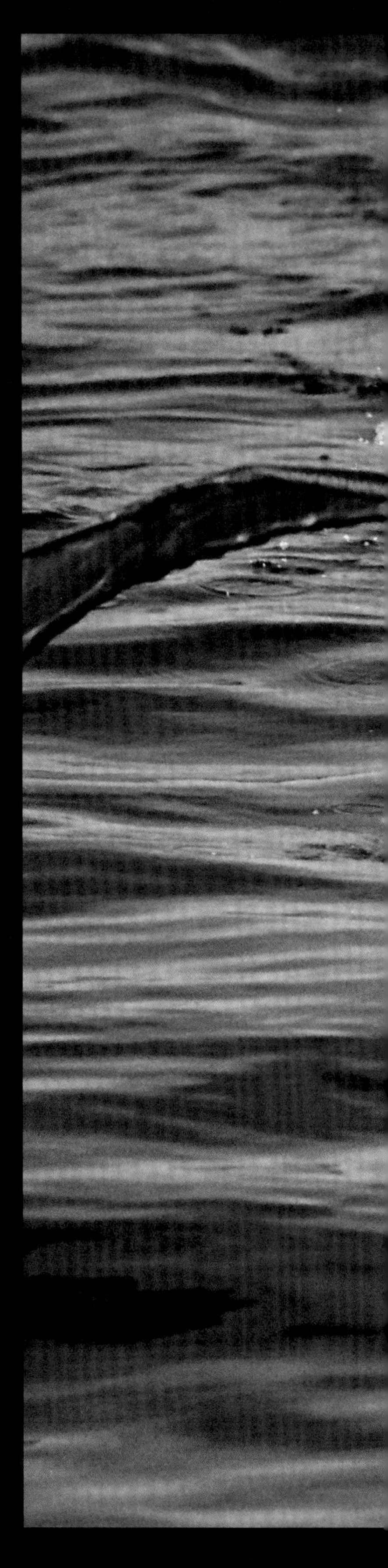

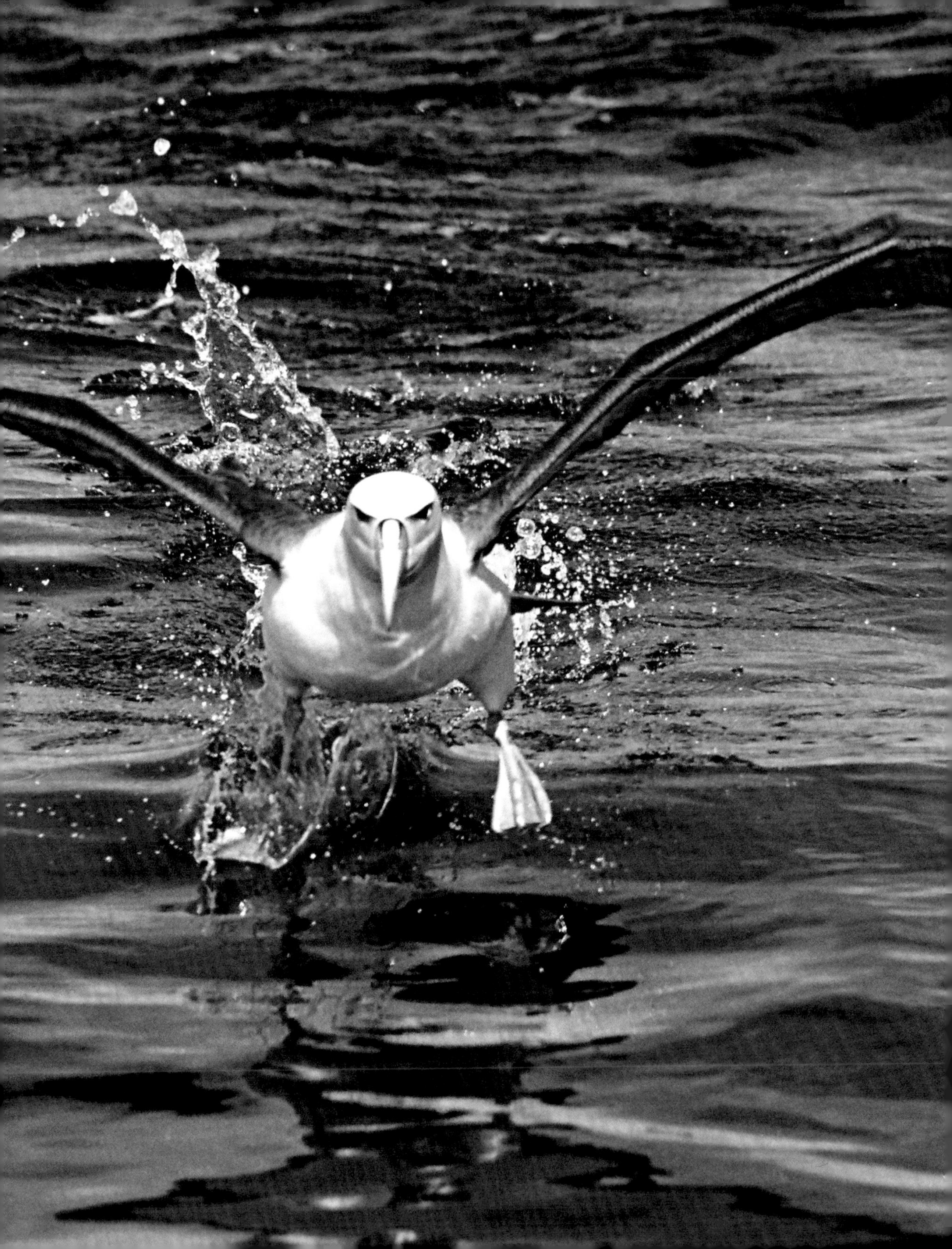

MERKMALE Meeresvogel aus der Familie der Tölpel · Körperlänge bis 1,10 m · Spannweite bis 1,80 m · Gefieder schneeweiß, Handschwingen schwarz, Kopf und Hals cremegelb · kräftiger hellblauer Schnabel mit zugewachsenen Nasenlöchern · Schwimmhäute VORKOMMEN Westeuropa (auch auf Helgoland), südliche USA, Kanada LEBENSWEISE an Land nur zur Brutzeit, wenn er riesige Brutkolonien bildet · hervorragender Stoßtaucher und Schwimmer · ernährt sich von Meeresfischen und taucht bis 30 m Tiefe

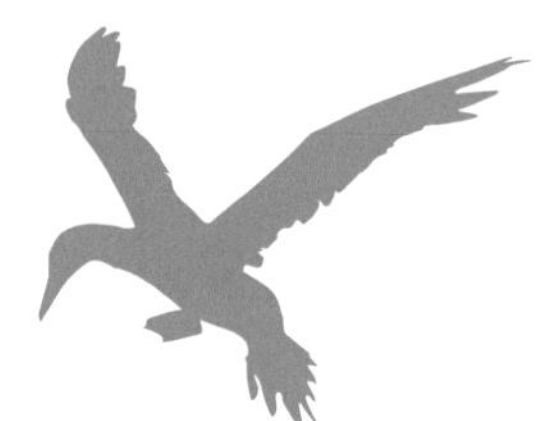

BASSTÖLPEL

Morus bassanus

Der Name ist nicht schmeichelhaft. Aber dieser Vogel *ist* ein Idiot. Ein Bobo, wie portugiesische Seefahrer sagten, ein Tölpel, ein Blödmann, der sich immer wieder zutraulich aufs Schiffsdeck setzte und nie begriff, dass man ihn dann fing, schlachtete, aß. 1448 wird er zum ersten Mal erwähnt, im Zusammenhang mit der Felseninsel Bass Rock vor Schottland, da lebt und nistet er bis heute in großen Kolonien, und der Felsen leuchtet weiß: komplett vollgeschissen.

Ansonsten lebt dieser gänseartige Vogel, auch »Bassaner Gans« genannt, auf den Hebriden, in Island, Norwegen, Neufundland, Wales, und er kackt auch Helgoland voll. Er ist ja nicht nur blöd: Er kann aus fünfundvierzig Metern Höhe Fische, die er fressen will, im Meer erkennen, er schießt mit – Achtung! – hundert Stundenkilometern runter, streckt die Beine nach hinten, legt die Flügel an, macht den Schnabel zu, aber unter Wasser, zack, da packt er zu, Stoßtauchen heißt diese Methode. Und er kann zwanzig Sekunden unten bleiben, er kriegt, was er will, ehe ihn innere Luftsäcke wieder nach oben treiben – so weit, so toll, so gut. Aber. Er ist und bleibt ein Bobo, denn es kann auch passieren, dass er beim kühnen Sturzflug auf einen Felsen knallt, und dann – tja. Der lernt wirklich nichts. Sein Onkel, der Blaufußtölpel auf Galapagos, kann das wenigstens durch leuchtend blaue Füße ausgleichen.

Oft jagen mehrere Basstölpel gemeinsam, tauchen in Gruppen, verwirren die Heringe, das erhöht die Fangquote. Aber so einig sind sie nur selten – sie gelten untereinander als zänkisch: In den Kolonien wird von morgens bis abends gekreischt, gehackt, gekämpft, bissig, neidisch, gereizt. Und wissen Sie, wer immer in Nähe von Basstölpeln lebt und wohnt? Die Trottellummen. Na, da sind ja die Richtigen beisammen ... **EH**

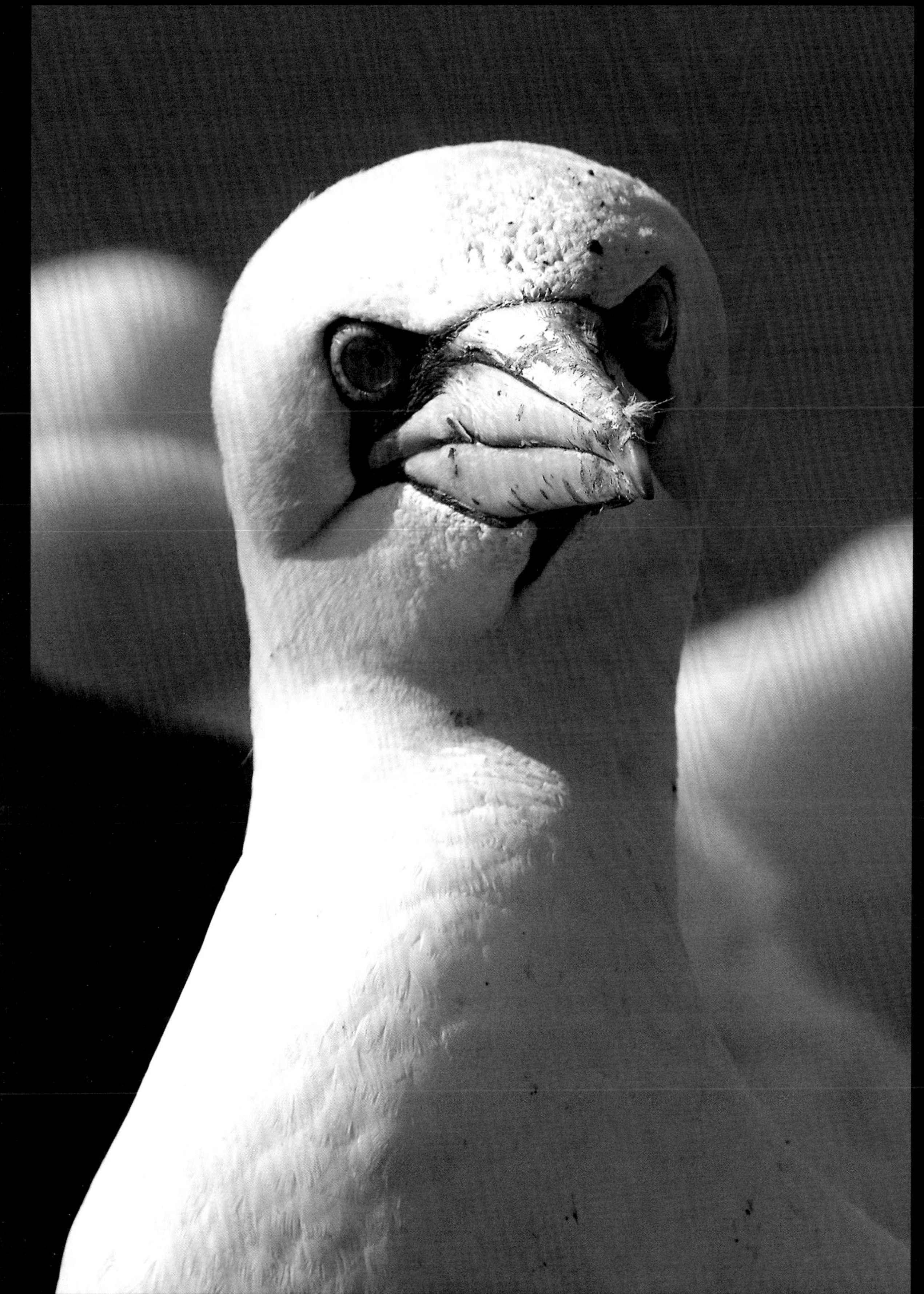

MERKMALE gehört zur Familie der Brillenpinguine · Körperlänge bis 65 cm · nackte rosafarbene Hautpartien an den Augen und der Schnabelwurzel · individuelle Punktmuster auf der Brust · flugunfähig, sehr guter Schwimmer, taucht bis 55 m tief VORKOMMEN Peru, Nordchile · Pazifikküsten in der Region des Humboldtstroms LEBENSWEISE ernährt sich v. a. von Fischen, Tintenfischen und Krustentieren ROTE-LISTE-STATUS (IUCN) gefährdet

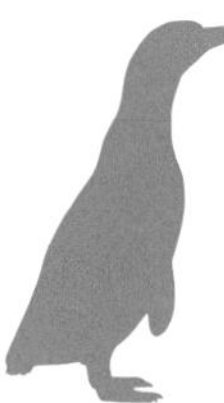

HUMBOLDTPINGUIN

Spheniscus humboldti

Nicht alle Pinguine leben in der Antarktis, dieser hier lebt da, wo der Humboldtstrom schön kühl fließt und ihm reichlich Nahrung beschert: an den Pazifikküsten von Chile und Peru. Strom und Vogel haben ihren Namen von Alexander von Humboldt, der beides auf seiner ersten Amerikareise 1799 – 1804 entdeckte. Aber auch dieser Pinguin hat das, was uns alle Arten so liebenswert macht: Er fliegt quasi durchs Wasser und wirkt an Land, aufrecht gehend, wie ein strenger Bürovorsteher.

Er ist gefährdet: durch den Klimawandel, der zu warmes Wasser an die Küsten treibt, durch den Guanoabbau und die Überfischung des Meeres. Und im Wasser verfolgen ihn Seebären, Mähnenrobben, Schwertwale und Haie als Leckerbissen – so gesehen hat er es in den Zoos etwas leichter. Aber im Zoo von Bremerhaven fehlte es einmal an Weibchen, und da versuchten die männlichen Pinguine, untereinander Steine auszubrüten. Schnell wurden daraufhin aus einem schwedischen Tierpark Weibchen besorgt, aber dagegen protestierte die Lesben- und Schwulenbewegung: Man solle doch die armen Männchen nicht zwingen, man solle sie zusammen lassen, sie seien eben schwul!

Und tatsächlich, die Männerpaare blieben zusammen und brüteten gemeinsam ein echtes Ei aus, das ein heterosexuelles Paar aus dem Nest gestoßen hatte. Sie fütterten, bewachten das Nest und machten alles genau so wie heterosexuelle Paare. Und als das Kleine flügge wurde, blieb sich das Männerpaar mit den seltsamen Namen »Z« und »Vielpunkt« so treu, wie es Pinguine nun mal tun. Also, geht doch! **EH**

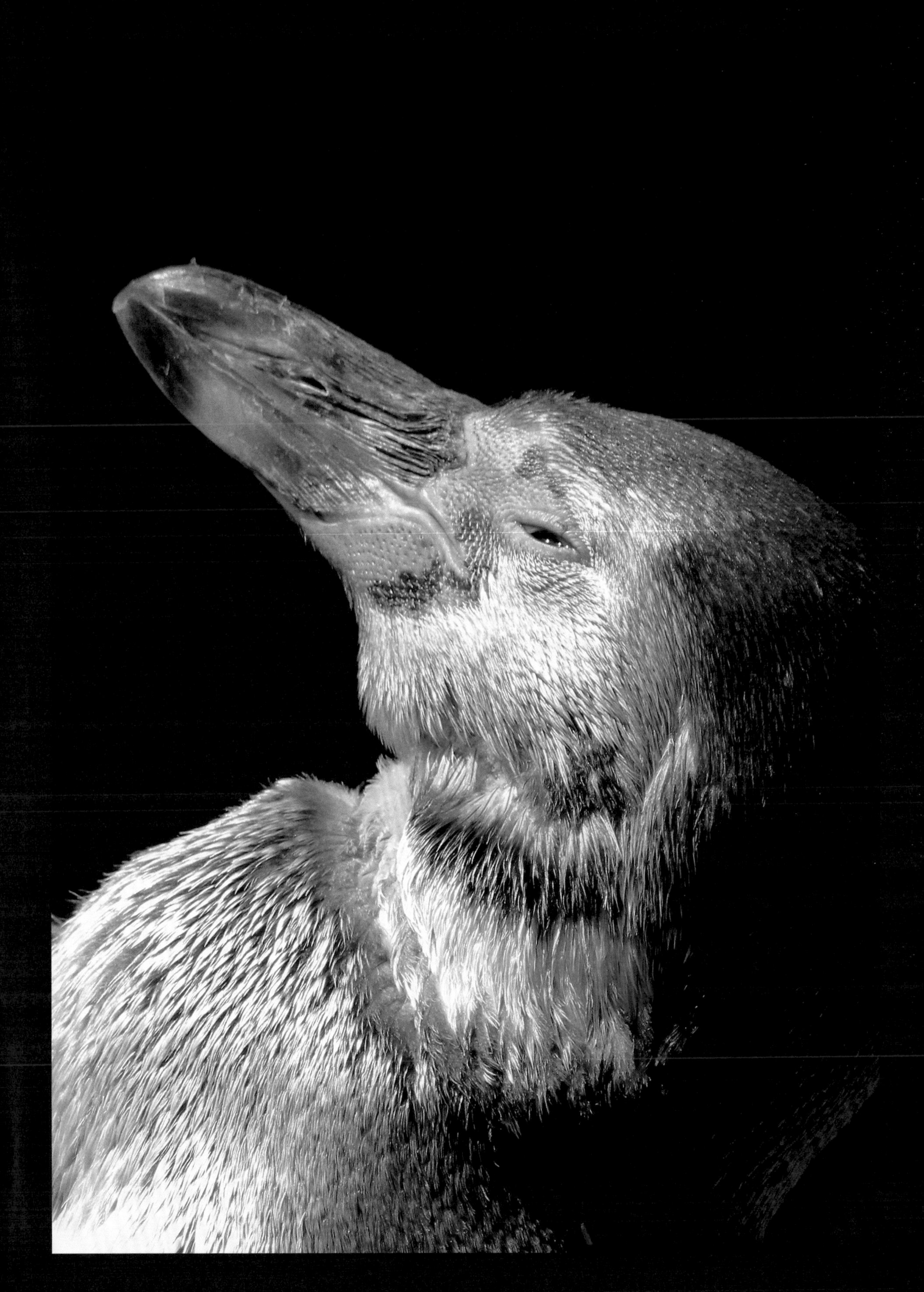

MERKMALE sehr seltene große Pinguinart · Körperlänge bis 78 cm · kurze Beine · flugunfähig · Oberseite schiefergrau, Unterseite weiß · Kopf, Stirn und Scheitel blassgoldgelb mit schwarzen Federschäften, hellgelbes Band von Auge zu Auge über dem Hinterkopf, gelbliche Augen, roter Schnabel · Schwimmhäute VORKOMMEN Südinsel Neuseeland, Stewart Island, Campbell Island, Auckland Island (endemisch) LEBENSWEISE schneller Schwimmer · ernährt sich fast ausschließlich von Fisch, jagt in Tiefen bis 60 m ROTE-LISTE-STATUS (IUCN) stark gefährdet

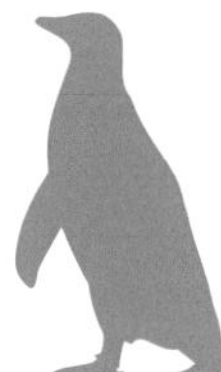

GELBAUGENPINGUIN

Megadyptes antipodes

Die Wiege der Pinguine, sagt man, stand in Neuseeland, aber vor der Nachstellung durch den Menschen sind sie bis in die Antarktis geflohen, diese sonderbaren Tiere, die wie Vögel aussehen, aber nicht fliegen können, die tief tauchen, aber keine Fische sind, die einen Anzug tragen, aber irgendwie fehlt die Aktentasche. In Neuseeland kann man gegen Eintritt und bei Flutlicht an einem Strand von Omaru kleine Blaupinguine beobachten. *Sacrifice Beach* nennt man diesen Strand – hier werden sie der Neugier der Touristen geopfert, damit die Gelbaugenpinguine an ihren Nistplätzen unerreicht und ungestört bleiben. Nur mit einem Nature Guard darf man an einen dieser geschützten Strände. Man bricht in der Nacht auf, wandert lange durch Felder und Dünen bei Dunedin, ein eingezäunter Strand, ein Unterstand, Stille, Warten. Und dann kommen sie, die Gelbaugenpinguine, einzeln. Sie leben mit ihren Jungen in Höhlen am Strand. Sie schreiten ernsthaft im Morgengrauen zum Meer und verschwinden darin, tauchen nach Fischen, versuchen, Haie, Fischernetze und Seelöwen zu überleben, und kommen, wenn das gelingt, am Mittag mit dem Schnabel voller Fische zurück. Das sind keine niedlichen Witzfiguren. Das sind Raubtiere: scharfe Schnäbel, gelbe Augen, aus der Nähe sind sie nicht mehr komisch. Sie warnen uns: »Honk!«

»Gänslein, die nicht fliegen können«, nannte Fernando Magellan sie, als er 1520 die Ersten sah, und er ließ sie auch gleich zu Tausenden schlachten, Fleisch für die Mannschaft.

Der Pinguin ist vorsichtig geworden. Er hält sich von uns fern, daran tut er gut. Es war aber schön, ihn einmal so aus der Nähe kennengelernt, sozusagen an seiner Wiege gestanden zu haben. **EH**

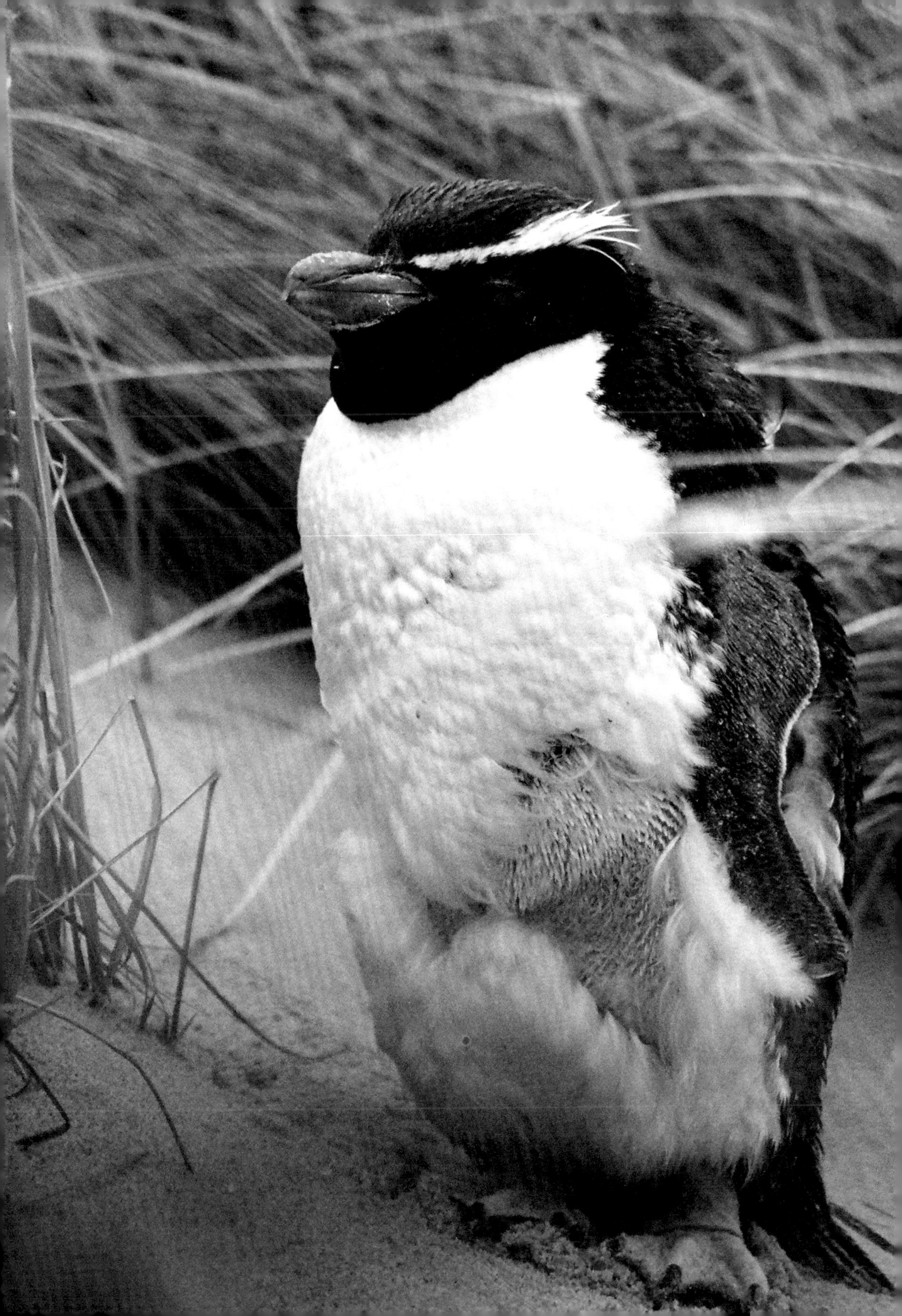

MERKMALE Körperlänge bis 94 cm, Spannweite bis 1,49 m · schwarzes, metallisch schimmerndes Gefieder, weiße Wangen · Federschopf am Hinterkopf, langer Schnabel mit Haken an der Spitze und gelber Haut am Grund, smaragdgrüne Iris bei adulten Vögeln · Schwimmhäute VORKOMMEN Europa, Asien, Afrika, Australien, Westgrönland, Nordamerika · Meeresküsten, Seen LEBENSWEISE Herdentier, Koloniebrüter mit zum Teil mehreren Tausend Paaren · fliegt mit ausgestrecktem Hals oft dicht über dem Wasser · jagt geschickt unter Wasser Fische · trocknet sein Gefieder mit ausgebreiteten Flügeln

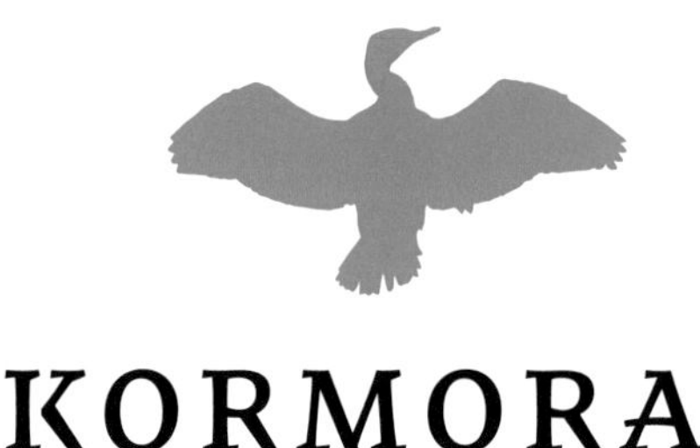

KORMORAN

Phalacrocorax carbo

Liebe Fischerinnen und Fischer, es sei hier deutsch und deutlich festgehalten, dass ich als Vogelfreund liebend gerne Fisch esse. Von der Forelle nach Müllerin-Art über Fischfrikadellen und Blaufelchen bis hin zum Welsfilet und leckerem Zander. Dabei befinde ich mich in bester Gesellschaft, die ich sehr gerne mit Haubentaucher, Gänsesäger, Flussseeschwalbe und Kormoran teile. Ja, das sind die, die als Kolonien hoch oben in den Ästen hausen und mit ihrem Kot ganze Bäume in totes weißes Holz verwandeln oder umätzen. Ein interessantes Thema für sich. Langweilig aber wird die Behauptung langsam, dass diese Tiere die Hauptschuld an dem Fischrückgang tragen sollen, zum Beispiel am Bodensee.

Die Ursache lässt sich nicht simpel auf eine Tierart reduzieren. Denn folgende Fakten gehören zum Problem: Der Klimawandel sorgt für zu warme Wassertemperaturen, die effizienten Kläranlagen liefern klares Wasser mit Nährstoffrückgang, die enorme Vermehrung der Stichlinge, mit ihrem Appetit auf den Laich anderer Fische, die Zunahme der eingeführten Quagga-Muscheln, die somit zusätzlich Nährstoffe entziehen. Den Kormoran und die Unterart Scharbe immer noch als Ursache Nummer eins zu sehen, ist längst passé. Verstehen Sie mich nicht falsch, Ihr Problem als Berufsfischende ist ein sehr ernst zu nehmendes. Doch dessen Analyse ist komplexer. Schauen Sie sich den Tatort »Kormorankrieg« aus Konstanz aus dem Jahre 2008 an, mit dem Kripo-Paar Klara Blum (Eva Matthes) und Kai Perlmann (Sebastian Bezzel). Die Sturheit aller Parteien ist die perfekte Ursuppe für kriminelle Energie.

Der Kormoran kann nichts dafür, wenn der Mensch die Natur nur noch als Lieferanten sieht. **UA**

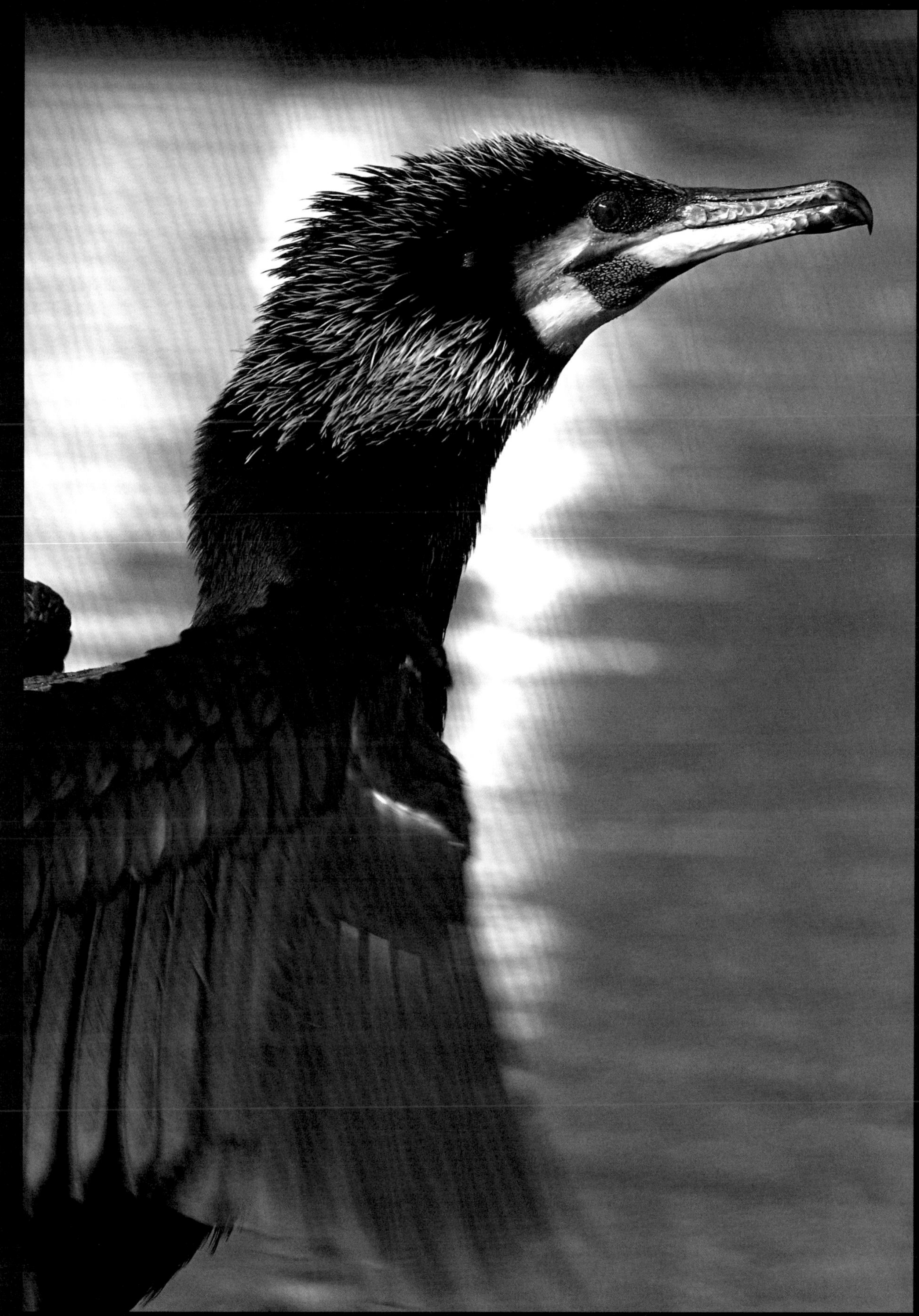

MERKMALE gehört zur Familie der Neuweltgeier · schwerster Greifvogel, Körperlänge bis 1,10 m, Gewicht bis 15 kg, Spannweite bis 3,50 m · Rückengefieder silberweiß, weiße Halskrause · kahler, fleischfarbener Kopf, Schnabel mit Hakenende, Männchen mit Stirnkamm VORKOMMEN Südamerika, Venezuela bis Feuerland · Andenregion, bis 5000 m Höhe LEBENSWEISE ausdauernder Segler bis in Höhen von 7000 m · Aasfresser, der auch kranke Tiere erlegt, frisst auch Vogeleier · kann bis zu 6 Wochen ohne Nahrung überleben ROTE-LISTE-STATUS (IUCN) potenziell gefährdet

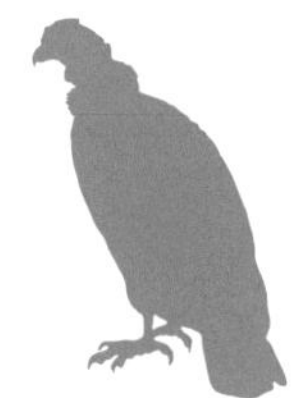

ANDENKONDOR

Vultur gryphus

Oh majestätischer Kondor der Anden,
bring mich nach Hause, in die Anden.
Oh Kondor, Kondor, Kondor …

Ich will zurückkehren in mein geliebtes Land
und mit meinen Inkabrüdern leben,
das ist, was ich am meisten ersehne.
Oh Kondor, Kondor, Kondor …

In Cusco auf dem Hauptplatz erwarte mich,
damit wir in Machu Picchu und Huayna
Picchu spazieren können.
Oh Kondor, Kondor, Kondor …

Diese klagenden Worte der Sehnsucht entstammen dem Lied »El condor pasa« (Der Kondor fliegt vorüber), dessen Urheber mit großer Wahrscheinlichkeit Daniel Alomía Robles (1871 – 1942) ist. 1970 machten Simon und Garfunkel das Lied weltberühmt. Das Elend der indigenen Minenarbeiter unter der Knechtschaft der Eroberer aus Europa soll die Grundlage dieses Liedes gewesen sein, mit dem Andenkondor als Symbol für Freiheit – ohne dass der oder die Dichtende damals wusste, dass dieser Vogel, wenn er so richtig vollgefressen ist, sich nicht mehr vom Boden erheben kann. Entweder bleibt er dann halt noch oder kotzt die überschüssige Nahrung wieder aus. Ja, ist etwas ruppig, der Übergang von der Poesie der Niedergedrückten zur Realität des Alltags eines Vogels. Aber so zeigt sich auch beim Kondor einmal mehr, was der Mensch von ihm ersehnt und was er eigentlich kann. Wenn die Verdauung jedoch fortgeschritten ist, weitet der Vogel seine Flügel, als wolle er ein bisschen angeben mit seiner Spannweite, und hebt ab, um es dem Küken, das sechs Monate abhängig ist, entgegenzuwürgen. Da können schon mal 200 Kilometer zwischen Aas und Nest liegen, und der nächste Suchflug kann ruhig und gerne bis zu sechs Monate dauern. So eine Reise

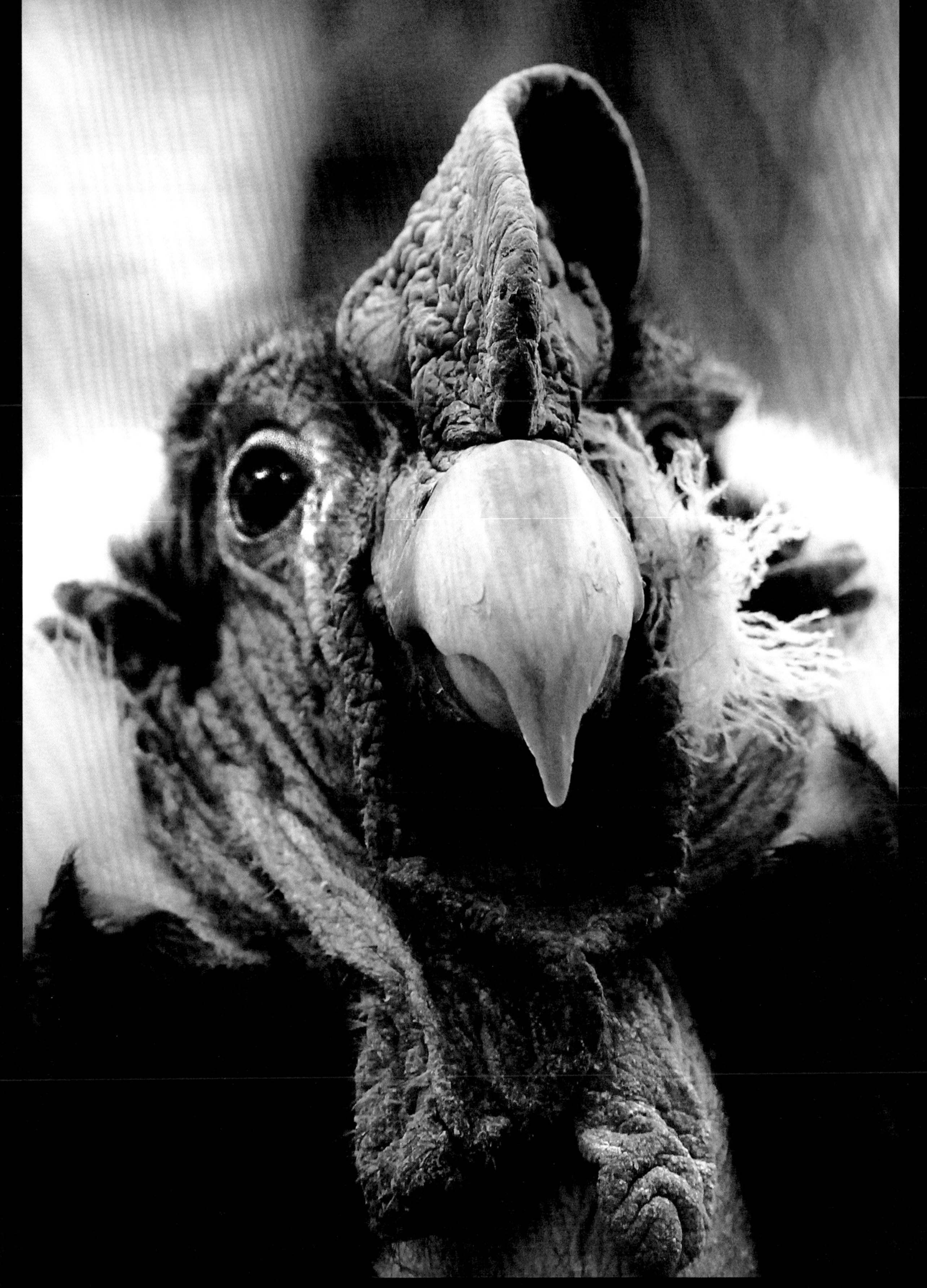

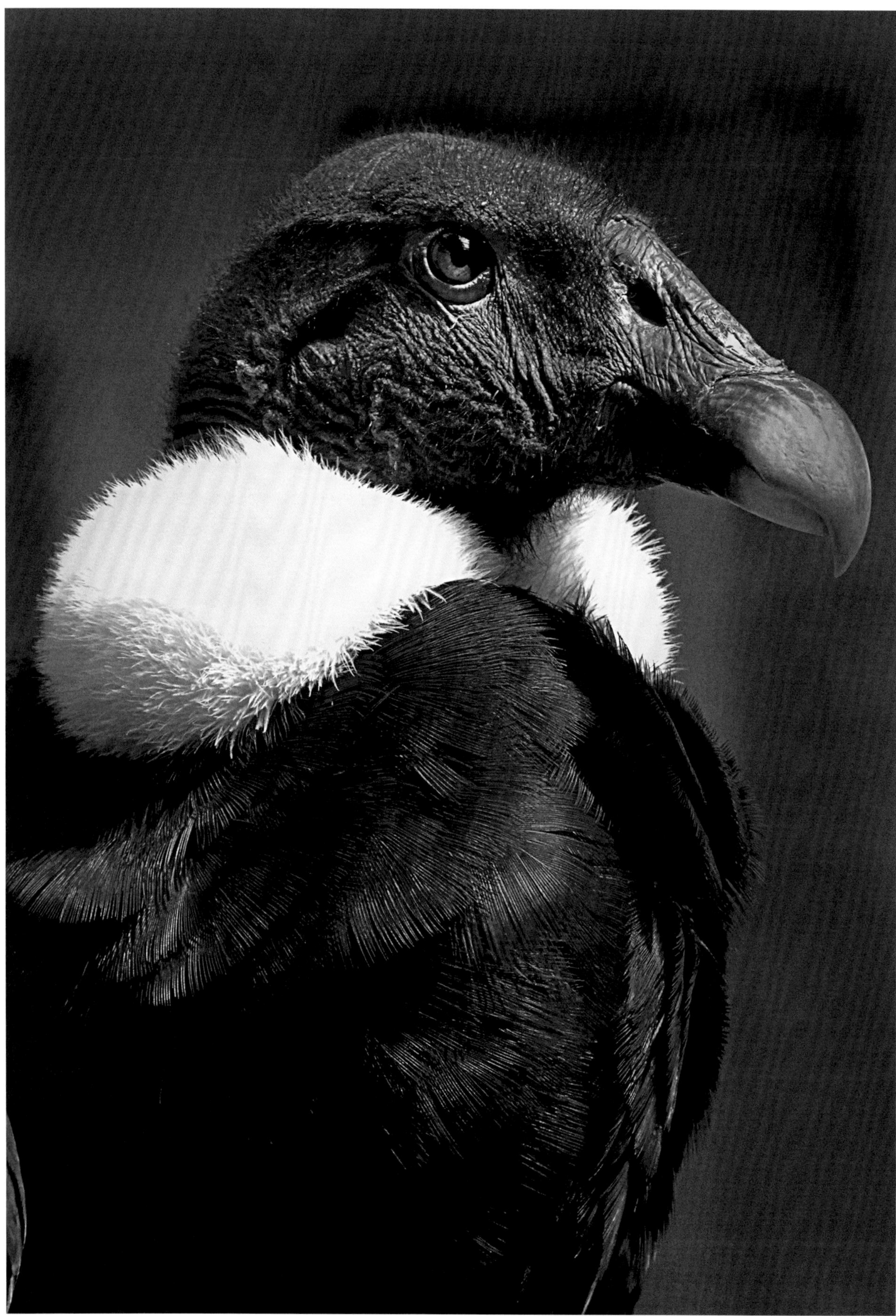

vom Nest auf zum Beispiel 4000 Meter über dem Meer bis zu einem toten Wal an der Küste kann eben dauern.

Der Andenkondor hat schon was Eigenes – welcher Vogel übrigens nicht? Beim Anblick eines vorbeisegelnden Geiers ist es nachvollziehbar, dass die Inkas ihn zu einem Schöpfergott in ihrer Mythologie machten. Und heute? Frau Gabriela Leonardi hat mit dem großen Hunger der Vögel Erbarmen und stellt Wasser und legt Fischreste auf den Balkon ihres Penthouses in Santiago de Chile. Wenn sie dann auf dem besagten Balkon landen, die Kondore, bellt sich ein putziger Pudel in Rage. Das können Sie sich im Web ansehen.

Aber für was alles der Name hergegeben wurde, ist allerhand. Für einen russischen Satelliten, für Fluggesellschaften, ein 1893 im schweizerischen Delsberg gegründetes Motor- und Fahrrad-Werk, Flugzeugmotoren, Kriegsschiffe, für eine Internet-Versandhandlung mit seltsamerweise einem Weißkopfseeadler als Logo, für einen Schmuckdesign-Laden im bayerischen Mühlhausen, eine Apotheke in Beverstedt im Landkreis Cuxhaven, ein Architekturbüro in Kontal-Münchingen bei Stuttgart, für den Fantasiefamilienname einer vietnamesischstämmigen US-Schauspielerin u. a. im Science-Fiction-Actionfilm »X-Men: Apocalypse« und für den Titel eines Agentenfilms aus dem Jahre 1975 von Sydney Pollack mit Robert Redford. Diese Namensausschlachtung würde einer Heckenbraunelle oder einem Dottertukan nie passieren. Fairerweise soll hier erwähnt sein, dass unser Andenkondor sich die Namenspatentrechte mit dem Kalifornischen Kondor teilen muss.

Für Europäerinnen und Europäer, die noch nie in den Anden waren und auch nicht demnächst eine Reise dorthin planen, bleibt nichts anderes übrig, als dem Antlitz des Geiers aller Geier in einem Zoo oder in einer Falknerei ansichtig zu werden. Hier eine Auswahl für deutschsprachige Geierliebende: Zoo Dortmund, Greifvogel-Zuchtstation Hagenbachklamm in Andrä-Wördern (Niederösterreich) und Greifvogelpark in Buchs (St. Gallen). Die Besucherinnen und Besucher werden hier nie das weite Segeln hoch oben oder von einer Bergspitze erleben, aber doch die Details der Physiognomie aus nächster Nähe studieren können: den fleischigen Kamm des Männchens, den kahlen Kopf, den schlabberigen Kehlsack und den Pastorenkragen. So vor dem Gehege stehend, nach dem Studium der oben beschriebenen Details, dürfte vielleicht der Gedanke aufkommen, dass die Veredelung des Namens durch die Mythologie und die besagte Wiederverwertung für Produkte und Filme wohl eher vom Staunen von Weitem herrühren könnten.

Während der Verfasser zu einem poetischen Ausklang ansetzen wollte, wurde soeben berichtet, dass ein von Forschern beobachtetes Tier während fünf Stunden und über 172 Kilometer keinen einzigen Flügelschlag machte, sondern nur segelte.

Und nun vergönnen wir diesem Vogel einen Ausklang analog zum poetischen Einstieg dieses Beitrages mit den Worten: *»Mit seltsamen Gefühlen des Unwillens und der Angst legte ich das Fernrohr weg und starrte in die Lüfte, bis endlich eine andere, aber glühende Kugel emporstieg, und ihr strahlendes Licht über die große heitere Stadt ausgoß, und auf meine Fenster, und auf einen ungeheuren, klaren, heitern, leeren Himmel.«* Das schrieb Adalbert Stifter in seiner wunderschönen Erzählung »Der Condor«. Auch wenn er damit ein Schiff meinte, liest sich dieser Satz perfekt zum Schluss. **UA**

MERKMALE Spannweite bis 2,95 m, Gewicht bis 12 kg · Gefieder dunkelbraun, kurzer bläulich-rosafarbener Hals mit dunkler Federkrause · kantiger, fast kahler, kleiner Kopf · sehr guter Sehsinn
VORKOMMEN Südeuropa, Zentralasien bis Nordindien, Nordchina, Mongolei · Bergwälder
LEBENSWEISE ernährt sich vor allem von Aas · schlägt auch bereits geschwächte Tiere · reviertreu
ROTE-LISTE-STATUS (IUCN) potenziell gefährdet

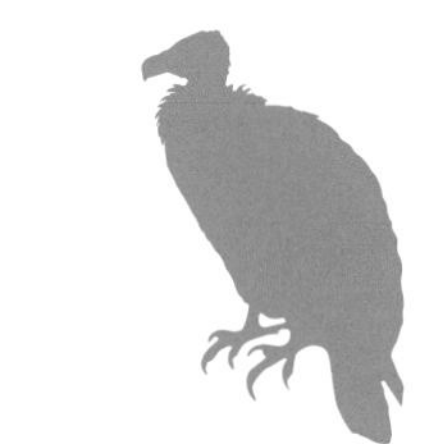

MÖNCHS-GEIER

Aegypius monachus

Hätte es einen bestimmten Hund nicht gegeben, ginge es dem Mönchs- oder Kuttengeier auf Mallorca an die Kutte. Denn die in Niedersachsen aufgewachsene Evelyn Tewes ließ sich nach dem Studium an der Universität Wien bei einem Professor über die Themenwahl ihrer Doktorarbeit beraten. Ein Projekt mit Meeressäugern vor der kalifornischen Küste wäre was gewesen, wenn die US-Behörden für ihren Hund nicht eine sechs Monate lange Quarantäne gefordert hätten. Auf der weiteren Suche stieß Tewes auf einen neuen Doktorvater und Veterinärmediziner, dem es gelang, in Österreich Bartgeier auszuwildern, und der in den Niederlanden eine Stiftung zum Schutz des Mönchsgeiers mitbegründete. Zu dieser Zeit bat die Naturschutzbehörde auf Mallorca um Hilfe bei der Rettung der letzten Mönchsgeier. Das führte Tewes im April 1987 mit der

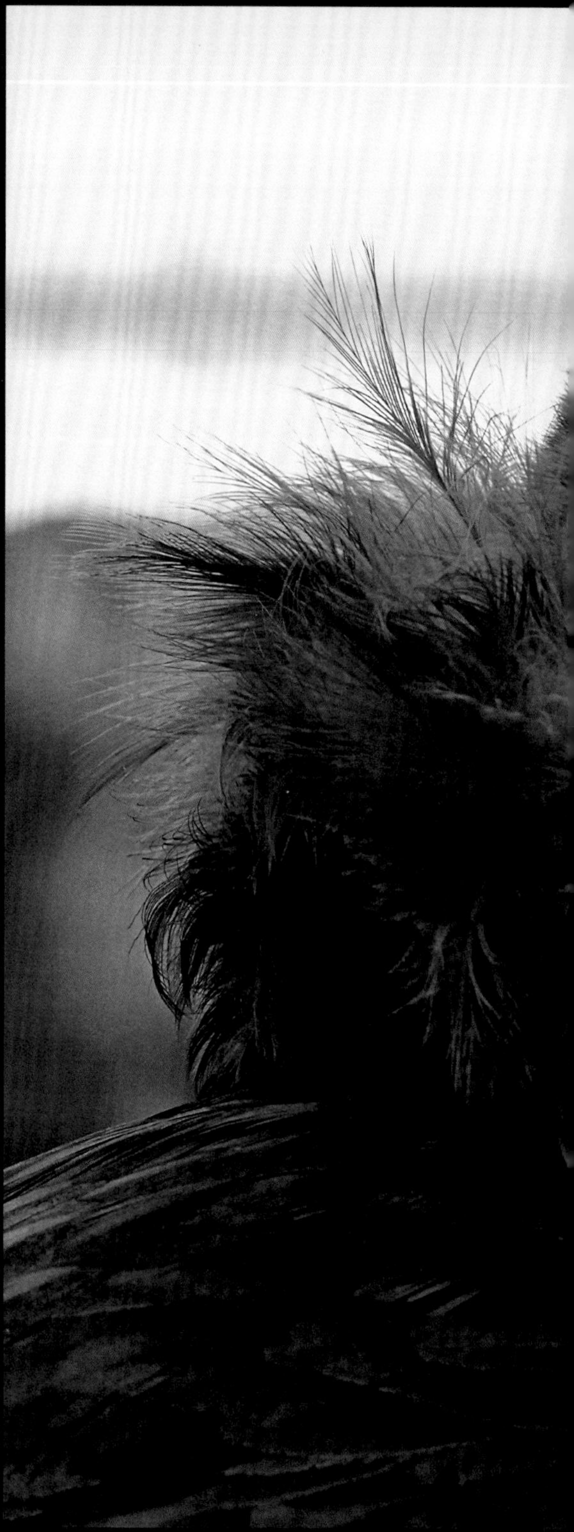

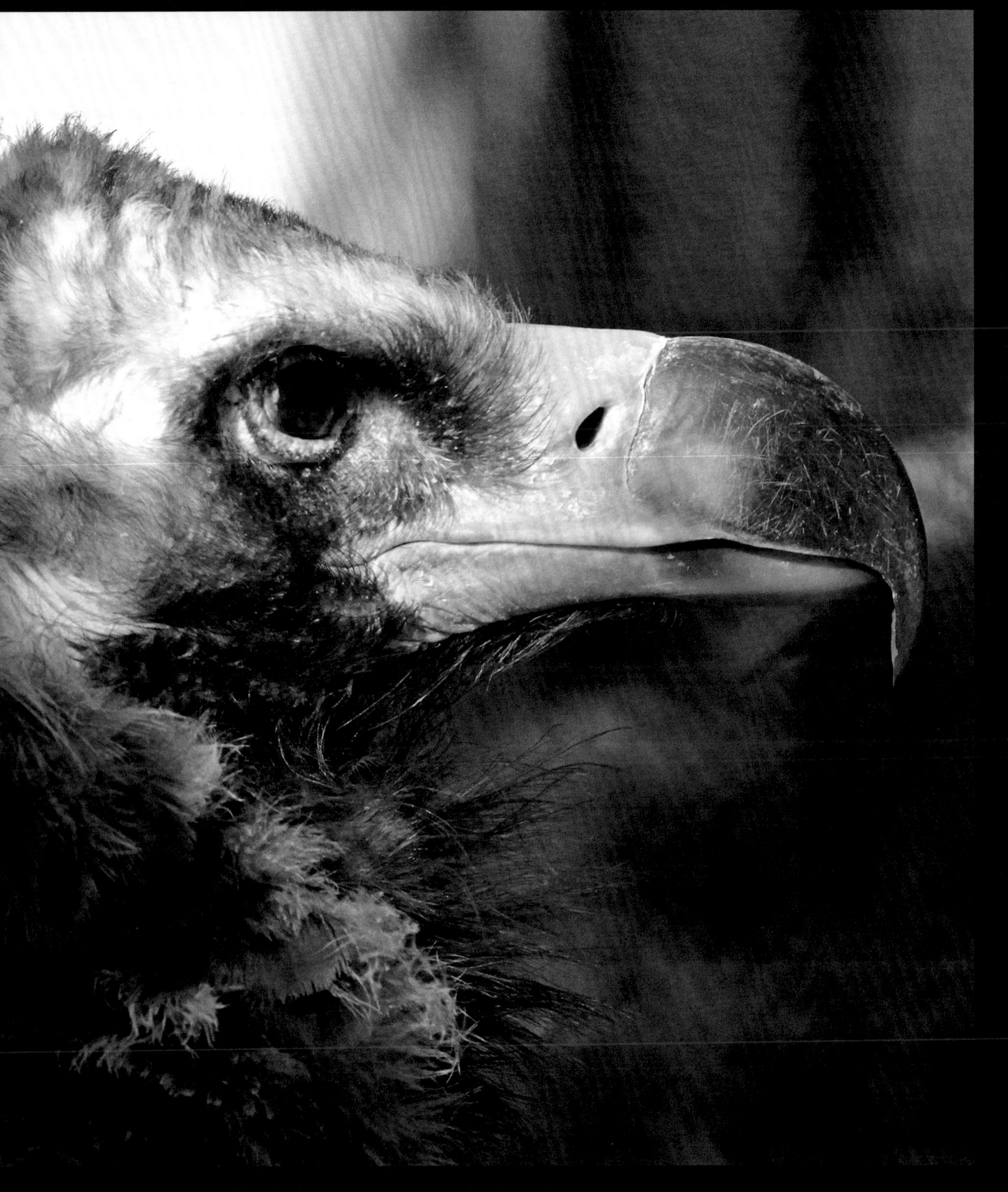

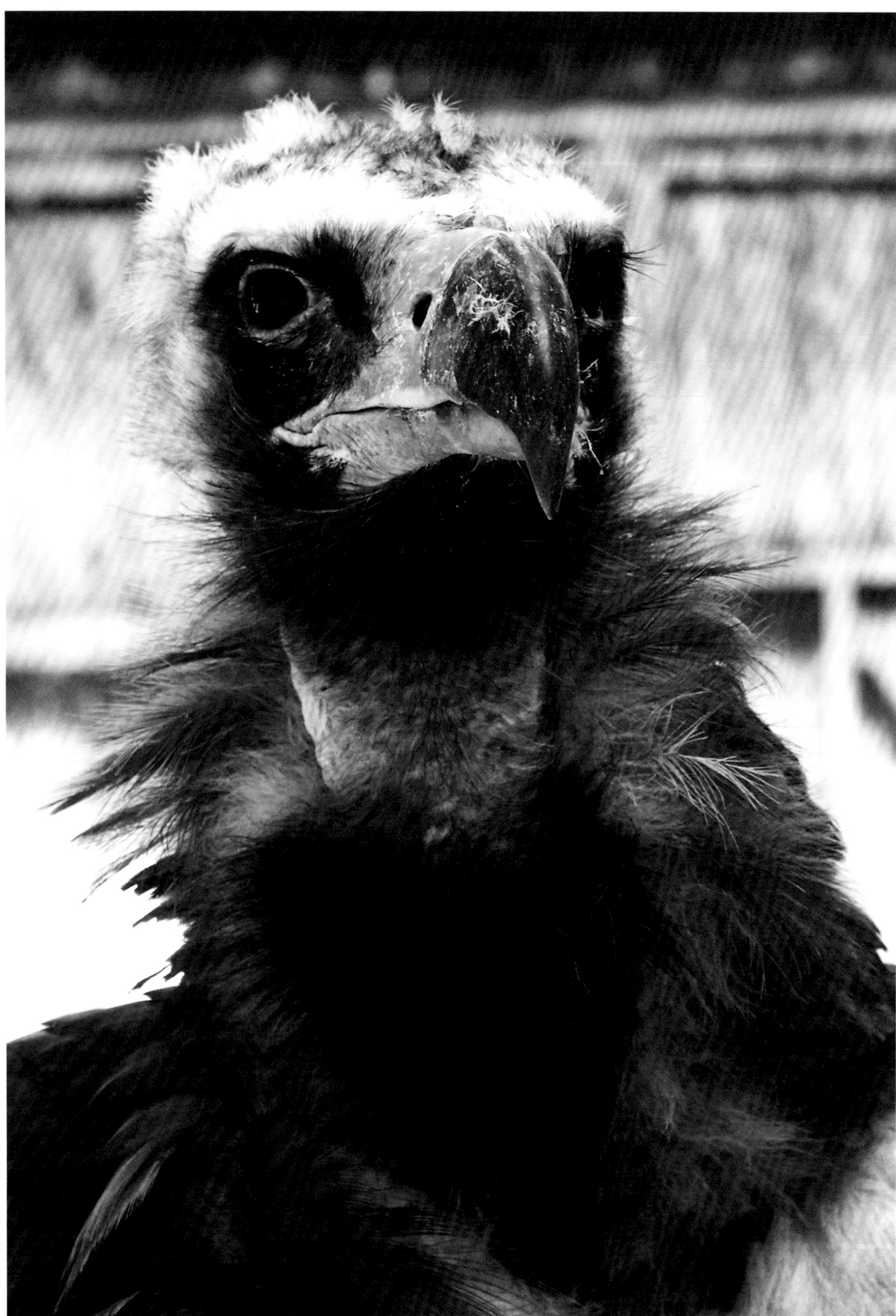

Fähre von Genua nach Palma. Auf einer Tour mit Forstwärtern zu einem Geiernest flogen zwei verbliebene Mönchsgeier in Augenhöhe an der Biologin vorbei. »*Sie schauten mich direkt an*«, erinnerte sich Tewes gegenüber der örtlichen Presse.

Der Anblick muss wohl Liebe auf den ersten Blick bedeutet haben. Evelyn Tewes machte sich also an die Arbeit und entwarf zur Rettung der Mönchsgeier einen Plan. Dieser führte zu einem 40 Jahre alten Tier im Tiergarten Schönbrunn in Wien, das fälschlicherweise Gretl hieß – es handelte sich um ein Männchen, allerdings mit einer Fehlprägung: Er sah die Menschen als seine Artgenossen. Nun machte sich die Biologin an ihn heran und legte ein Gipsei ins Nest, denn bei den Mönchsgeiern brüten beide Geschlechter. So wurden bei Gretl die Vaterinstinkte reaktiviert. Als der Geier wieder normal »tickte«, wurde er nach Mallorca transportiert zu einem vorbereiteten Nest mit einem frischen Küken aus einer Zuchtstation. Die Biologin zog sich dann zurück, nicht dass auch noch dieses Küken plötzlich auf Menschen steht. Der Wiener Mönchsgeier machte seinen Job prima und zog das Kleine auf, sodass Pep – so sein von den Forschern gegebener Name – der erste ausgewilderte Mönchsgeier auf Mallorca war.

Da Mönchsgeier nicht gerne alleine sind, konnte die Technik der Ammenvögel mit untergejubelten Küken funktionieren. Und so erholten sich die Bestände auf Mallorca, allerdings nach wie vor unter großen Schwierigkeiten. Bergbauern und Jäger legen immer wieder vergiftete Schafskadaver aus, um dem Geier den Garaus zu machen. Gründe? Die Erstgenannten glauben, dass der Geier Lämmer reißt. Die anderen tun es im Kampf gegen die Marder, damit die nicht das Niederwild erbeuten, was extra zur Jagd gezüchtet und ausgesetzt wird. Die Schutzmaßnahmen leiden zudem auch an der Reduzierung der finanziellen Mittel der Partner-Tierparks in Deutschland sowie der öffentlichen Subventionen wegen der immer wieder aufflammenden Wirtschaftskrisen.

Apropos Krise: Als es während der Ausgangssperre in der Corona-Sache im Frühling 2020 plötzlich überall wegen fehlender Wanderer, Biker und sonstiger Touristen in den Wäldern und Bergen Mallorcas ruhiger wurde, kam die These auf, dass möglicherweise die Fortpflanzungsrate bei Zwergadlern, Rotmilanen und eben bei den Mönchsgeiern besser würde. Allerdings konnte dies noch nicht wissenschaftlich und fundiert belegt werden.

Beim Abfassen dieser Zeilen trifft soeben die Meldung ein, dass beim zehn Jahre dauernden Zuchtprogramm in Landskron bei Villach (Österreich) zum vierten Mal Nachwuchs gezüchtet werden konnte, geplant für den Balkan.

Liebe Leserin, lieber Leser, solche Geschichten wie diejenige der engagierten Forscherin Evelyn Tewes scheinen den Schluss nahezulegen, dass es sinnvoll sein kann, für die Wahl des Studienfaches einen Hund anzuschaffen. **UA**

MERKMALE Körperlänge bis 1,05 m, Spannweite bis 2,70 m, Gewicht bis 11,3 kg · breite Flügel mit tief gekerbten Handschwingen, kurze Schwanzfedern · dicht flaumige weiße Halskrause, gelblicher Schnabel · gut entwickelter Geruchs- und Sehsinn VORKOMMEN Südeuropa, Arabische Halbinsel, auch Zentralasien · offene und halboffene Landschaften LEBENSWEISE ernährt sich nur von Aas, frisch oder verwesend · kreist in schwerfälligem Flug gerne an Steilhängen und in großer Höhe auf Suche nach Nahrung · geselliger Vogel

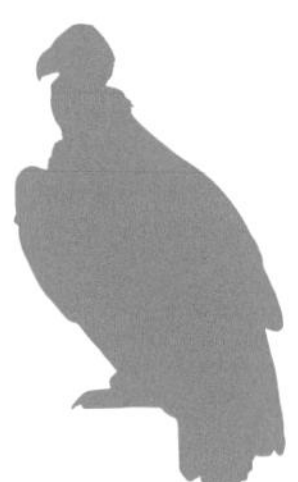

GÄNSEGEIER

Gyps fulvus

»Aus dem letzten Loch pfeifen« ist eine Redewendung für alle, die völlig aus der Puste sind. Es soll damit das letzte Loch einer Flöte gemeint sein, wenn nachher nichts mehr kommt.

In der Altstadt von Bern fanden Archäologen Tausende Tierknochen, darunter auch Flöten. Geschnitzt aus Knochen von Gänsegeiern aus dem 13. Jahrhundert. Die auf der Schwäbischen Alb bei Schelklingen 2008 gefundenen Knochenflöten sollen 40 000 Jahre alt sein. In Fachkreisen ist man sich uneinig, ob diese Flöten jemals als Musikinstrumente vernünftige Töne von sich gaben. Die Lochabstände waren selbst für »durchschnittlich große Männerfinger schwer greifbar«, laut Archäologischem Dienst Bern. Kinderflöte? Oder nur Alarminstrument? Die Geier segeln auch mal von der Iberischen Halbinsel bis nach Deutschland, auf der Suche nach Aas, mit Vorliebe Organe und Muskelfleisch. Ihr nackter Hals bleibt nackt, denn wenn sie ständig Kopf voran in verwesenden Tierresten nach Schleckereien suchen, können da keine Federn wachsen.

Des Geiers Ruf bewegte Kulturen, die sich über die eigene Vergänglichkeit sorgten, aber zugleich in ihm eine Art Auferstehung sahen. Sehr wohl nachvollziehbar beim Anblick eines emporschwebenden Vogels mit Innereien einer Ziege im Gedärm. Erinnern Sie sich an den Western »Geier kennen kein Erbarmen« mit John Wayne aus den 70ern? Heute geht es dem Gänsegeier an seinen beflaumten Kragen. Wegen der Tierseuche lassen Farmer keine Kadaver von Schafen mehr liegen, und die riesigen Windparks in Nordspanien richten Jahr für Jahr ein Massaker an den Gänsegeiern an. Wenn nichts geschieht, bleibt uns nur noch der Geierknochen, mit dem wir für ihn das letzte Lied pfeifen dürfen. **UA**

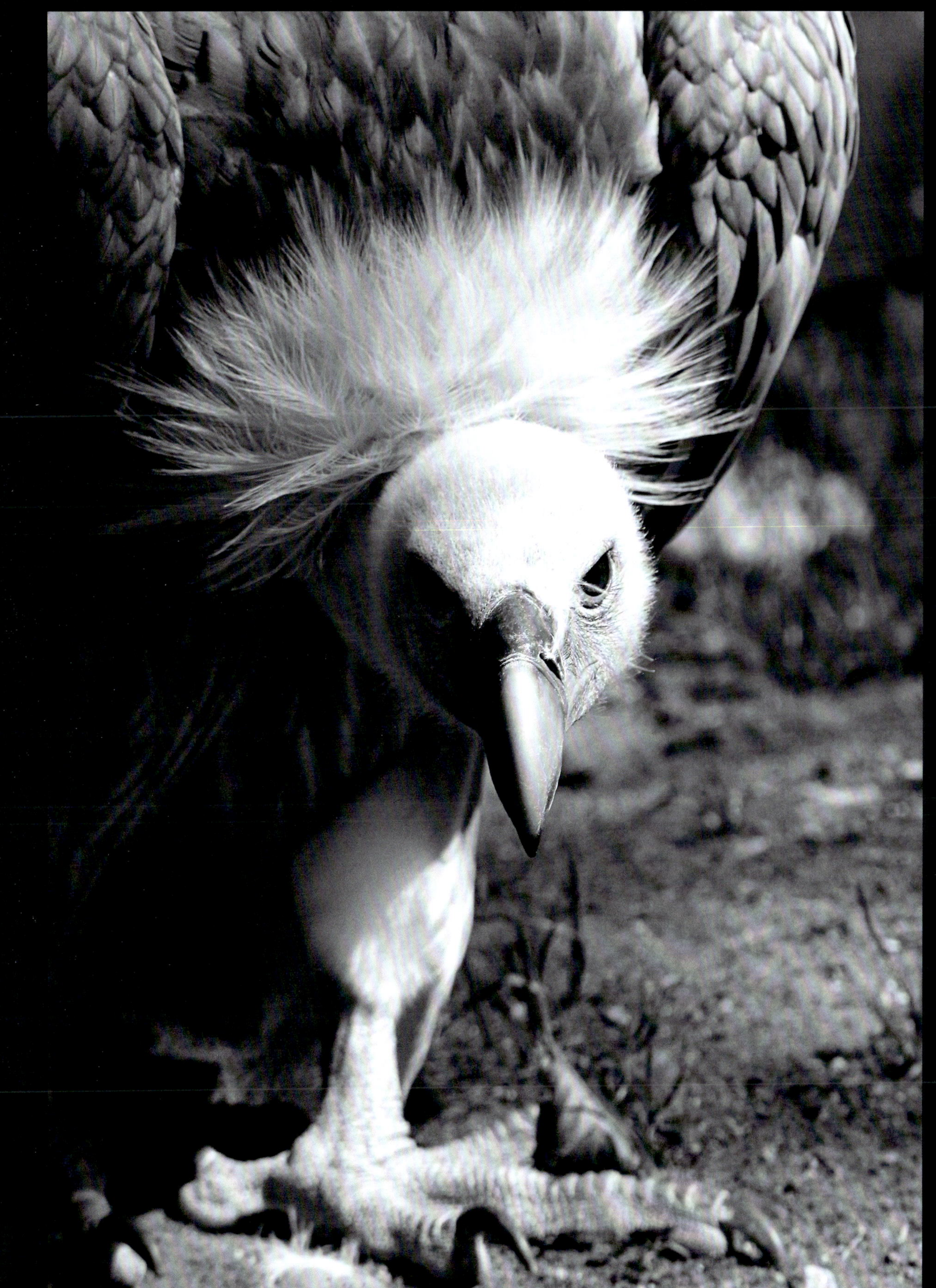

MERKMALE auch Lämmergeier · Körperlänge bis 1,20 m, Spannweite bis 2,90 m · schmale Flügel · farbenfrohes Gefieder, dunkle, bartähnliche Federn unter dem Schnabel hängend, rötliche Kehle · gelbe Iris, Augen mit rotem Ring, dessen Farbe je nach Erregungszustand variiert VORKOMMEN Afrika, Pyrenäen, Südeuropa, Zentralalpen, Südwest- und Zentralasien, Zentralchina · hochalpine Gebiete LEBENSWEISE ausgezeichneter Segler, Reviere bis zu 300 km² · ernährt sich ausschließlich von Aas bzw. Knochen, die er aus großen Höhen fallen lässt, um sie zu zerkleinern ROTE-LISTE-STATUS (IUCN) gering gefährdet

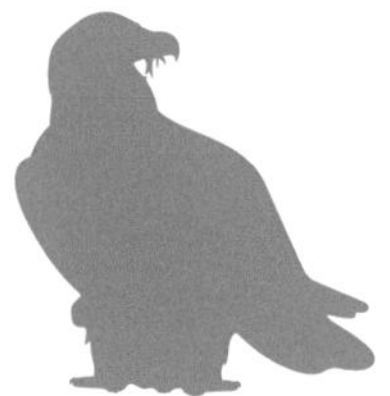

BARTGEIER

Gypaetus barbatus

Ein Journalist in einer Zürcher Wochenzeitung stellte einem Forscherpaar, das sich für die Wiederansiedlung des Bartgeiers in den Alpen engagiert, die Frage: *»Sind die Bartgeier überhaupt nützlich?«*

Jetzt mal ehrlich, gibt es Tiere oder Pflanzen, die in der Natur eine überflüssige Rolle einnehmen? Der in alter Zeit als Lämmergeier verschriene Vogel wurde durch bildungsferne Alpenvölker ausgerottet, da dieser nebst jungen Schafen auch Kinder verschleppt haben soll. Heute wurde er nicht nur wieder erfolgreich angesiedelt, sondern man weiß auch mehr über ihn. Wie alle Geier hat auch er es ausschließlich auf Aas abgesehen, nicht nur auf Fleischreste, sondern er vertilgt blanke Knochen restlos. Diese machen 70 Prozent seiner Nahrung aus, verdaut und zersetzt von einem unempfindlichen Magen samt hochkonzentrierten Säuren.

Ohne innere Verletzung schluckt der Bartgeier bis 20 Zentimeter lange Knochen, und sollten sie doch zu groß sein, dann lässt er sie auf Felsen fallen, bis sie splittern. Und wenn mal was danebengehen sollte, holt er es sich im Sturzflug zurück. Falls das Angebot den Bedarf nicht decken sollte, kann er mit seiner Flugkunst Tiere zum Absturz bringen, gegen Frischfleisch hat er nämlich nichts. Er reguliert also das Steinwild und räumt dann noch bis zum letzten Knochen auf.

Und was gaben die Geier-Experten zur Antwort? *»Vielleicht hat er nur einen Nutzen in sich selbst.«* Und die Kollegin meint, dass die Bartgeier als »Flagships« benutzt werden, weil sie »viele Sympathien« genössen. Solche unüberlegten Antworten liefern dem Artenschutz einen Bärendienst. **UA**

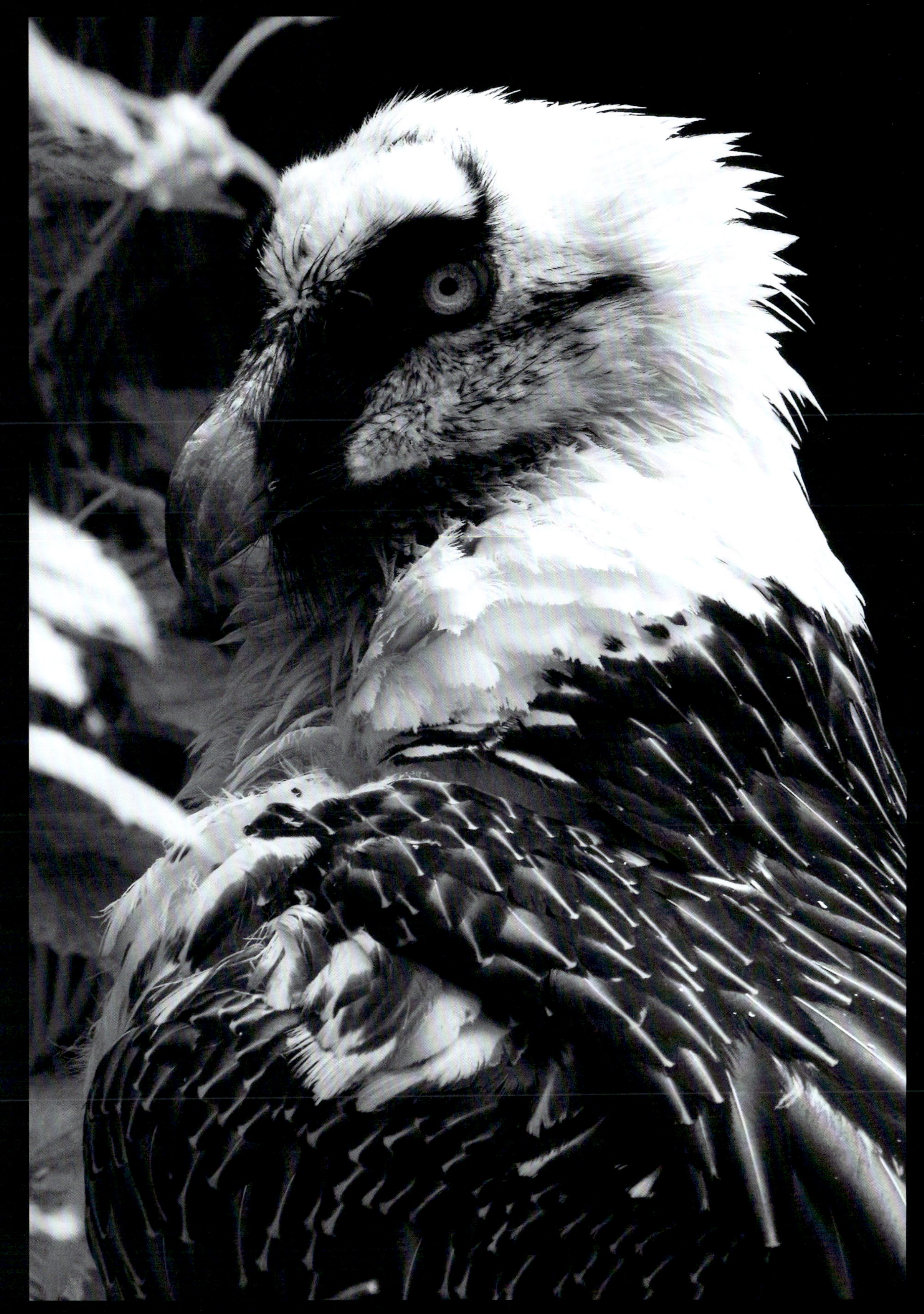

MERKMALE gehört zur Familie der Störche · Körperlänge bis 1,50 m, Spannweite bis 3 m, flugfähig · klobiger großer Schnabel, spärlich befiederter Kopf und Hals, Kehlsack und Nackenblase aufblasbar zur Thermoregulation VORKOMMEN Subsahara · auch in der Nähe von menschlichen Siedlungen LEBENSWEISE Stelzvogel · Aasfresser, v. a. Großkadaver, die er mit dem Schnabel öffnet, auch Kleinsäuger, Flamingoküken, Fische, Essensreste

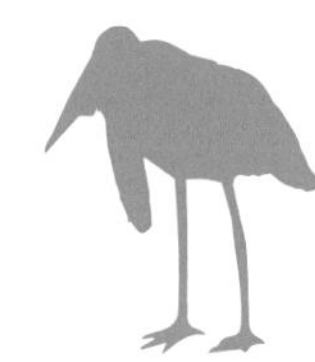

MARABU

Leptoptilos crumeniferus

Im Schneegebirge Hindukuh
Da sitzt ein alter Marabu
Auf einem Fels von Nagelfluh
Und drückt das rechte Auge zu.

Weshalb wohl, fragst du, Leser, nu,
weshalb wohl sitzt der Marabu
im Schneegebirge Hindukuh
auf einem Fels von Nagelfluh
und drückt das rechte Auge zu?

Hab Dank, o lieber Leser du,
für dein Int'ress am Marabu!
Allein, weshalb im Hindukuh
Er drückt das rechte Auge zu
Auf einem Fels von Nagelfluh –
Weiß ich so wenig als wie du!

Edwin Bormann (1851 – 1912),
sächsischer Mundartdichter

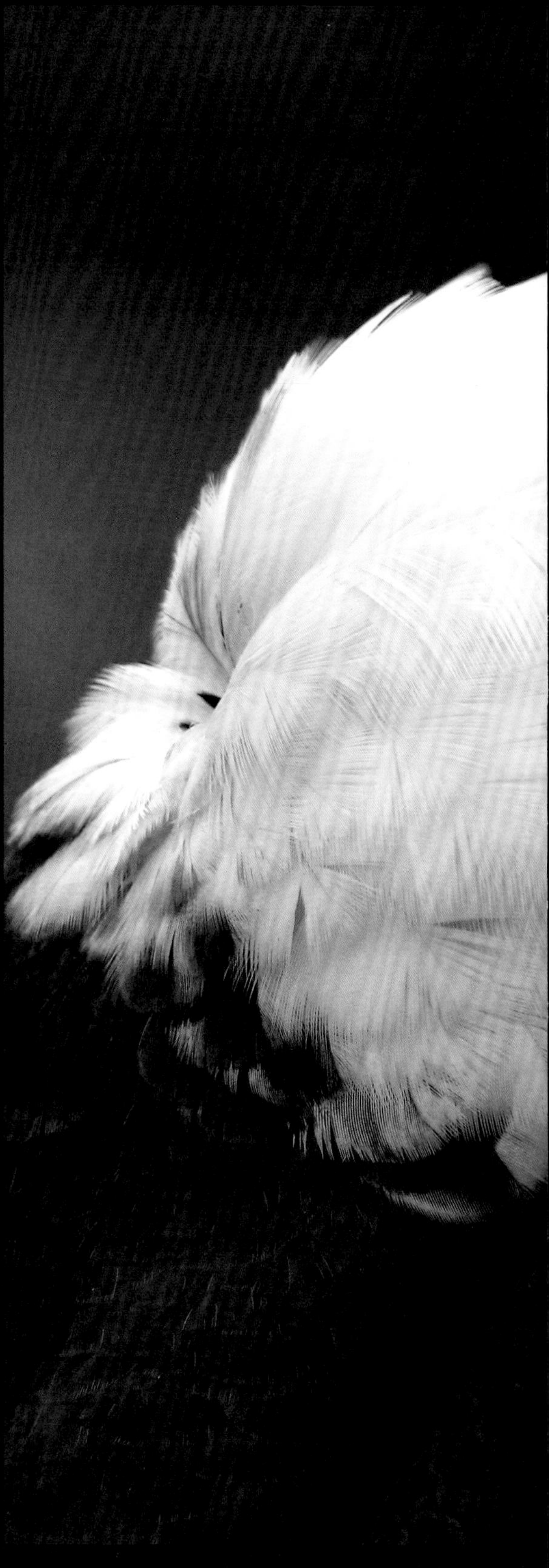

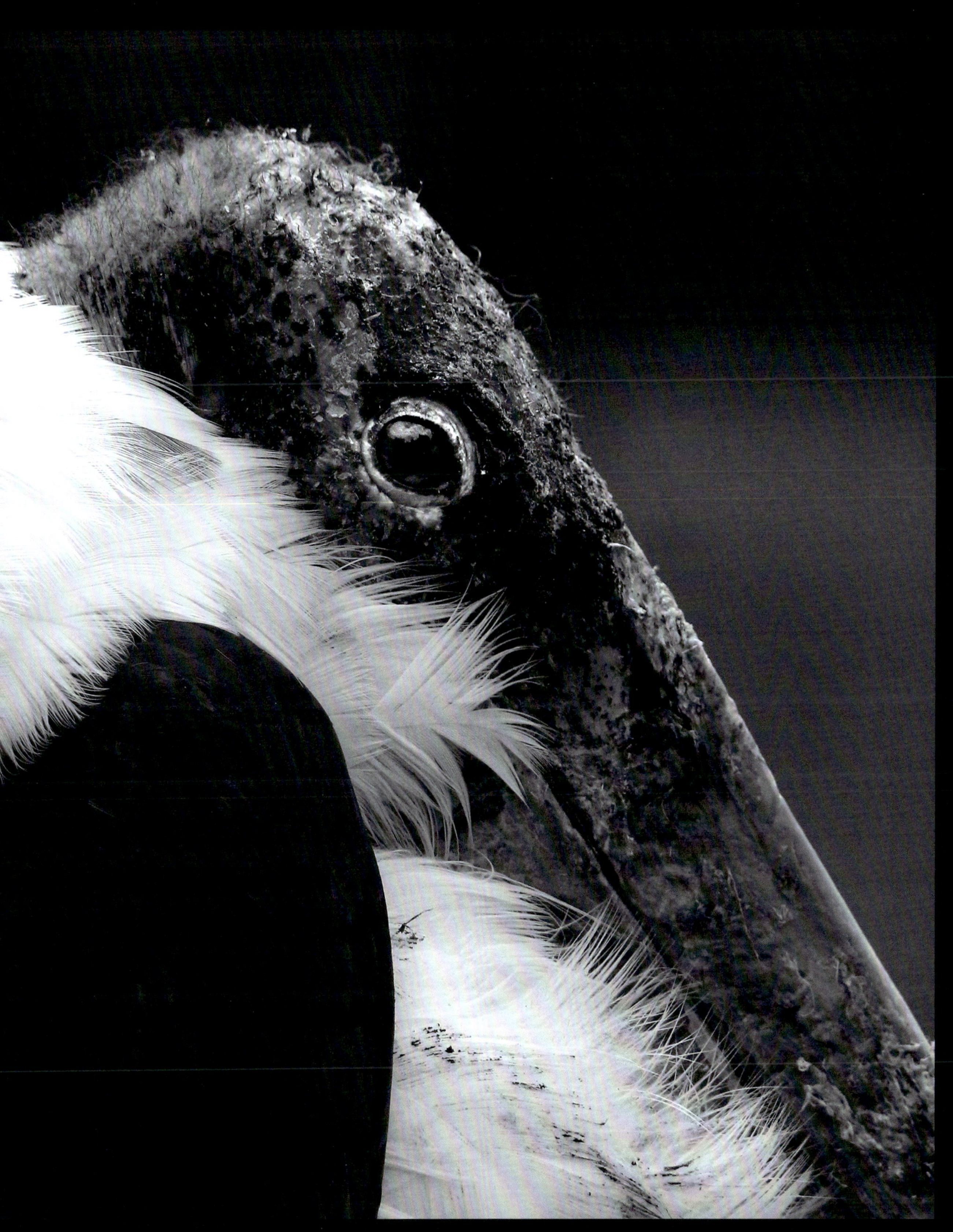

MERKMALE gehört zur Unterfamilie der Geierfalken · Körperlänge bis 65 cm, Spannweite bis 1,32 m · Gefieder schwarz-braun, Rücken, Brust und Schwanz schwarz-weiß gebändert · lange Läufe und Füße gelb · aufstellbare schwarze Federhaube · nacktes orangegelbes Gesicht, blassbläulicher Schnabel, braune Iris
VORKOMMEN Südamerika, Falklandinseln · offene Landschaften
LEBENSWEISE Einzelgänger · oft in der Nähe menschlicher Siedlungen · ernährt sich am Boden suchend und in dominanter Konkurrenz zu anderen Aasfressern von Kadavern, kleinen Säugern, Fischen, Insekten, auch Haushaltsabfällen · nimmt gerne Staubbäder · baut falkenuntypisch ein eigenes Nest

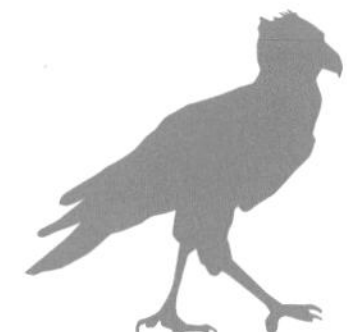

SCHOPFKARAKARA

Caracara plancus

Dieser Vogel weiß nicht so recht, wohin er gehört, er flattert so quasi zwischen Stuhl und Bank oder Falke und Geier. Dass ihn die »Schweriner Volkszeitung« schon mal als *»Papagei im Greifvogelkostüm«* beschrieb, hilft jetzt auch nicht gerade viel weiter.

Geier oder Falke? 1779 erfand der englische Wissenschaftler John Frederick Miller für ihn den wissenschaftlichen Namen *Falco plancus*. Ob er da eine Verbindung zum Römischen Feldherrn Lucius Munatius Plancus herstellen wollte, der bei den Streitereien am Hof Cäsars gerne die Seiten wechselte? Dann kam 1816 der französische Ornithologe Louis Pierre Vieillot daher und verpasste dem Tier den Namen Polyborus (Anm.: Die Bedeutung von *borus* ist schwierig zu eruieren, »Vielfraß« scheint mir etwas zu einfach zu sein ...). Und heute wird über eine eigene Gattung des »Caracara« diskutiert, damit dieses Wesen wenigstens einen eigenen Platz in der Taxonomie bekommen möge. Zwar klingt dieser Name lebendig, soll aber die Bedeutung des Bösewichts in sich tragen, was mitnichten pässlich wäre.

Trotz ungelöster Identitätskrise fühlt sich dieser Geierfalke in ganz Südamerika wohl. Mit Referenz an die Geierfamilie schätzt er sehr herumliegendes Aas, spaziert an Küsten entlang mit Ausschau auf Strandgut, sprich: halb lebendige Meeresfrüchte. Und etwas schüchtern wackelt er um die riesigen Andenkondore, die sich an einem toten Rind laben. Aus Falkensicht fängt der Karakara durchaus lebende Beute wie Echsen, Schildkröten, Schlangen, macht gerne auch Jagd in Gruppen auf was Größeres und klaut von den Höfen Hühnerküken oder knabbert neugeborene Lämmer an. Aber seine eher flapsige »Flugkunst« macht der Falkengattung keine Ehre.

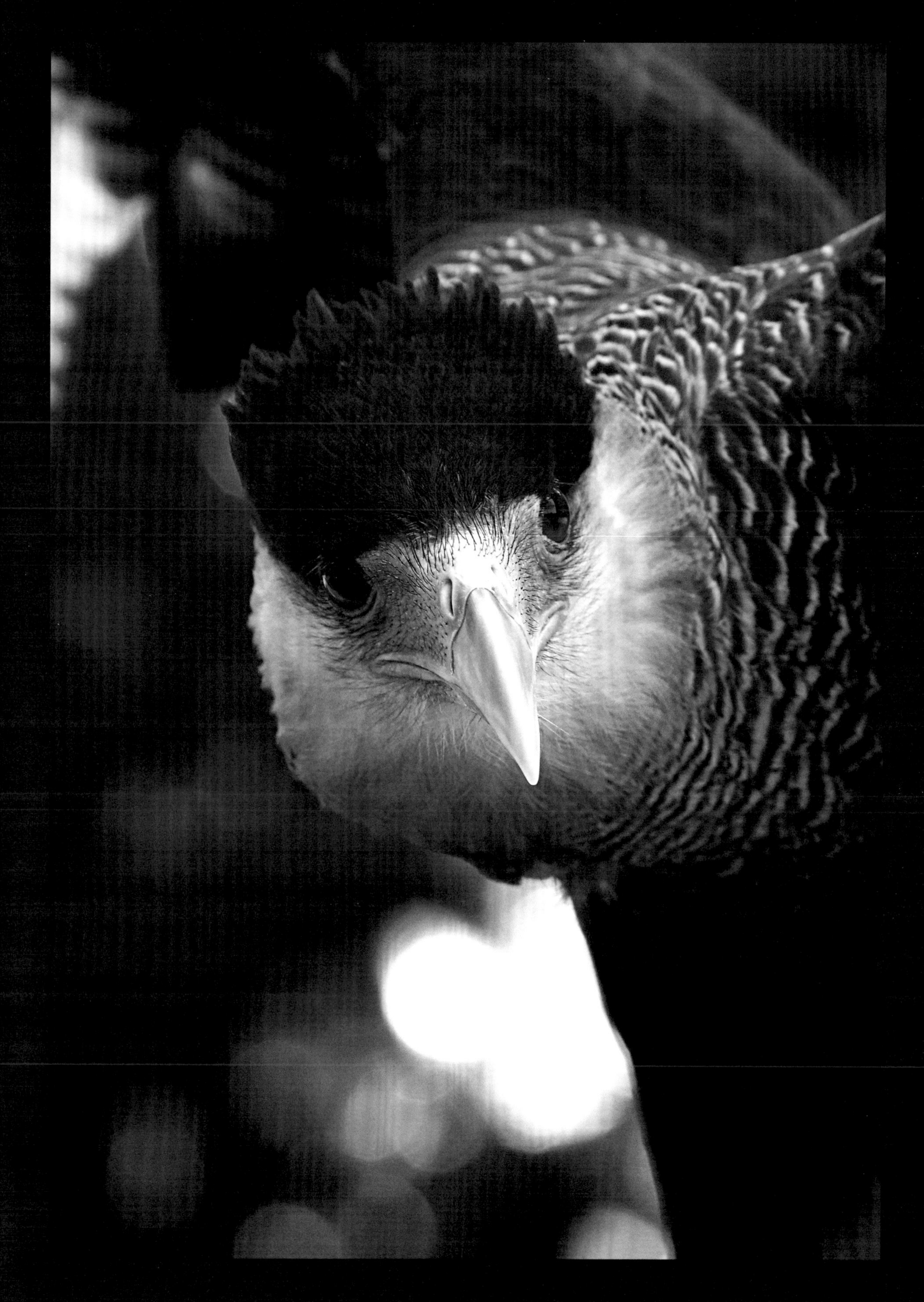

Es scheint ein Prinzip der Evolution zu sein, diesen Vogel in keine Schublade stecken zu wollen. Die Geierfalken sind in fünf Gattungen und neun Arten unterteilt, und ornithologische Institutionen sind sich nach wie vor in der Feineinteilung entweder nicht ganz sicher oder unterschiedlicher Ansichten. Im 17. Jahrhundert finden sich die ersten Nennungen »Caracara«, ein Name der Urbewohner; und auf ersten bildlichen Darstellungen soll er mit der Weißbrauenweihe verwechselt worden sein. Auch das noch! Dabei macht unser Schopfkarakara hier im Buch den Eindruck, dass er sich gerne mal richtig klassifiziert sehen würde. Allerdings lässt der fehlende falkenübliche sogenannte »Falkenzahn« ihn wieder Richtung Geier bugsieren. Dass das Weibchen das Sagen hat und auch entsprechend größer ist als das Männchen, ist wieder sehr typisch für Falken.

Der Schopfkarakara scheint mit dem Schrumpfen der Wälder in Südamerika recht gut klarzukommen, auch als beliebtes Tier für zoologische Gärten. Mit anderen Worten, er scheint sich mit dem Menschen zu arrangieren. So ließen sich zwischen 2001 und 2018 rund 102 Exemplare in Südamerika legal fangen, und gleichzeitig gelangen über 40 Zuchterfolge in Tierparks, vorwiegend in Europa. Aber ohne Zwischenfälle ist auch hier nichts möglich. 2015 wurden seltene Falklandkarakaras im Vogelpark Olching bei München von den Behörden beschlagnahmt. Grund: illegaler Tierhandel mit gefälschten Papieren.

Ob Falke oder Geier oder Geierfalke, sie sind schön wie Vieles auf diesem blauen Planeten, auch wenn nicht immer klar ist, wie das zu bestaunende Sub- oder Objekt genau wissenschaftlich katalogisiert werden soll. Einverstanden? **UA**

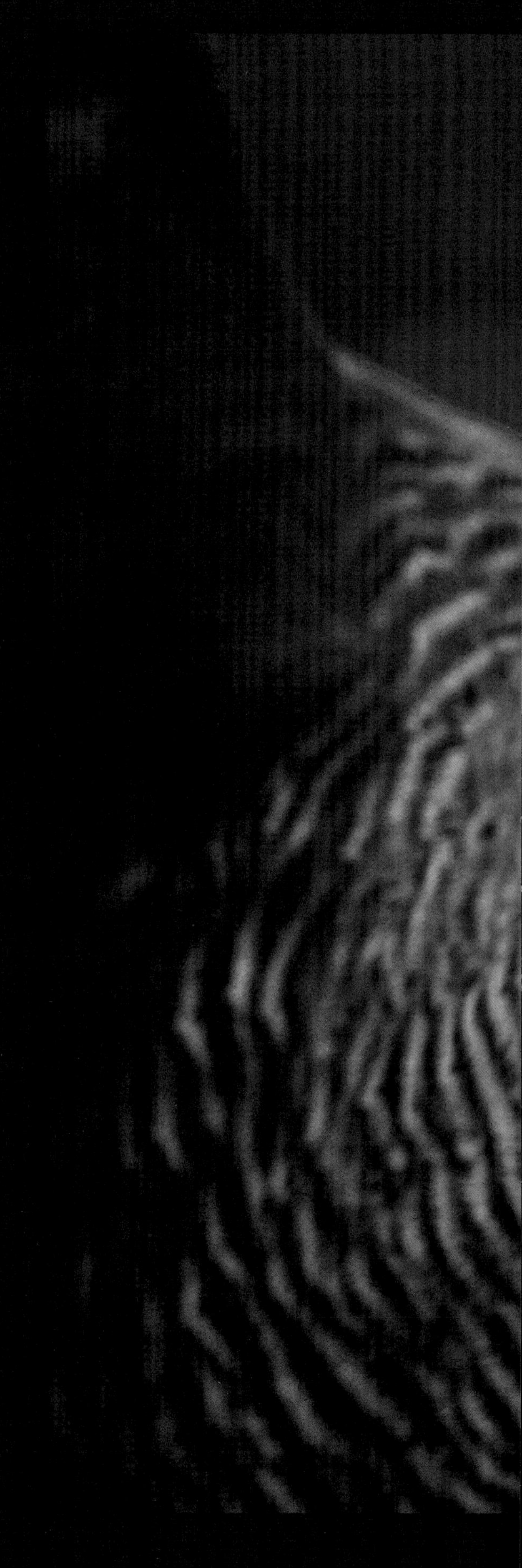

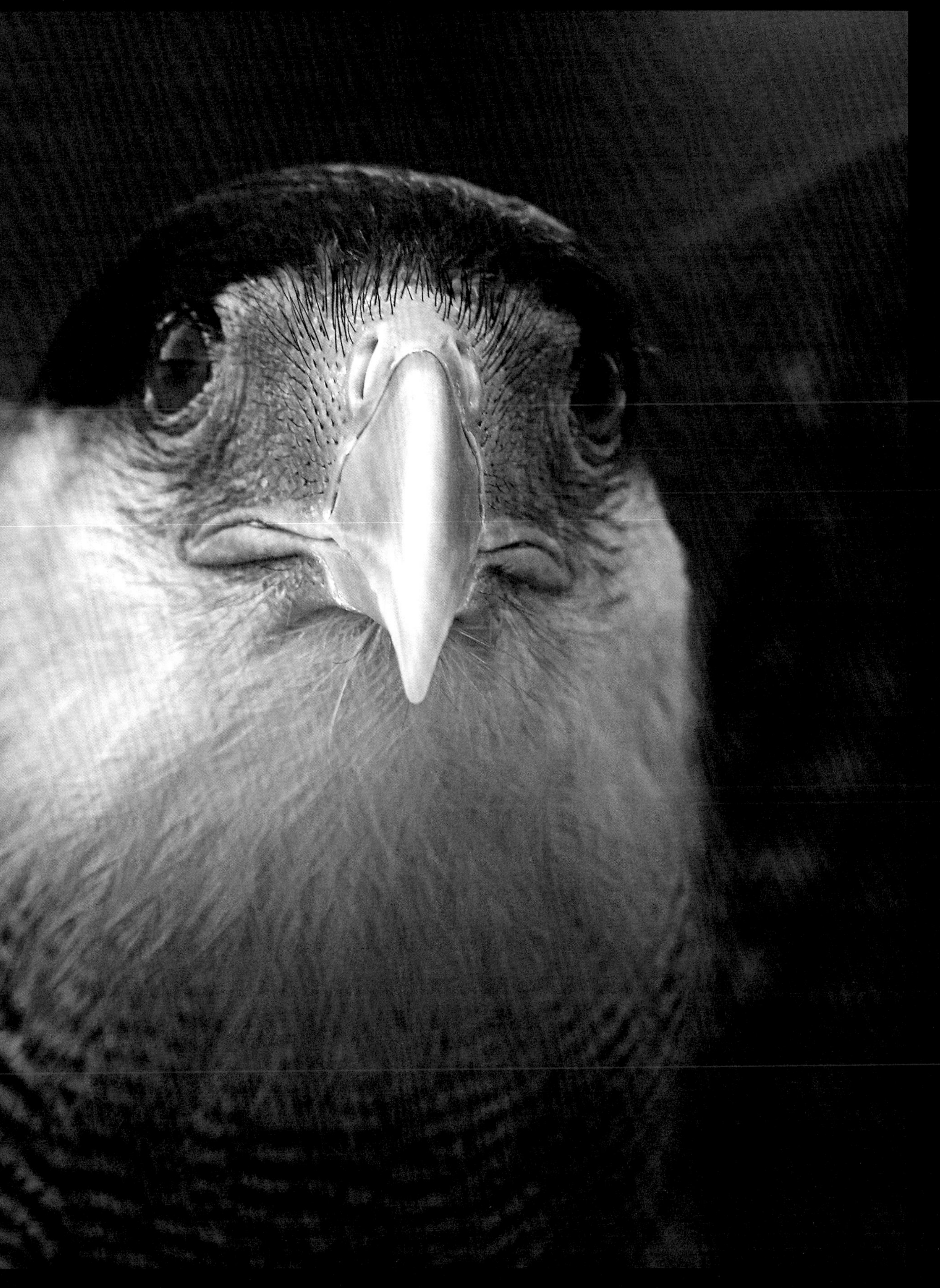

MERKMALE zählt zu den geografisch am weitesten verbreiteten Vogelarten · Körperlänge bis 35 cm, Spannweite bis 85 cm · lange Beine · Oberseite goldbraun, Unterseite reinweiß bis hellbraun · herzförmiger, heller Gesichtsschleier mit kleinen schwarzen Augen VORKOMMEN Afrika, Europa, Südwest- und Südasien, Australien, Süd- und Nordamerika · gemäßigte subtropische und tropische Zonen LEBENSWEISE nachtaktiver Jäger im offenen Gelände, der Beute optisch und akustisch ortet · ernährt sich von kleinen Säugern, vor allem Mäusen, Vögeln, Reptilien, Fröschen, Insekten · ortstreuer Kulturfolger, der gerne in Scheunen u. Ä. brütet · Küken (▶ S. 2) sind nach 2 Monaten flügge

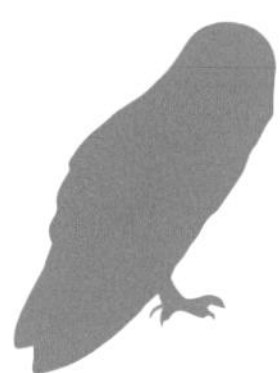

SCHLEIEREULE

Tyto alba

Mitunter ist das ein Schimpfwort für eine, sagen wir, etwas verpeilte Makramélehrerin – »diese olle Schleiereule!« Das Schimpfwort sollte nicht mehr durchgehen! Die Schleiereule ist etwas viel Wunderbareres als eine, sagen wir, verpeilte Makramélehrerin!

Die Schleiereule ist still und wachsam, sie hat ein herzförmiges, helles Gesicht, sie hat keine Federohren wie andere Eulen- oder Kauzgenossen, und sie kann ihre Flügel bis zu fast einem Meter aufspannen. Dann gleitet sie geräuschlos-elegant durch die Nacht und findet jede Maus im Dunkeln. Sie ist – ich liebe dieses Wort: ein Kulturfolger, das heißt, wo der Mensch Ackerbau betreibt, da taucht die Schleiereule auf und wohnt in der Nähe in Höhlen, Felsspalten, auf Kirchtürmen. Gibt es noch Höhlen? Gibt es noch Felsspalten? Und die Kirchtürme hat man so verbaut, dass die Eule nicht mehr hineinfindet, aber auch der Mensch kann dazulernen: Seit 1970 baut man in einigen ländlichen Gegenden die Kirchtürme entsprechend zurück, im Amtsdeutsch heißt das tatsächlich »schleiereulentauglich«. Immerhin kann die Schleiereule bis zu zwanzig Jahre alt werden, da braucht man doch ein anständiges Zuhause! Mit dem Glockengeläute muss sie sich dann eben arrangieren, wie wir alle.

Im Lied von der Vogelhochzeit heißt es: *»Brautmutter war die Eule, nahm Abschied mit Geheule, fiderallalla«.* Es könnte gut eine Schleiereule gewesen sein, sie sieht ein wenig tragisch aus, bleich, ernst, fast aber auch – so ganz in Weiß – wie die Braut selbst. Und ihr Geheule stelle ich mir romantisch, dunkel, geheimnisvoll vor. Und als es hieß: *»Der Wiedehopf, der Wiedehopf, der schenkt der Braut nen Blumentopf«*, da hat die vornehme Schleiereule sicher betreten zu Boden geblickt. **EH**

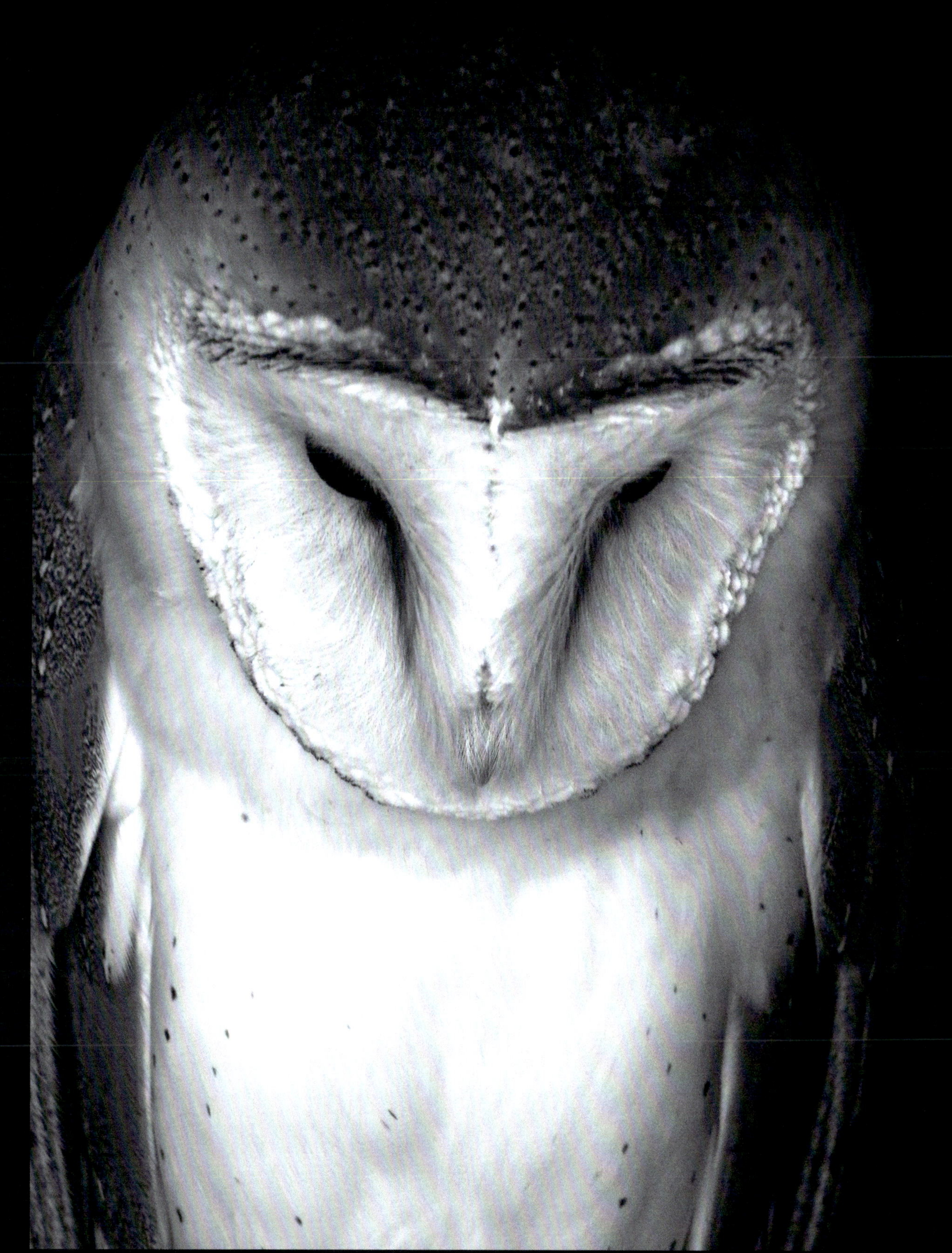

MERKMALE Körperlänge bis 63 cm, Spannweite bis 1,57 m · adulte Vögel sehr hell, Männchen leuchtend weiß, dicht befiederte Füße und Zehen · Küken grau · runder Kopf · schwarzer Schnabel, mit feinen weißen Federn bedeckt · goldgelbe Iris VORKOMMEN Island, Nordeuropa, Sibirien, Alaska, Kanada, Grönland · Tundrengebiete LEBENSWEISE Tag- und Dämmerungsjäger vom niedrigen Ansitz aus, verfolgt die Beute auch im Schnee, ernährt sich von kleineren Säugetieren, vor allem Lemmingen, Seevögeln, Fischen · ruht oft stundenlang bewegungslos an exponierten Stellen · Küken (Foto rechts) sind nach etwa 7 Wochen flügge ROTE-LISTE-STATUS (IUCN) gefährdet

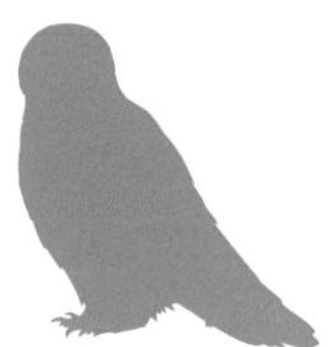

SCHNEE-EULE

Bubo scandiacus

Neugierig und niedlich guckt es uns an, und wir hoffen, dass dieses Schnee-Eulen-Küken es noch ein Weilchen tun kann. Das ist gar nicht so selbstverständlich, wie Sie noch erfahren werden.

Die Schnee-Eulen können gut damit umgehen, mit dem Schnee, dem Wind, der Kälte da oben in der arktischen Tundra zwischen Grönland und Sibirien, mit den kurzen Sommern. Aufgrund von paläontologischen Indizien vermutet jedoch die Wissenschaft, dass die Schnee-Eule eine mediterrane, ja sogar eine afrikanische Vergangenheit habe und durch Ausbreitung in den Norden sich die Gefiederpigmentierung abbaute zum heutigen Erscheinungsbild, das im Winter als Tarnkleid und im Sommer als »Warntracht« diene. Schönes Wort, »Warntracht«, nicht?

Der Freimaurer und Ornithologe Kurt Floericke, 1869 in Zeitz (Sachsen-Anhalt) geboren und 1934 in Stuttgart verstorben, widersprach damals der Theorie, dass Weiß wärmt, mit den Worten: »*... denn wenigstens bei uns Menschen steigert gerade schwarze Kleidung die Körperwärme, während wir weiße Gewänder anlegen, wenn es uns zu warm wird.*« Und schlussfolgert weiter: »*Der Moschusochse ist dunkelbraun, der Kolkrabe tiefschwarz, beide also auf Schneegefilden weithin sichtbar. Offenbar haben aber beide Kälteschutz viel nötiger als Schutzfarben, und ich glaube deshalb, daß auch in der Arktis ein dunkles Gewand zur Wärmeerhöhung beiträgt.*« So bleiben wir bei der These der Warntracht und Tarnkleid im Falle unserer Eule.

Schnee-Eulen fressen gerne alles, was herumhoppelt, -schleicht oder -wieselt. Also Schneehasen, Mäuse, Meerenten, Moorschneehühner und mit Vorliebe: die berühmten und putzigen Nager namens Lemminge. Die Schnee-Eule hockt auf

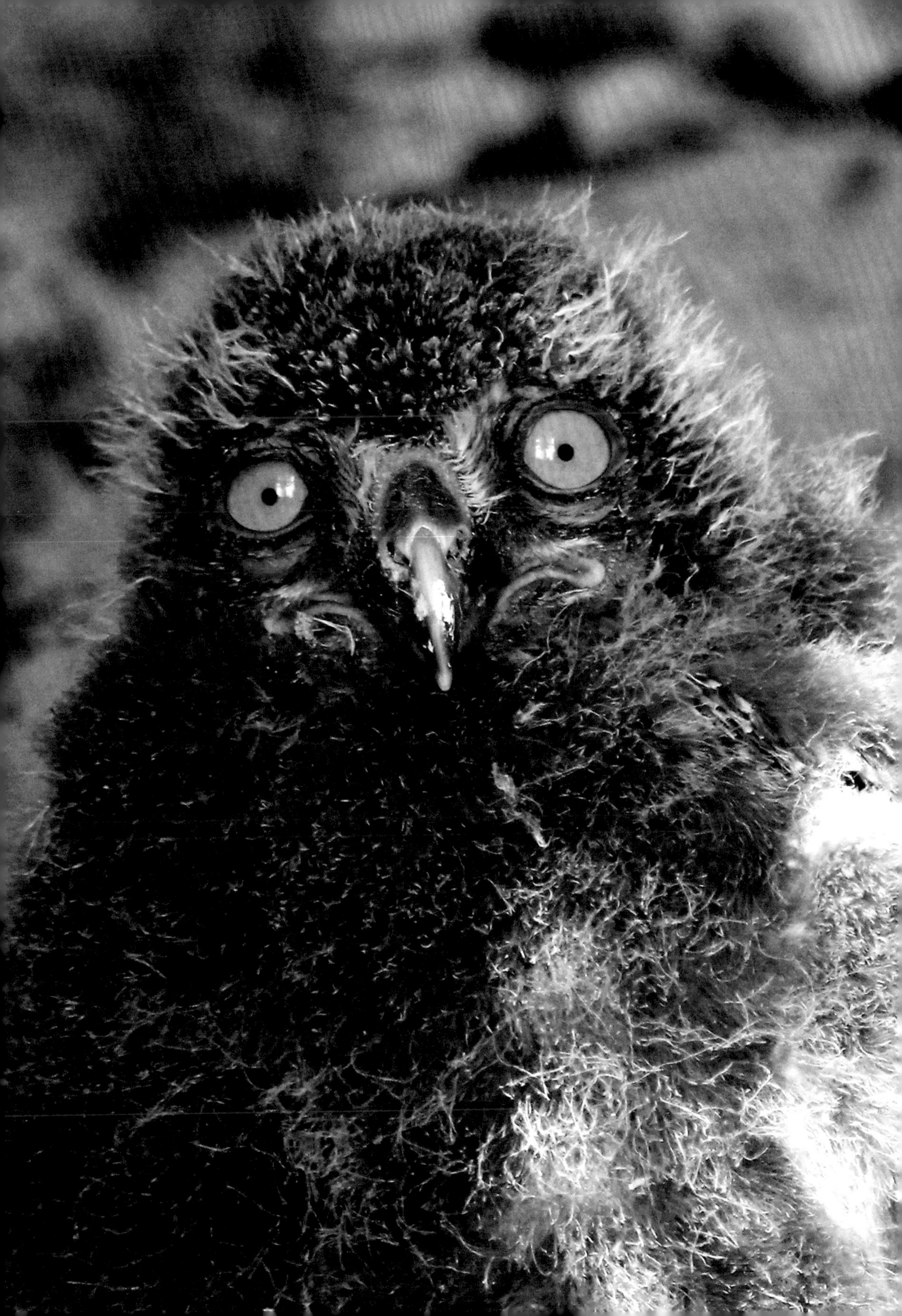

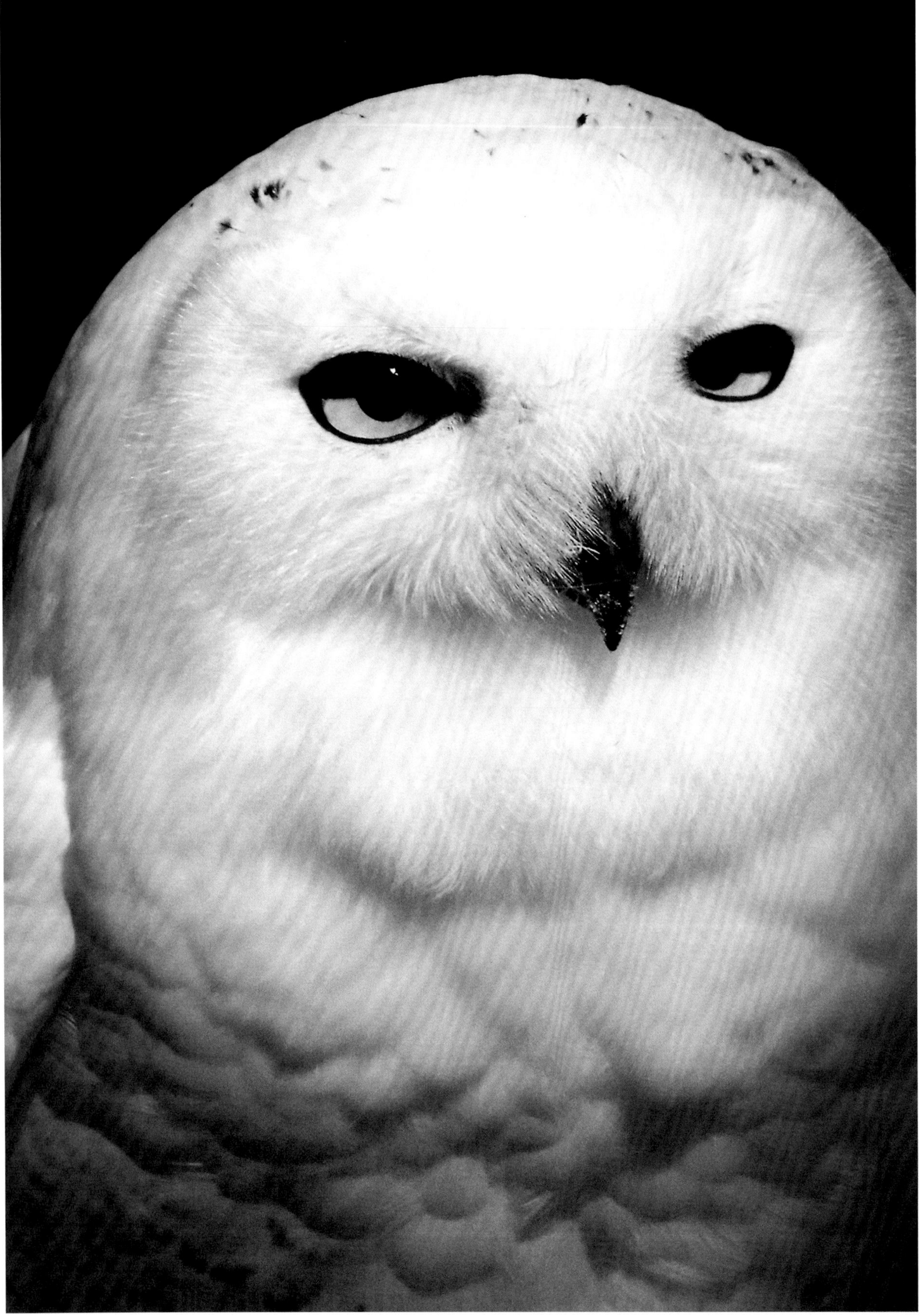

einem Stein als Jagdwarte, scannt die Gegend ab und fliegt bei Sichtung eines Leckerbissens geradlinig von hinten an und packt zu.

Zur Sommerzeit spielen die Lemminge eine kulinarische Schlüsselrolle. Kurz abschweifend sei noch erzählt, dass die in Skandinavien lebenden Berglemminge ein auffallendes Fell in den Farben Schwarz, Weiß und Gelb tragen und schreien, was das Zeug hält, wenn ein Beutejäger in ihre Nähe kommt. Andere verstecken sich, die machen auf Bunt und Lärm. Doch lebensmüde? Forschende an der Uni Göteborg stellten fest, dass diese Tierchen damit den Feind beeindrucken, verängstigen, erschrecken und im besten Fall in die Flucht schlagen wollen, was aber bei der Schnee-Eule mit ihrem leisen Anflug aus dem Hinterhalt nicht funktioniert.

Zurück zur komplexen Angelegenheit, der Beziehung zwischen Brutaktivität der Eule und dem zyklisch schwankenden Beuteangebot. Das Brüten und Eierlegen wird nicht nur durch die Menge der Lemminge bestimmt, sondern auch durch deren Qualität. Die Schnee-Eule braucht große, fette Nager am liebsten über 50 Gramm pro Exemplar, während die Sumpfohreule oder der Eisfuchs ihren Nachwuchs auch mit kleinerer Beute durchzubringen vermögen. Das heißt also? Richtig, Schnee-Eulen brauchen die Massenjahre der Nagetiere, Jahre, in denen es von Lemmingen so richtig wimmelt. Deshalb startet die Schnee-Eule, um sicherzugehen, früh mit dem Eierlegen.

Es können bis zu neun Eier in großen Abständen von Stunden und gar Tagen gelegt werden. In den fetten Jahren sind Massenwanderungen der Lemminge zu beobachten, und ja, es stürzen auch viele von Berghängen, aber ob sie freiwillig in den Tod springen, wie man gerne über sie witzelt, sei hier mal nicht zur Diskussion gestellt. Was erwartet aber die Eulenfamilie in mageren Jahren mit wenigen oder kleineren Lemmingen? Dann kommt die oben erwähnte Legetechnik zum Einsatz.

Aus den neun Eiern schlüpft der Nachwuchs gestaffelt, ergo nicht alle zeitgleich oder zeitnah. Zwischen dem ersten und dem letzten Ausschlüpfen können sogar mehrere Wochen liegen. Erblickt das erste Küken das Licht der Taiga, kann die Mutter genau dann noch ein weiteres Ei legen. Das älteste und bereits stattliche Junge bekommt noch ein ganz kleines, blindes Geschwisterchen. Und jetzt kommt's: Stürzen sich nicht allzu viele Lemminge in den Abgrund, warum auch immer, kann auch eine große Eulenfamilie gedeihen und überleben. Herrscht aber ein Mangel an Menge und Qualität von Lemmingsfleisch … dann können immerhin die ältesten Kinder durch das Verspeisen ihrer jüngeren und schwächeren Geschwister ihren Anteil zur Erhaltung ihrer Art beitragen.

In der Annahme, dass das in diesem Buch abgebildete Küken kein Jugendbild des adulten Tieres ist und wir auch nicht wissen, in welcher Reihenfolge es zwischen den Geschwistern aus dem Ei entschlüpfte, erfreuen wir uns an dessen Anblick umso mehr, solange es noch möglich ist. **UA**

MERKMALE große, langflügelige Eule mit mächtigem rundem Kopf, Körperlänge bis 84 cm, Spannweite bis 1,48 m, Kopfumfang bis 51 cm · tief gefingerte brettartige Flügel · grau-weißer kreisrunder Gesichtsschleier mit dunklen Ringen · schwarze, bartähnliche Federn unter dem Schnabel · auffallend gelbe Iris · hoch spezialisiertes Gehör VORKOMMEN Eurasien, Nordamerika · borealer Nadelwaldgürtel LEBENSWEISE Ansitzjäger · tag- und nachtaktiv · brütet in alten Greifvogelhorsten · ernährt sich von kleinen Säugetieren, vor allem Mäusen, die er im Sturzflug auch durch dicke Schneedecken hindurch erbeutet, auch Amphibien und Insekten

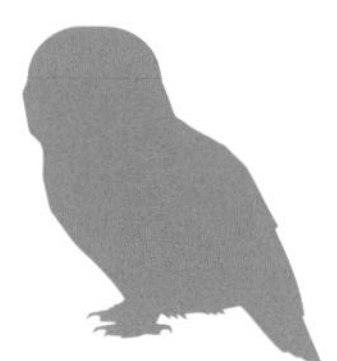

BARTKAUZ

Strix nebulosa

In meiner alten Ausgabe »Brehms Tierleben« von 1913 heißt es:

»Der Kauz verdient die Zuneigung des Menschen. Er ist ein allerliebstes Geschöpf.«

Allerliebst? Mit diesem Gesicht? Er ist klug. Er ist geschickt. Er fliegt lautlos, mit wenigen Flügelschlägen, dann fällt er im Steilflug herunter, und zack, hat er sie, die Maus, den Feldhasen, das Eichhörnchen. Er kann im Dunkeln sehen. Er hört das leiseste Mäusefiepen. Er sieht riesig aus und besteht doch nur aus leichten Federn, zarten Knöchelchen.

Er ruft nachts seinen dunklen Ruf: »Bu-bu, hu-hu«, und er fliegt dahin, wo er helle Fenster sieht. Dort liegen die Kranken, die Schlaflosen, und früher fürchtete man den Kauz, es hieß, dass er an die Fenster der Kranken kommt und sie ruft, ihm zum Friedhof zu folgen, »hu-hu, bu-bu«. Und »kewitt, kewitt«, bring gleich den Spaten mit ...

Athene, Göttin der Weisheit, hatte den Eulenvogel immer bei sich, wie auch ihre römische Entsprechung, die Minerva. Noch heute müssen wir nicht Eulen nach Athen tragen, sie sind schon da. Der wohl berühmteste Satz des deutschen Philosophen Georg Friedrich Hegel ist dieser:

»Die Eule der Minerva beginnt erst mit der einbrechenden Dämmerung ihren Flug.«

Was bedeutet das? So wie die Eule erst am Abend ihren Flug beginnt, so kann die Philosophie erst rückblickend Erklärungen zu bestimmten Phänomen liefern. Philosophen können nur bereits Vergangenes deuten. Der Eule und dem Philosophen geht es um das, was ist, nicht das, was sein könnte. Der Kauz: klug, vorsichtig, wachsam, ganz im Hier und Jetzt. Der strenge Blick ermahnt uns: Denk an das Wesentliche. Das Essen für den nächsten Tag. Über mehr denken wir jetzt gerade nicht nach. Hu-hu, kewittt, bu-bu. **EH**

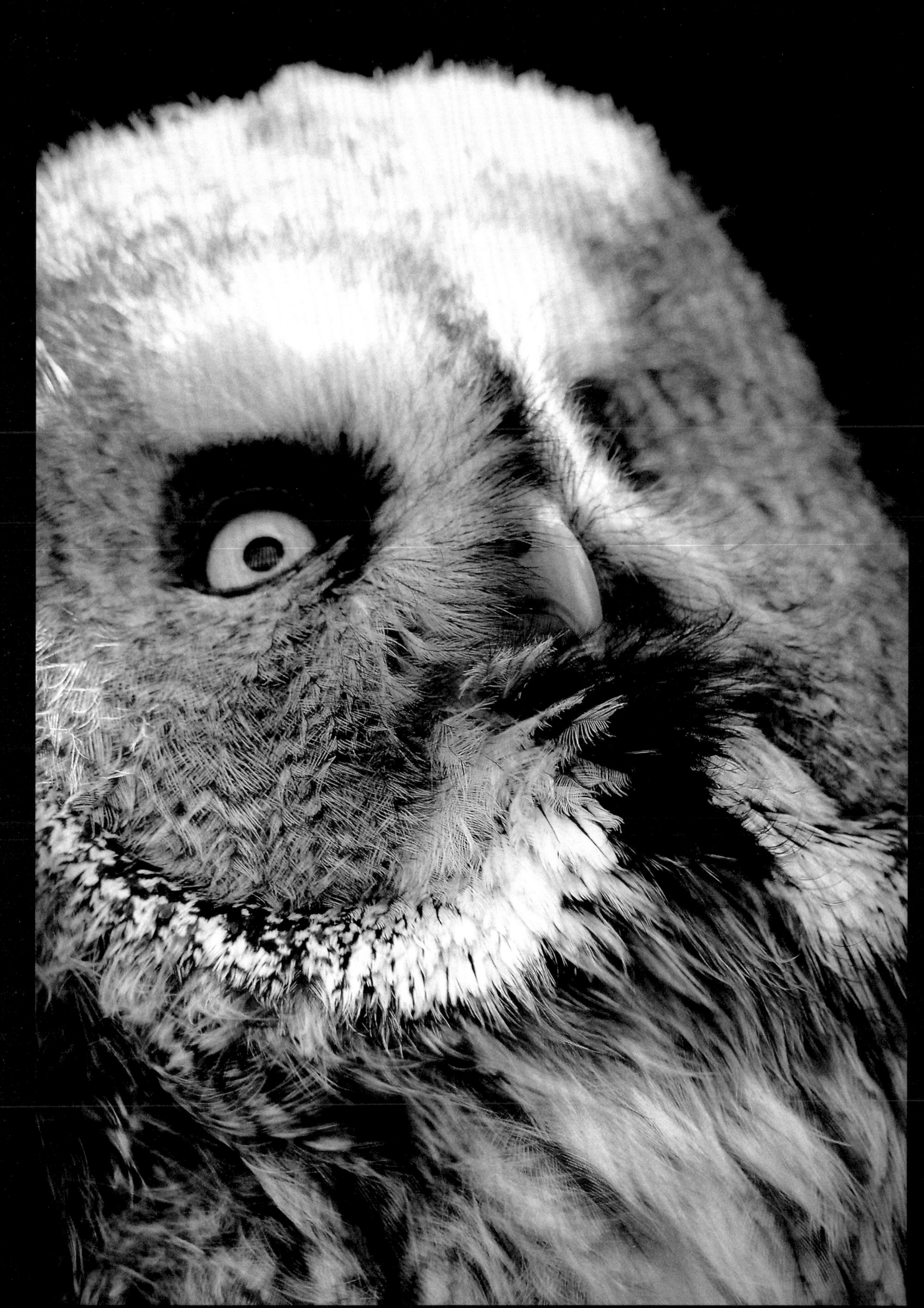

MERKMALE Körperlänge bis 45 cm , Spannweite bis 1,15 m · großer, flacher Kopf mit stark entwickelten Federohren, kurzer, kräftiger Schnabel · große gelbe Augen · kräftige Klauen und Fußsohlen mit scharfrandigen Stachelschuppen zum Festhalten von Fischen VORKOMMEN Südostasien, Thailand bis Myanmar · subtropische und tropische Feuchtgebiete LEBENSWEISE dämmerungsaktiver Ansitz- und Lauerjäger · ernährt sich von Fischen und Amphibien, auch von Nagern, Reptilien und Wirbellosen · lebenslang monogam mit einem Partner, brütet in Baum- oder Felshöhlen, polstert das Nest mit den Fellen der Beutetiere

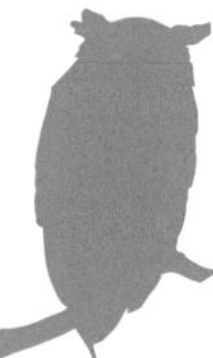

SUNDA-FISCHUHU

Ketupa ketupu

Sie sehen mich an und ich nicht Sie. Probleme damit? Wenn ich jedem Menschen, der dieses Buch kaufte, es auslieh oder, im besten Falle, es geschenkt bekommen hat, in die Augen schauen müsste, würde es mir übel werden, und zudem habe ich keine Zeit für solche Späße. Der Fotograf hat mich beim Sitzen erwischt, soll er doch. Ich muss für mich gucken, also auch für meine Gattin und die drei Kleinen. Wir sind ein Lebenspaar, aber ich sitze lieber für mich alleine auf meinem Ast, bevor es am Abend oder frühmorgens zur Jagd geht. Falls Sie mit Ihrem Buch in der Nähe von Wäldern und Feuchtgebieten sitzen, dann merke ich das sofort, ist meine Lieblingsgegend. Da drüben necken mich kleine Vögel, denen passt es wohl nicht, dass ich hier sitze. Sollen die doch, werde schon mal einen packen. Aber Fische mag ich am liebsten. Es darf auch mal 'ne Maus oder Blindschleiche sein, bin nicht sehr wählerisch ... Moment, da unten bewegt sich was. Aber Sie sind ja mit dem Lesen bald durch, dann segle ich auf das arme Würmchen da unten zu.

Fragen? Ach, die kommt immer: Nein, ich bin nicht Euer Uhu, bin nur verwandt. Der ist ein bisschen größer und schwerer als ich, aber auch etwas fetter ... Und nein, meine Ohren sind auch keine richtigen, sondern das sind nur Federn. Aber keine Sorge, wir hören alles, mit unseren Hörlöchern darunter.

So, nun ist's genug, aber Achtung beim Zuklappen und Weggehen, bitte auf den Boden schauen. Da könnten sogenannte Gewölle liegen, alles ausgespuckte Sachen, die ich nicht verdauen kann. Sie können sie gerne als Souvenir mitnehmen, vielleicht finden sich da drin nebst Haaren und Schuppen auch ein paar Knöchelchen ... Viel Spaß damit. **UA**

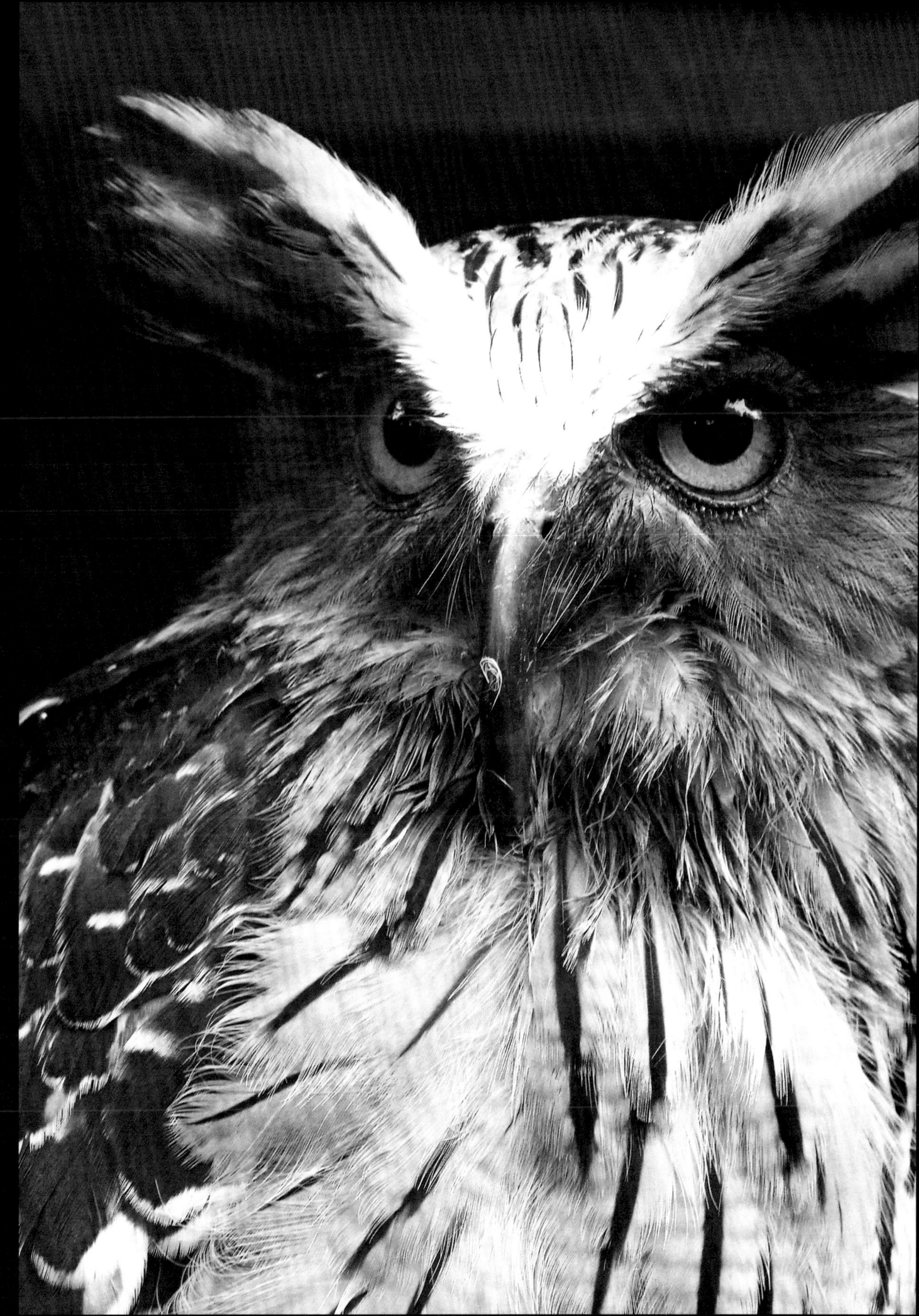

MERKMALE auch Blassuhu · eine der größten Uhu-Arten und größte Eule Afrikas · Körperlänge bis 64 cm, Spannweite bis 1,40 m · kräftige Klauen · Obergefieder rötlich-braun bis grau, Brust heller, »milchig«, Oberlid auffallend rosa, runder Kopf mit Federkranz VORKOMMEN Subsahara bis Südafrika · Galeriewälder und Lichtungen LEBENSWEISE nachtaktiv · ernährt sich von kleinen Nagetieren, auch Igeln, die er geschickt häutet, auch von Reptilien, Vögeln und Flughunden, die er mit den Klauen ergreift · nistet in Horsten von Greifvögeln

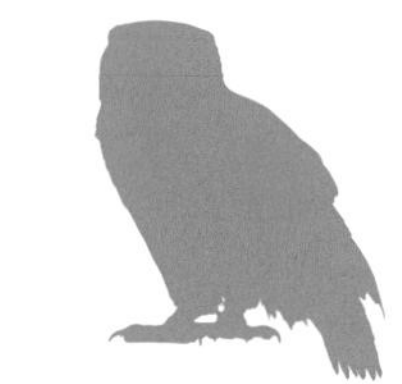

MILCHUHU

Bubo lacteus

»Ruh-Ruh-Ruh-Ruh«. Wenn Sie das hören, dann könnte es sich um eine Art Kröte handeln, oder Sie befinden sich in der Savanne südlich der Sahara oder in Großalfalterbach, einem Ortsteil von Deining, in der Oberpfalz in Bayern. Doch der Reihe nach. Der Milchuhu oder auch Blassuhu – Sie dürfen raten, woher der Name kommt – macht diesen dumpfen Ruf auf der Partnersuche. Diese Eule fliegt adlerähnlich und kann ihren Hals bis zu 270 Grad in beide Richtungen drehen. Eine der vier Zehen kann ebenso ganz nach hinten gedreht werden, und das Gehör besteht aus zwei Kopföffnungen unter dem Gefieder.

Stellen Sie fest, dass dieser Ruf nicht von Kröten stammt, dann bringen Sie Ihre Zuchttauben, Hausratten und Hobbyschlangen in Sicherheit, die stehen nämlich alle auf dem Speiseplan dieses dämmerungs- und nachtaktiven Wesens. Sie werden nun sagen: »O.k., danke für die Tipps, aber ich bin kein Farmer in Afrika.« Aber vielleicht wohnen Sie in Großalfalterbach? Dann kennen Sie wohl Helmut Kraus. Er hielt rund 200 Tiere in seinem »Eulenhof«, der von Schulklassen und Familien besucht wurde. Aber damit ist nun leider Schluss, denn der Eulenflüsterer schafft es aus Gründen des Alters und mangels Unterstützung durch das örtliche Landratsamt nicht mehr, stilgerecht für die Eulen zu sorgen, und musste alle fremdplatzieren und den Hof schließen. 2017 entwendeten Kriminelle nachts vier Tiere von seinem Hof. Deshalb, wenn Sie in Großalfalterbach sein sollten und ein »Ruh-Ruh-Ruh-Ruh« hören, rufen Sie die Polizei! Kraus sagte mal: »Wer heute anständig lebt, wird als Eule wiedergeboren.« Das trifft dann sicher auf Sie zu, aber mitnichten auf die vogelklauenden Gangster. **UA**

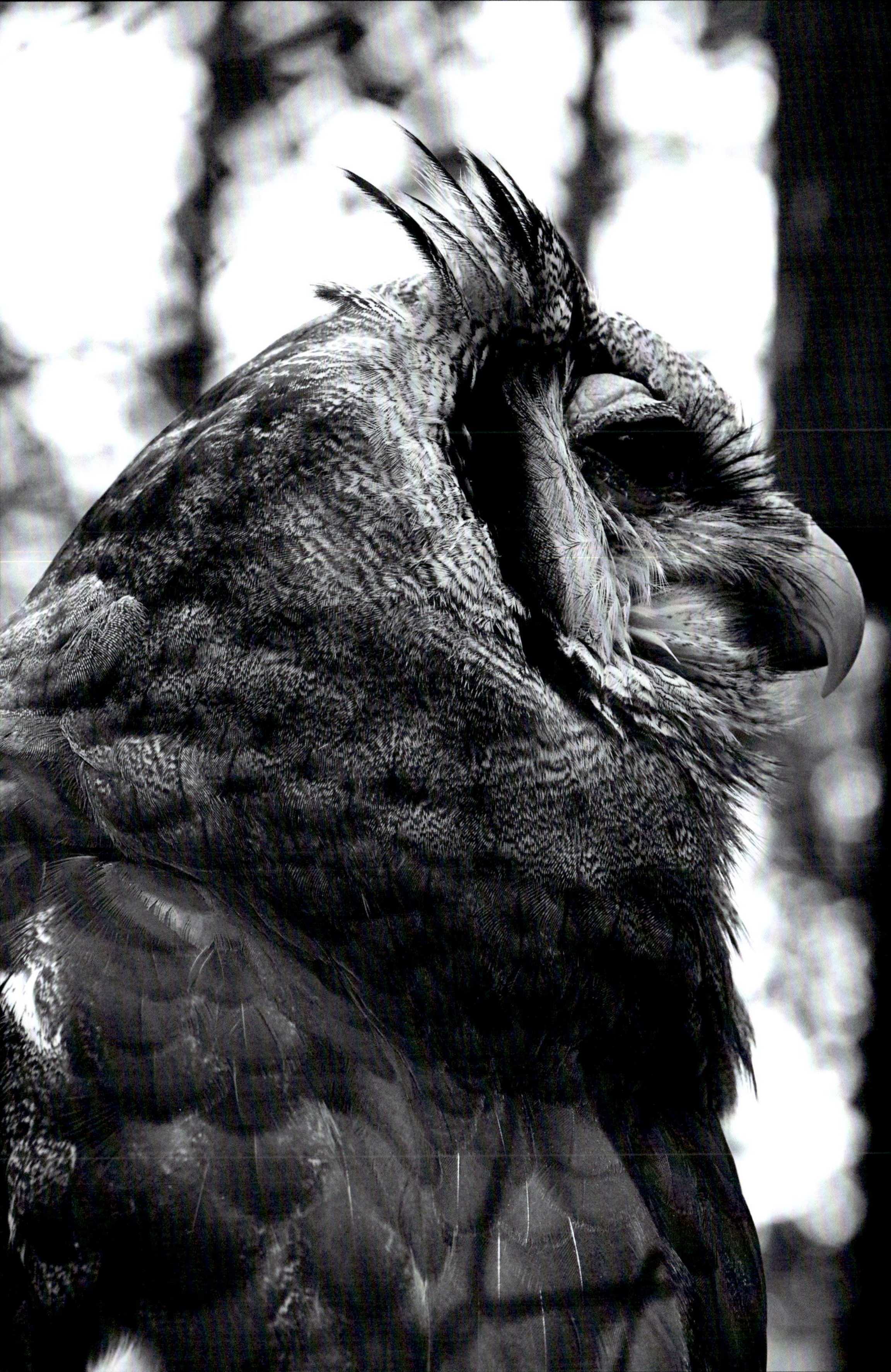

MERKMALE auch Jägerliest oder Kookaburra · gehört zur Familie der Eisvögel · Körperlänge bis 47 cm · Gefieder dunkelbraun, Flügel mit hellblauen Flecken · langer, massiver Schnabel VORKOMMEN Australien, Osten und Südosten · oft in der Nähe von Gewässern LEBENSWEISE Ansitzjäger, ernährt sich von Insekten, Säugetieren, Reptilien und Fischen, die er vor dem Schlucken an einem Ast tot oder weich klopft · markiert sein Territorium durch an menschliches Lachen erinnernde Lautäußerungen · lebt lebenslang monogam, brütet in Baumhöhlen

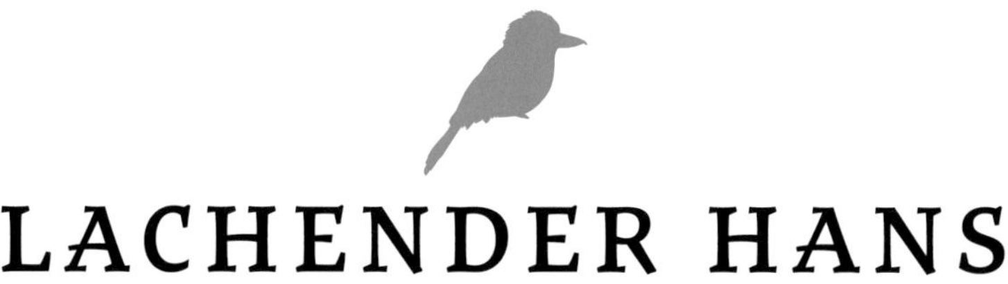

LACHENDER HANS

Dacelo novaeguineae

In der »Braunschweiger Zeitung« las ich, wie mitten in der Corona-Pandemie Kulturschaffende mit Aktionen für ihre Kolleginnen und Kollegen Geld sammelten. Doch bei folgendem Satz kam mir was ganz anderes in den Sinn: »Andreas Jäger liest aus ›Till Eulenspiegel‹.« Als vogelaffiner Genosse musste ich dabei an »Jägerliest« denken. Der andere Name für den Lachenden Hans, wie der australische Vogel im Volksmund genannt wird. Gerne wird sein Lachen in Hollywoodfilmen als Dschungellärm eingespielt, auch wenn er weder in Afrika noch in Südamerika vorkommt. Das Lied »Kookaburra Sits in the Old Gum Tree« – benannt nach seinem heimischen Namen – lernen die Kleinen in Australien schon im Kindergarten auswendig.

Noch nicht lange her, da kam dem Stralsunder Zoo ein Exemplar abhanden. Eine Vermisstenmeldung bat um Mithilfe bei der Bevölkerung. Falls die Suche noch andauern sollte, dürfte die Wahrscheinlichkeit sehr groß sein, dass die Bewohnerinnen und Bewohner inzwischen zu Frühaufstehern wurden, denn dieser fast krähengroße Verwandte der Eisvögel sei bei den Aborigines dafür bekannt, bei Sonnenaufgang alle aus dem Bett zu lachen. Diesen Vogel zu beleidigen, würde von Gottheiten bestraft, bei Kindern zum Beispiel durch einen schiefen Zahn.

Die Jungen dieses Vogels mit seinem wehrhaften Schnabel und seinem wirklich sehr eigenen Lachen sind den Eltern oft bis zu vier Jahre lang bei der Aufzucht der Geschwister behilflich.

Wissen Sie was, ich fahre mal nach Stralsund, um die Menschen genauer anzusehen. Vor allem jene mit Augenringen. Die spreche ich dann an und achte bei ihrem Lächeln auf einen möglichen schiefen Zahn. **UA**

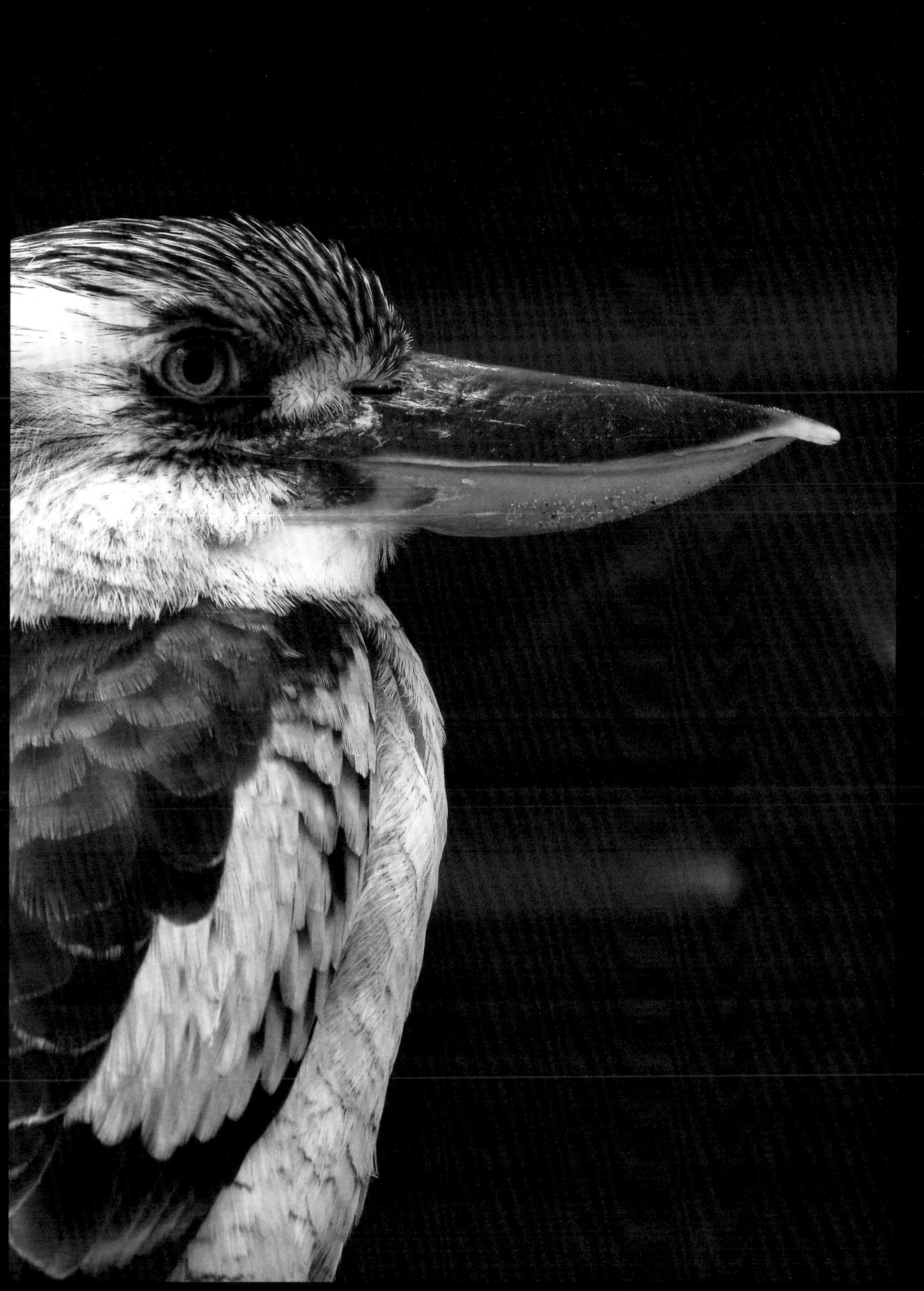

MERKMALE gehört zur Ordnung der Greifvögel · Körperlänge bis 1,50 m, Spannweite bis 2,15 m · fliegt selten, lange Beine mit kurzen Zehen · adlerähnlicher kleiner Kopf mit blaugrauem, hakenförmigem Schnabel, oranges Gesicht, lange Wimpern am Oberlid, lange schwarze Federn am Hinterkopf, die aufgestellt werden können VORKOMMEN Subsahara LEBENSWEISE wandert weite Strecken auf der Suche nach Nahrung ab, oft mit aufgerichteter Haube · ernährt sich von Großinsekten, auch Giftschlangen, Amphibien, Krabben sowie Kleinsäugetieren, die er durch Tritte tötet ROTE-LISTE-STATUS (IUCN) gefährdet

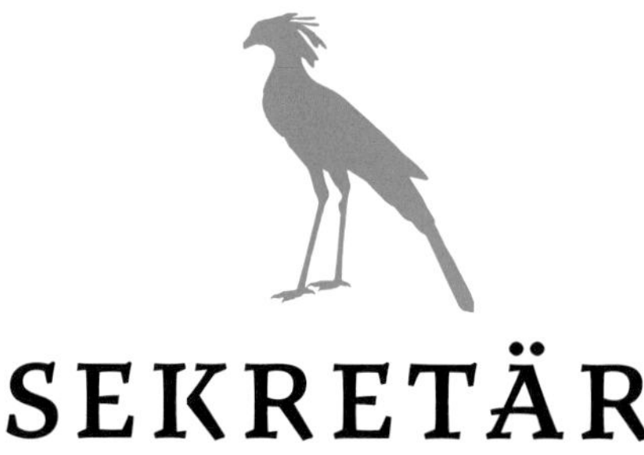

SEKRETÄR

Sagittarius serpentarius

Finden Sie, dass dieser Vogel vertrauenerweckend aussieht? Und haben Sie eine Ahnung, warum so etwas Zerrupftes *Sekretär* heißt? Sind Sekretär(innen) nicht immer besonders smart und sitzen als eine Art omnipotentes Aushängeschild in Vorzimmern? Wollen wir den hier im Vorzimmer haben?

Wollen wir nicht, müssen wir nicht. Er will das bestimmt auch nicht: Er lebt in afrikanischen Wüsten und Savannen, jagt auf langen Beinen herum und tötet kleine Säugetiere schon mal per kräftigem Fußtritt. Er ist für ein Vögelchen ziemlich groß, dieser Sekretär, so um 1,20 Meter, und am Kopf hat er mächtig viel Gefieder in Weiß mit schwarzen Spitzen. Das sieht immer so aus, als hätte er einen Federkiel oder einen Bleistift hinters Ohr geklemmt, und weil er auch noch schwarze Beinkleider trägt wie ein Geheimrat, gaben ihm die südafrikanischen Buren im 18. Jahrhundert diesen Namen: *secretaris* oder *sagittarius*. Und weil er Schlangen fangen kann, hängt ihm ein *serpentarius* hintendran. Wie bedeutend dieser seltsame Vogel für Afrika ist, mag man schon daran sehen, dass er im Wappen von Südafrika – er breitet die Flügel aus – wie auch in dem vom Sudan – er trägt einen Schild – zu sehen ist.

Er singt nicht, er knurrt, wie ein guter Sekretär eben, wenn ihm was nicht passt. Alfred Brehm lobte:

»Die Sekretäre ergötzen durch ihren Anstand, die edle Haltung, den stolzen Gang, das schöne Auge und das lebhafte Spiel ihrer Nackenfedern, können jedoch Raubgelüste niemals ganz unterdrücken und werden dem Hofgeflügel oft verderblich.«

Ich finde aber, ein echter Sekretär hat bei gemeinem Hofgeflügel auch gar nichts zu suchen. **EH**

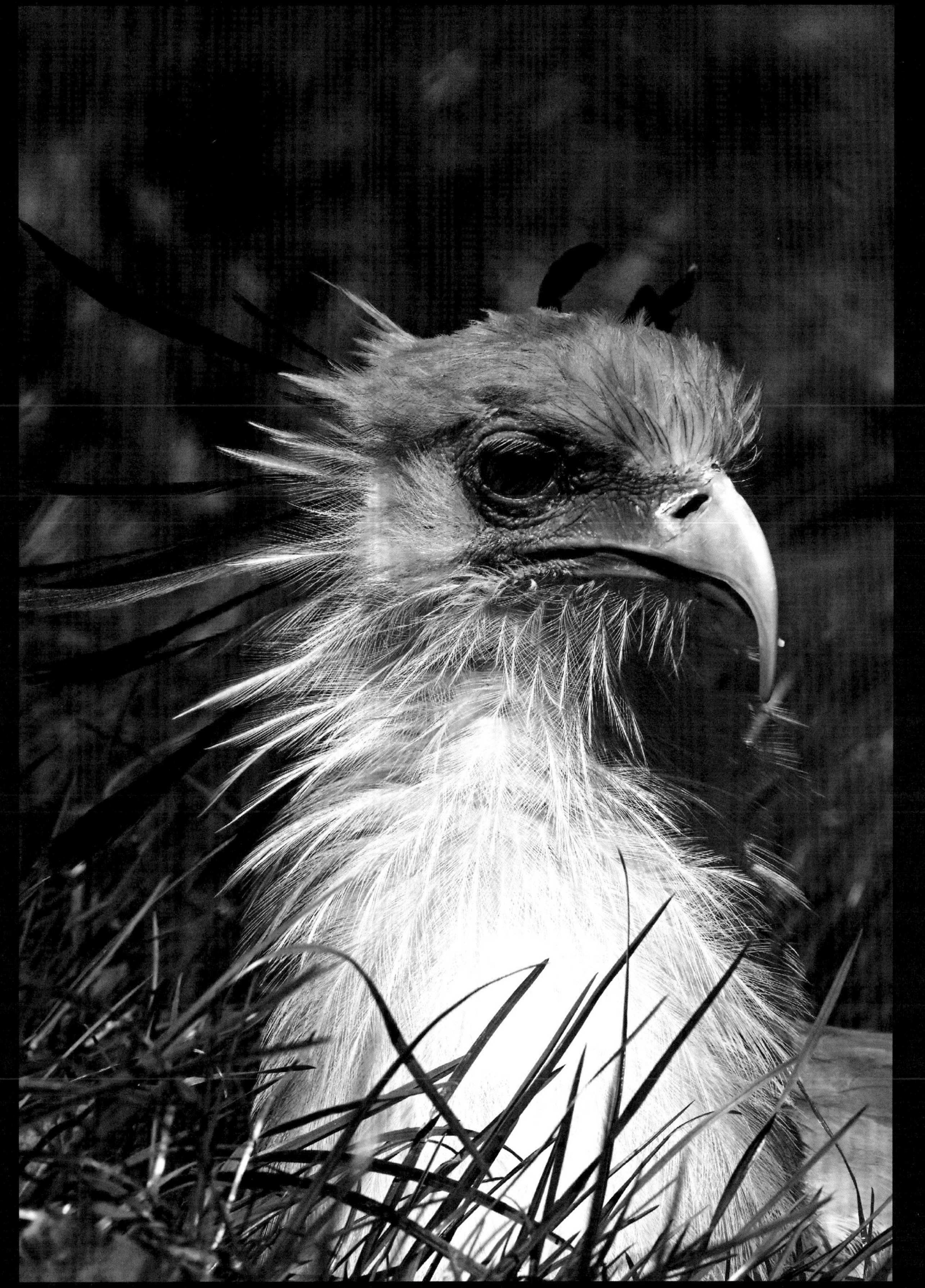

MERKMALE auch Rothalskasuar · einer der schwersten flugunfähigen Laufvögel, Körperhöhe bis 1,80 m, Gewicht bis 85 kg · schwarzes Gefieder aus steifen Federn · Gesicht blau, helmartiger Kopfaufsatz, leuchtend roter oder gelber Hals mit Hautlappen · kräftige Füße mit dolchförmiger bis zu 10 cm langer Kralle am Mittelzeh VORKOMMEN Papua-Neuguinea · Fluss- und Küstenregenwälder LEBENSWEISE ernährt sich vor allem von Früchten, Pilzen, Insekten, Kleinsäugern, Kleinvögeln und Eiern · seine kräftigen Tritte können auch für Menschen gefährlich sein ROTE-LISTE-STATUS (IUCN) gefährdet

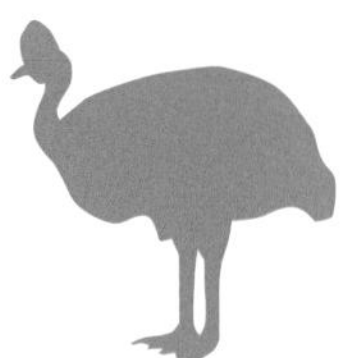

EINLAPPENKASUAR

Casuarius unappendiculatus

»**Tödlichster Vogel der Welt hat seinen Besitzer getötet**« ist eine typische Schlagzeile, die ein privater Fernsehsender braucht, um über die Natur berichten zu können. Aber wenn das tödlichste Wesen der Welt zum Beispiel durch Abholzen der Urwälder, Verschmutzen der Luft, das Plattfahren von Igeln und Massentierhaltung tötet und quält, wo bleiben dann solche Schlagzeilen?

O.k., es war echt dumm gelaufen, als 2019 ein älterer Herr in einem Gehege in Kalifornien stürzte und unter die sehr scharfen drei Zehen eines Kasuars geriet. Und da gibt es auch noch den Vorfall in Australien, als ein 16-jähriger Junge sein Leben verlor, weil so ein Vogel aus Panik ihn an der Halsschlagader verletzte; das soll sich 1926 zugetragen haben. Es ist ärgerlich, wenn Tiere in breiten Boulevardmedien Beachtung meistens unter solchen quotengierigen Schlagzeilen Beachtung finden. Dabei gäbe es so viele sensationelle Details über diese in drei Arten existierenden Kasuare, die eine Schlagzeile wert wären. Versuchen wir es mal?

Wie wäre es mit: **Ur-Oma geistert durchs Dickicht!** Eines der vielen Papua-Völker glaubt an die Reinkarnation von weiblichen Ahnen im Kasuar. Oder *das* wäre doch eine Headline: **Kasuar, die Sexmaschine?** Ein anderes Volk ist überzeugt, dass der Vogel die Erscheinung einer Stammesgöttin sei, um die allerhand Fruchtbarkeitsriten vollzogen werden.

Bleiben wir dabei, schauen wir uns dieses Tier via Schlagzeilen näher an:

Das gefiederte Ersatzteillager: Die Völker Neuguineas holten aus dem Vogel, was geht: Fleisch, Federn als Schmuck, Kiele der Schwungfedern als Nasen- und Lippenstäbe, aus Beinknochen wurden Werkzeuge, aus Krallen Pfeilspitzen.

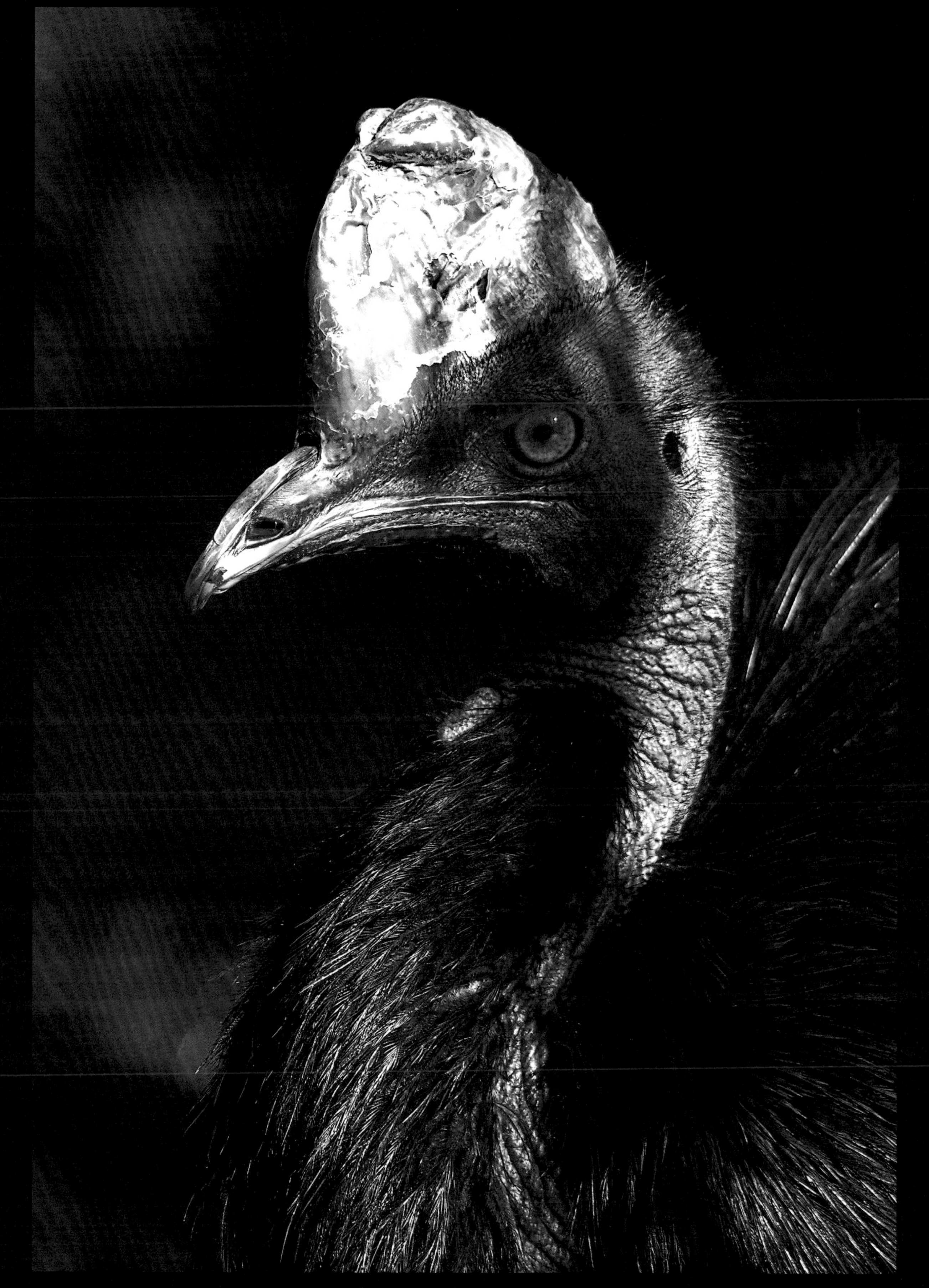

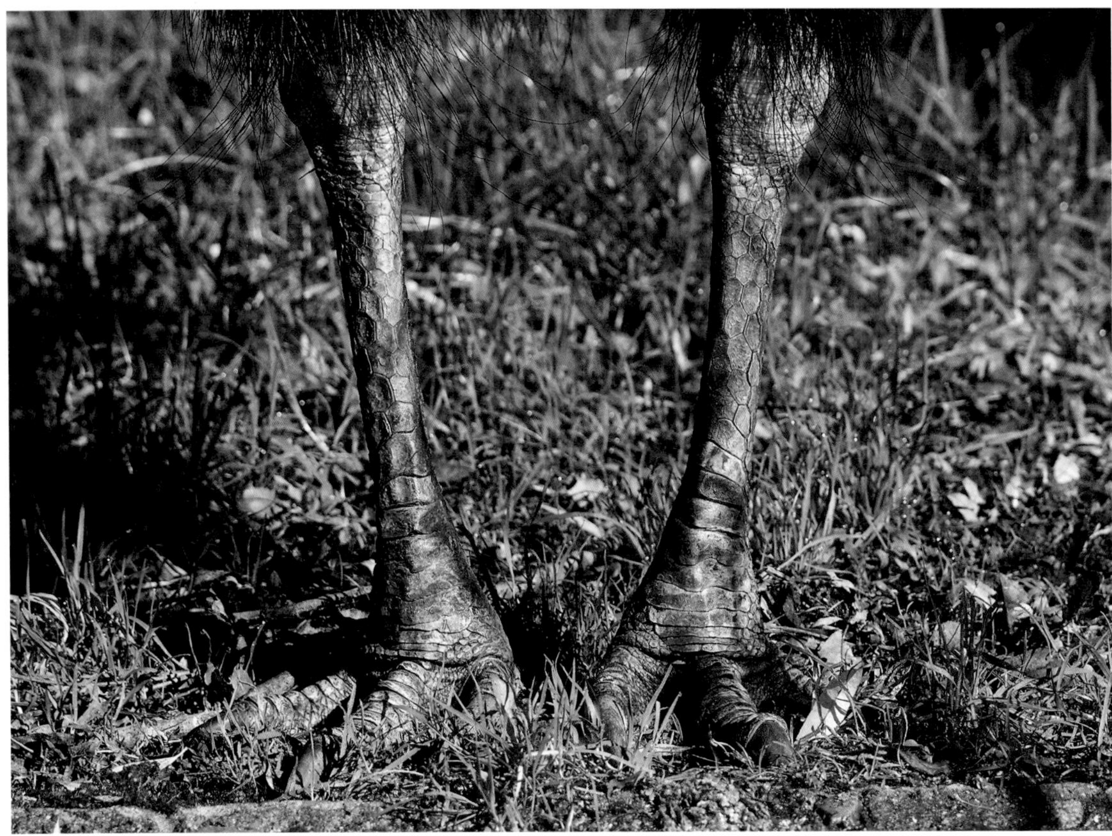

Doch keinem Volk ist es gelungen, den Kasuar zu domestizieren: **Der Unzähmbare.**

Ganze acht Schweine Wert? Könnte die Schlagzeile für den Umstand sein, dass in alter Zeit dies der Handelspreis für einen Kasuar gewesen sei.

Scheitert die Wissenschaft am Horn? Alle Kasuare tragen mit Würde ein Horn, einen Helm oder einen Auswuchs auf dem Kopf, unter einer Art Hornschicht, ähnlich den Hörnern unserer Kühe, sofern sie sie noch haben. Um die Funktion dieses Helmes debattiert die Wissenschaft ohne Ende. Da gab es Experten, die meinten, es handle sich um eine Art Schutz vor Kopfverletzungen im Gehölz, was von Kollegen mit Gelächter quittiert wurde. Diese wiederum vertraten die Theorie, dass die Größe und Form des Helmes Rang und sozialen Status anzeigten, auch wenn es sich beim Kasuar um Einzelgänger handelt. Aber da kommen Kolleginnen und Kollegen in ihren weißen Kitteln und wischen diese Idee mit der Erkenntnis vom Tisch, dass die Vögel eine tieffrequente Kommunikation betreiben, also mit ganz tiefen Schalltönen, die wir nicht mehr so richtig hören oder nervös beim Passieren von Transformatorenstationen und Pumpmaschinen wahrnehmen, als Beispiel. Dieses tiefe Dröhnen bis runter auf 23 Hertz verbreitet sich im lauten Regenwald sehr gut und markiert das Revier. Und dabei soll dieser Helm irgendwie eine Funktion haben, vielleicht wie ein Radar. Passende Schlagzeile gefällig? **Brummton im Helm.**

Zu dieser Überlegung nicken die nächsten Expertinnen und Experten, die sich vom toten Vogel mit dem blutigen Seziermesser in der Hand umdrehen und sagen: »Es ist die Temperatur! Die regeln mit diesem Ding und seiner Gewebestruktur die eigene Körpertemperatur.« Dann passt dazu doch diese Schlagzeile: **Helm schützt vor Sonnenstich.**

Rodung tötet Vogel. Ein solcher Titel lässt nicht nur aufhorchen, sondern stimmt leider. Denn diese Vögel brauchen die Wälder für ihr heimliches Tun. Immer mehr werden Kasuare auf Feldern gesichtet, die ziemlich hektisch von einem Wald zum nächsten rennen, verunsichert, weil hier doch gerade noch Wald war ...

Aber jetzt kommt es dicke: **Sie ist der Macho!** Hier steht die Welt der Möchtegern-Muckibuden-Kerle Kopf. Bei den Stockenten sind die Männchen bunt und stressen die Weibchen. Der Platzhirsch sagt, wann welche Dame beglückt werden soll. Und wenn bei den Kampfläufern, Birk- und Auerhähnen die Herren die große Show abziehen, ist es bei unseren Kasuaren hier ganz anders. *Sie* zieht von Männchen zu Männchen. Die Herren warten in ihrem Revier auf Damenbesuch mit akustischer und sehnsüchtiger Untermalung eines tiefen »Buu-buu-buu«. Also nicht die Mannen ziehen um die Häuser, sondern die Frauen um die Büsche. Die Damen sind auch etwas stattlicher, tragen größere Helme und schillerndere Farben als ihre Verehrer. Lässt sie sich auf ihn ein, dann geht's zur Sache; die 650 Gramm wiegenden Eier werden gelegt, man bleibt noch etwas beisammen, aber dann zieht sie los und überlässt ihm die gemeinsam produzierte Brut. Um was zu tun? Genau, um mit dem nächsten Kandidaten ins Nest – eher eine Bodenmulde – zu steigen. Auch dieser wird dann wiederum allein gelassen, und es bleibt ihm nichts anderes übrig, als für die Kleinen zu hudern und zu sorgen. Nach rund 50 Tagen Brüten laufen die Kleinen nach dem Schlüpfen flott umher, hängen beim alleinerziehenden Daddy noch rund zwei Jahre zu Hause rum.

Können Sie es nachvollziehen, dass dem Verfasser dieser Zeilen ein Song in den Sinn kam, der beim Kasuar umbetitelt werden müsste? »Mama was a Rollin' Stone«. Passt auch zu der Tatsache, dass Kasuare Steine schlucken, als Verdauungshilfe: **Lieber Steine fressen als ins Gras beißen!** Ansonsten ernähren sich mit Vorliebe von Früchten, fressen auch Insekten, Frösche, Schlangen und überhaupt kleine Tiere.

Das meiste passiert eh in den Dämmerungsphasen des Tages, zu dem die Schlagzeile **Zwielichtige Gesellschaft** passen könnte. In dieser Zeit kann es auch mal zum Zoff kommen. Kasuare machen großes Aufsehen bei ungebetenen Gästen, vor allem, wenn sie Nachwuchs hinter sich haben. Durch Gebärden wie Körperzittern, Dicken-Halsmachen, Kopfsenken, Federnaufrichten. Das sollte reichen und lässt jeden Besucher abziehen: Showdown, mehr nicht!

Wenn der Besuch aber so blöd sein sollte und noch länger bleiben möchte, kann er schon mal gleichzeitig zwei kräftige Krallen auf sich zukommen sehen. Aber damit landen wir wieder bei der Eingangsschlagzeile. Das wollen wir nicht, denn Kasuare bieten mehr als das, nicht wahr?

Was es mit diesem Begriff »Einlappen« auf sich hat? Da sind wir noch dran. **UA**

MERKMALE gehört zur Ordnung der Kranichvögel · Körperlänge bis 1 m · lange, dünne orangerote Beine · buschiges graubraunes Gefieder mit dunklen Wellen, Federbüschel oberhalb des Schnabelansatzes, um die Augen bläuliche unbefiederte Haut · Schnabel orangerot mit gebogener Spitze, blassgelbe Iris VORKOMMEN zentrales und östliches Südamerika · offene Busch- und Waldgebiete LEBENSWEISE schlechter Flieger, jedoch guter Läufer · ernährt sich am Boden vor allem von Insekten, kleinen Reptilien und Nagetieren · Ruf in der Paarungszeit erinnert an das Kläffen junger Hunde

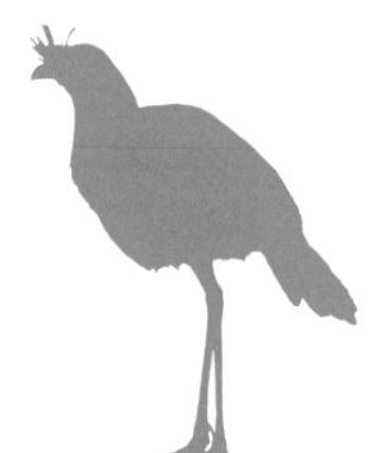

ROTFUSSSERIEMA

Cariama cristata

Sie seien richtige Monster gewesen, hätten alle terrorisiert mit ihren 350 Kilogramm Lebendgewicht. Sie konnten rennen und mit ihren kräftigen Krallen sogar Antilopen zur Strecke bringen. Terrorvögel (Phorusrhacidae) seien sie gewesen vor 18 000 Jahren in Südamerika. Sie dürfen sich also erleichtert zurücklehnen, die sind weg. Oder doch nicht? »*Aus diesem Mini-Punk wird mal ein Terrorvogel*«, berichtet das »Hamburger Abendblatt«. Und die »Osnabrücker Zeitung« schreibt gar: »*Der grausige Terrorvogel ist geschlüpft.*« Der Autor von »Dino-Park«, Michael Crichton, würde bei solchen Meldungen aus dem Grab springen, in dem er leider schon seit 2008 liegt.

Zur Entwarnung sei vermeldet, dass es sich um ein Küken eines Seriemas im Tierpark St. Peter-Ording handelte. Sie sollen Dinos Nachfahren sein, die lustigen Schwarz- oder Rotfußseriemas, die dem Lebensraum ihrer Ahnen treu blieben. Aber die Vorliebe für tierische Kost sollen sie übernommen haben, von Insekten bis zu Mäusen. Ihr »Gesang« ist einmalig – oder wie soll man diese hellen und lauten Rufe nennen? Mit Blick zum Himmel und nach hinten gestauchtem Hals geben sie Laute von sich. Sie kläffen von Hügeln und Bäumen, die sie übrigens lieber erklettern. Im Gegensatz zum Schwarzfußseriema wurde der Rotfußseriema ein Kulturfolger, das heißt, er passt sich dem durch Menschen verursachten Landschaftswandel an und ist oft in der Nähe von weidendem Vieh zu finden, da dieses Kleintiere aus dem Erdreich hochschreckt, direkt hinein in den Seriema-Schnabel.

Aber etwas Restterror verbleibt. In ihrer Heimat werden sie oft als »Wächter« gehalten, um Raubtiere und Fremdlinge mit ihren seltsamen Rufen in die Flucht zu bellen. **UA**

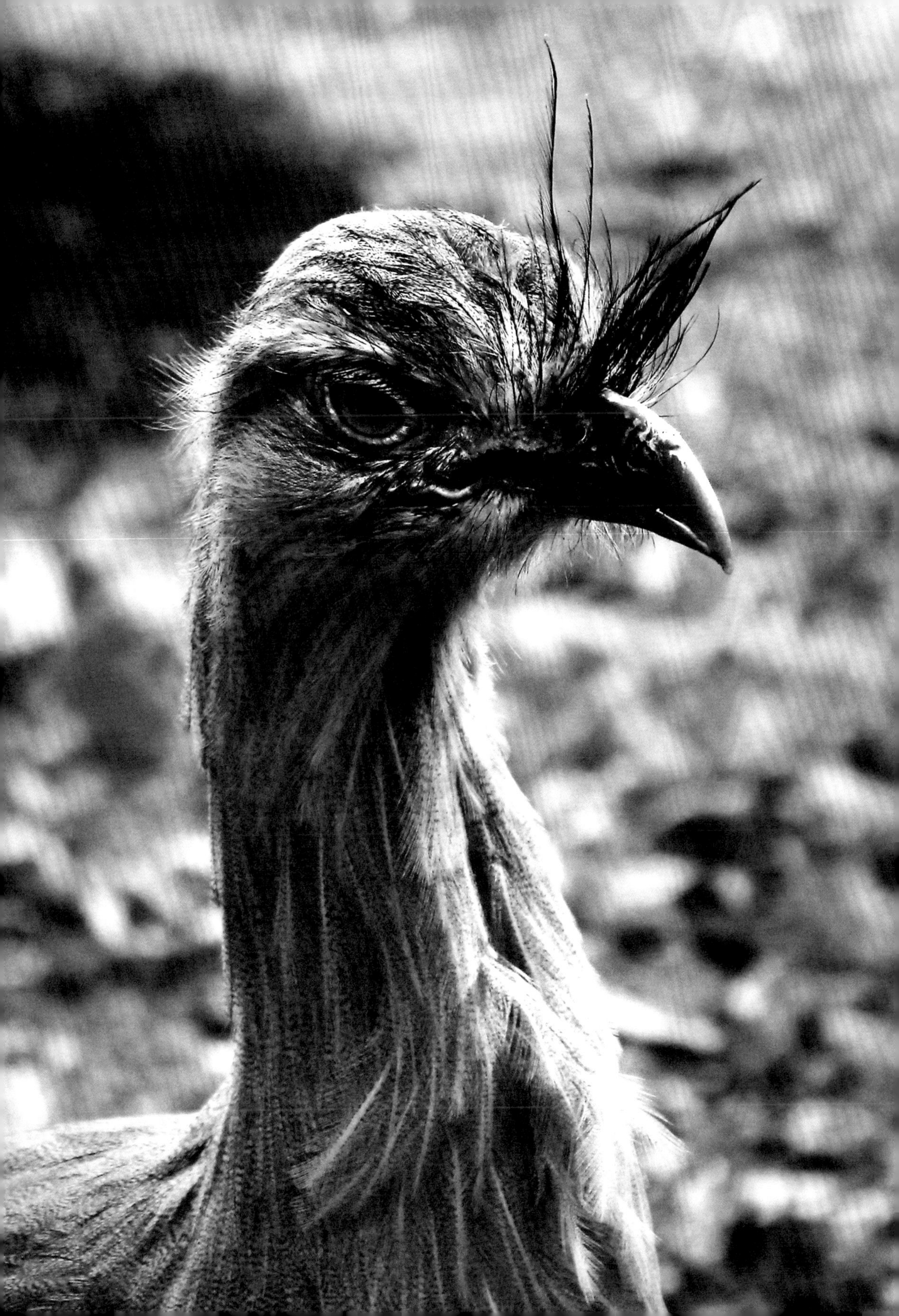

MERKMALE auch Glattnackenrapp · Körperlänge bis 80 cm · blauschwarzes metallisch schimmerndes Gefieder · roter, nackter Kopf, langer, nach unten gebogener roter Schnabel, weißliche Wangen, rote Iris VORKOMMEN südliches Afrika · hochgelegenes Grasland LEBENSWEISE ernährt sich auf Feldern oder im Gras suchend von Insekten, Schnecken, Würmern, kleinen Reptilien und Jungvögeln · nistet an steilen Felswänden in kleineren Kolonien ROTE-LISTE-STATUS (IUCN) gefährdet

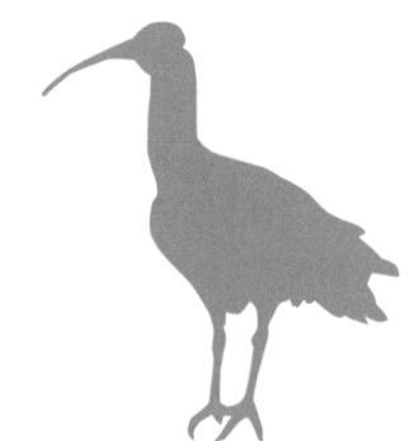

GLATTNACKENIBIS

Geronticus calvus

Geronticus calvus ist sein lateinischer Name, das macht mich froh, denn dann hat die Glatze etwas mit Alter zu tun und nicht mit Einstellung. Glatzen mit Einstellung sind mir suspekt, auf deren Bomberjacken stehen dumme Sprüche und fragwürdige Symbole.

Der Ibis trägt keine Bomberjacke, er trägt ein seltsam struppiges Federkleid und eine Glatze. Er hat einen langen, dünnen Schnabel, hohe Beine, große Füße, er rennt eilig mit langen Schritten, und wenn er Wasser findet, watet er gemächlich und frisst feuchtes Getier. In Ägypten war er einst ein heiliger Vogel, der Ibis – lange her. Er galt als Bringer und Erhalter des Lebens, wahrscheinlich, weil er mit den segensreichen Fluten des Nils auftauchte. Das war zur sogenannten Pyramidenzeit, etwa rund 2800 vor Christus, da hatte der ägyptische Gott Thot, Gott des Mondes, Menschengestalt und einen Ibiskopf. Ibisse wurden in Gefangenschaft gehalten, verehrt, umsorgt, nach ihrem Tod einbalsamiert und in Urnen beigesetzt. Man hat Tausende solcher Ibisse in den Pyramiden gefunden.

Irgendwann ist der Ibis aber Ägypten untreu geworden, er lebt dort nicht mehr, sondern viel tiefer südlich in Afrika, wo er durch die Steppen rennt und Heuschrecken frisst, da hat er bei den neuerlichen schier biblischen Heuschreckenplagen viel zu tun.

Er ist nicht im klassischen Sinne schön – mit diesem kleinen Glatzköpfchen auf dem großen Körper. Aber er strahlt noch immer Majestät aus. Er weiß: Seine Vorfahren waren heilig.

Und wir dummen Kinder lasen damals in der Schule Schillers Ballade »Die Kraniche des Ibykus« und machten daraus »Die Ibisse des Kranichkus.« Das war meine erste Begegnung mit dem Wort Ibis. **EH**

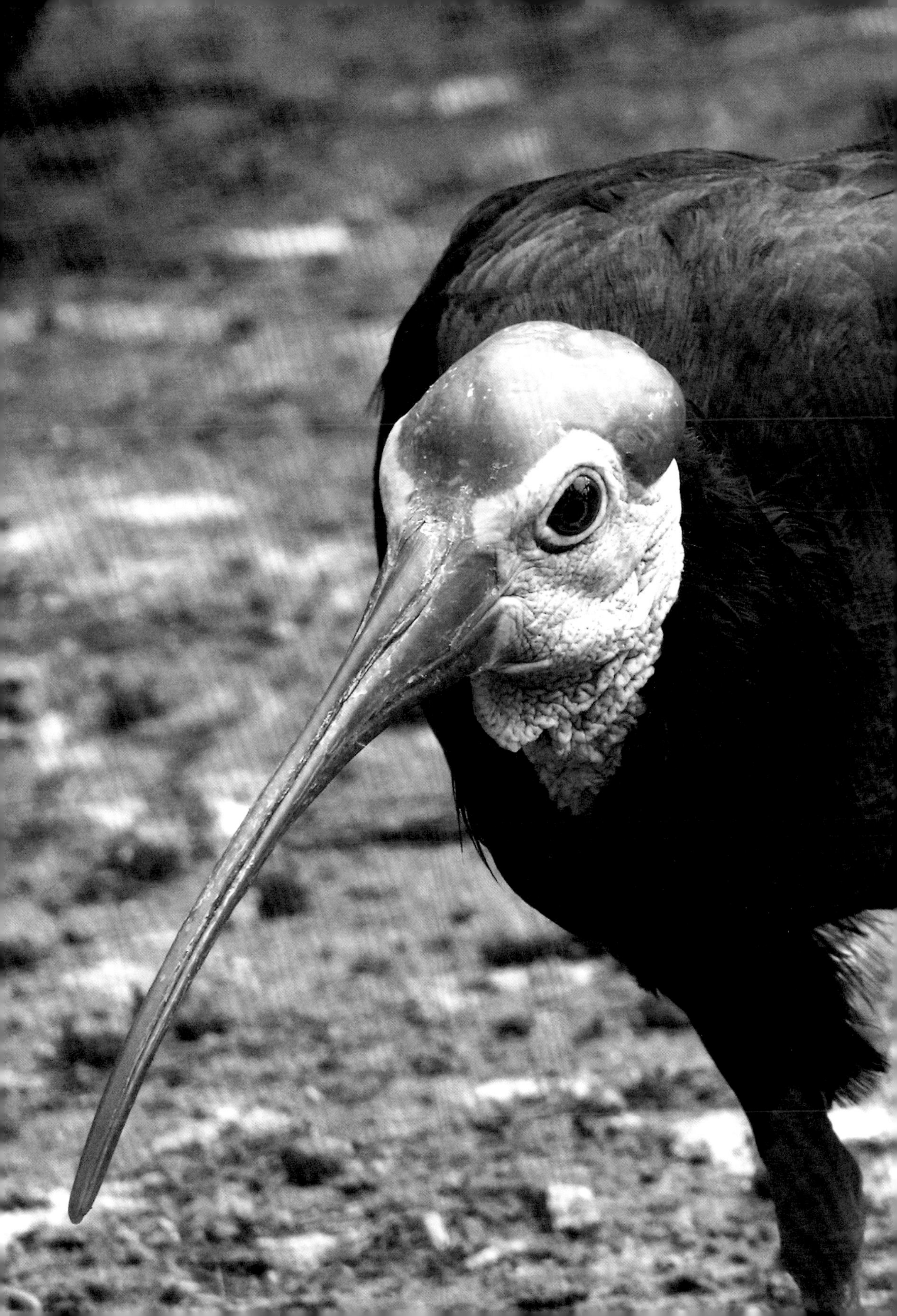

MERKMALE größter Flamingo, Körperhöhe bis 1,50 m · rosa Gefieder und Haut, schwarze Hand- und Armschwingen · dicker rosa Schnabel mit schwarzer Spitze, gelbe Iris VORKOMMEN Afrika, Asien, Südeuropa · Flachwasser LEBENSWEISE ernährt sich von Kleinkrebsen, Mückenlarven, Weichtieren, Ringelwürmern, die er mit seinem Schnabel aus dem Wasser seiht · bildet Kolonien mit bis zu 200 000 Individuen · im Flug sind Beine und Hals lang gestreckt

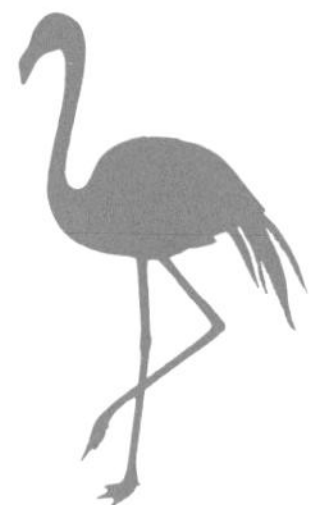

ROSAFLAMINGO

Phoenicopterus roseus

»*Die Flamingos sind eine Gruppe von langbeinigen, langhalsigen Vögeln, die in großen Ansammlungen an Brackwasserseen vorkommen. Ihre Schnäbel haben eine charakteristische Form, sind oberseits abgeflacht, und die Spitze ist stark nach unten abgewinkelt. Das Gefieder ist hauptsächlich rosa oder weiß.*« Ich klappte das Buch von »Die Vögel Ost- und Zentralafrikas« zu. Die damaligen Autoren Williams und Parey berichteten im Jahre 1963 sicher viel Neues und noch Unbekanntes in dem schönen Buch. Aber heute wissen wir ja alles, und ebenso, warum das Gefieder sich rosa bis rot färbt. Und nennen Sie mir einen zoologischen Garten ohne Rosaflamingos. Die Flamingos generierten sich immer mehr zu einem bestimmten Statement eines Lebensstils.

Pinkige Plastikflamingos standen früher überall in den amerikanischen Vorgärten, dann gehörten sie zur Deko in Schwulenbars, und heute stehen sie auch in mit Kitsch überfrachteten Einfamilienhausgärten Mitteleuropas. Im besten Falle verdrängen sie den Gartenzwerg, falls der noch nicht vom Künstler Pavel Schmidt weggesprengt wurde, womit er vor einigen Jahren für Aufruhr in der Kunstszene sorgte.

In Onlineshops können die Skulpturen für 31,79 Euro portofrei bestellt werden. Auf der digitalen Plattform Etsy werden über 1200 handgemachte Vintage-Artikel mit Flamingosujet in allen niedlichen Varianten angeboten. Der ästhetische Höhepunkt könnte die Kaffeetasse sein, auf der ein besoffener Flamingo zu sehen ist, darunter der Spruch: *»Gib es zu, das Leben wäre langweilig ohne mich.«*

Lasst uns nicht über die Idee einer subventionierten Geschmacksförderung reden. Lasst uns in die tiefen Wahrheiten rund um den Flamingo tauchen, denn wie sagte

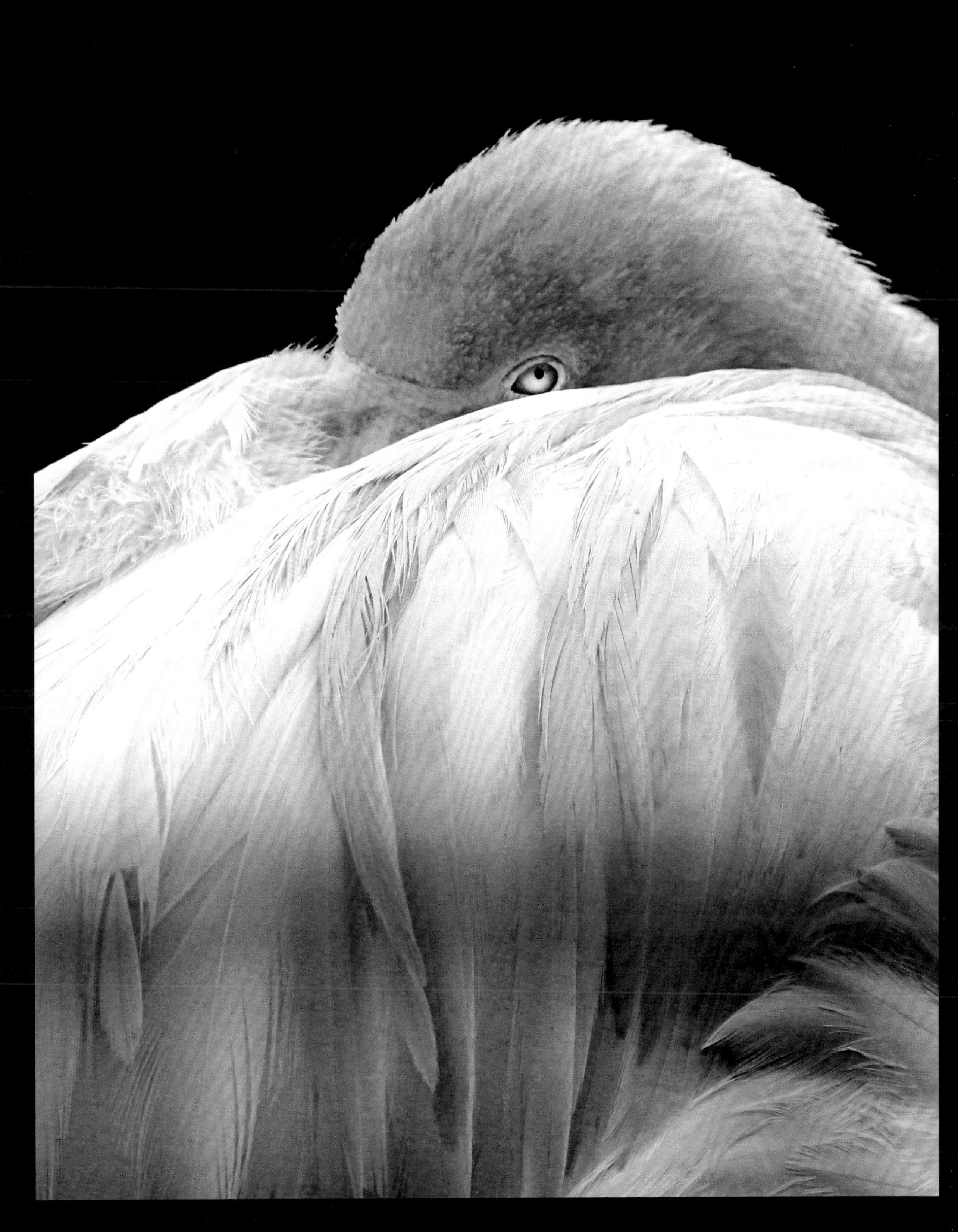

schon der Schweizer Aphoristiker Heinrich Nüsse (1927 – 1977): »*Ich sah einen Flamingo, der einen eigenen Standpunkt vertrat. Mitten unter vielen Flamingos stand er auf beiden Beinen.*«

Dabei treibt gerade die Bodenständigkeit die Flamingos an, auf einem dünnen Beinchen zu ruhen. Einer der möglichen Gründe, die noch immer für Diskussionsstoff bei den Fachleuten sorgt, ist: Thermoregulation. Ein Bein im Feuchten erzeugt Wärmeverlust. Ein Indiz für diese These ist das Wechseln des Standbeines nach einer gewissen Zeit. Ein weiterer Grund: Parasiten. Das einbeinige Stehen verhindert den hartnäckigen Befall von Wasserparasiten, und die Keime können sich am trockenliegenden Bein nicht so schnell vermehren, da sie durch Sonne und Wärme wieder absterben. Weitere Theorien wie mögliche Vorteile für die Flucht oder die Unterstützung des Herz-Kreislauf-Systems wurden inzwischen verworfen.

Die Flamingos schicken ihre Kinder in den Flamingo-Kindergarten, wo die Kleinen sich zusammentun und balgen, mit noch geraden Schnäbeln, die sich erst krümmen, wenn es aus ist mit dem Füttern durch die Eltern. Dann inspirierten sie seit dem 19. Jahrhundert die Menschen in Andalusien zum Tanz der grazilen und gestelzten Balz namens »Flamenco«.

Wenn Sie sich an Ihre erste »Flamme« erinnern sollten, dann stand der Flamingo Pate, nicht für den ersten Kuss, sondern für den Begriff aus dem Romanischen, gewidmet seinem »geflammten« Gefieder. Nett, nicht? Übrigens, die oben erwähnte und durchaus verzichtbare Tasse mit dem besoffenen Flamingo ist ab 10,42 Euro zu haben? **UA**

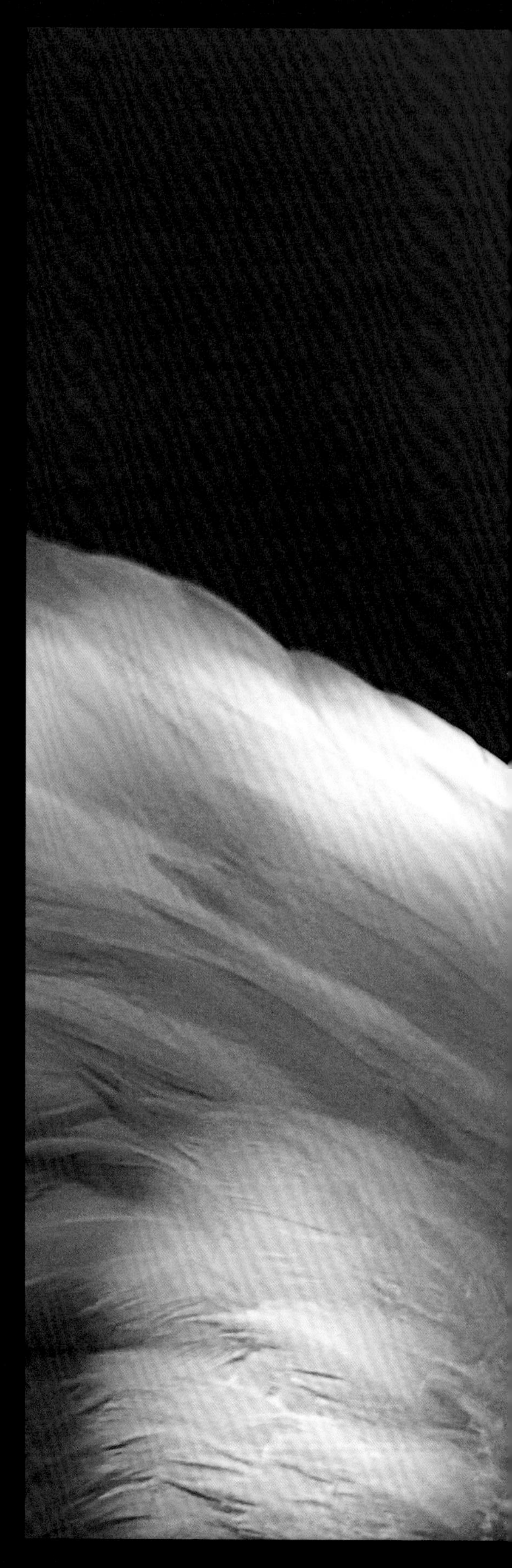

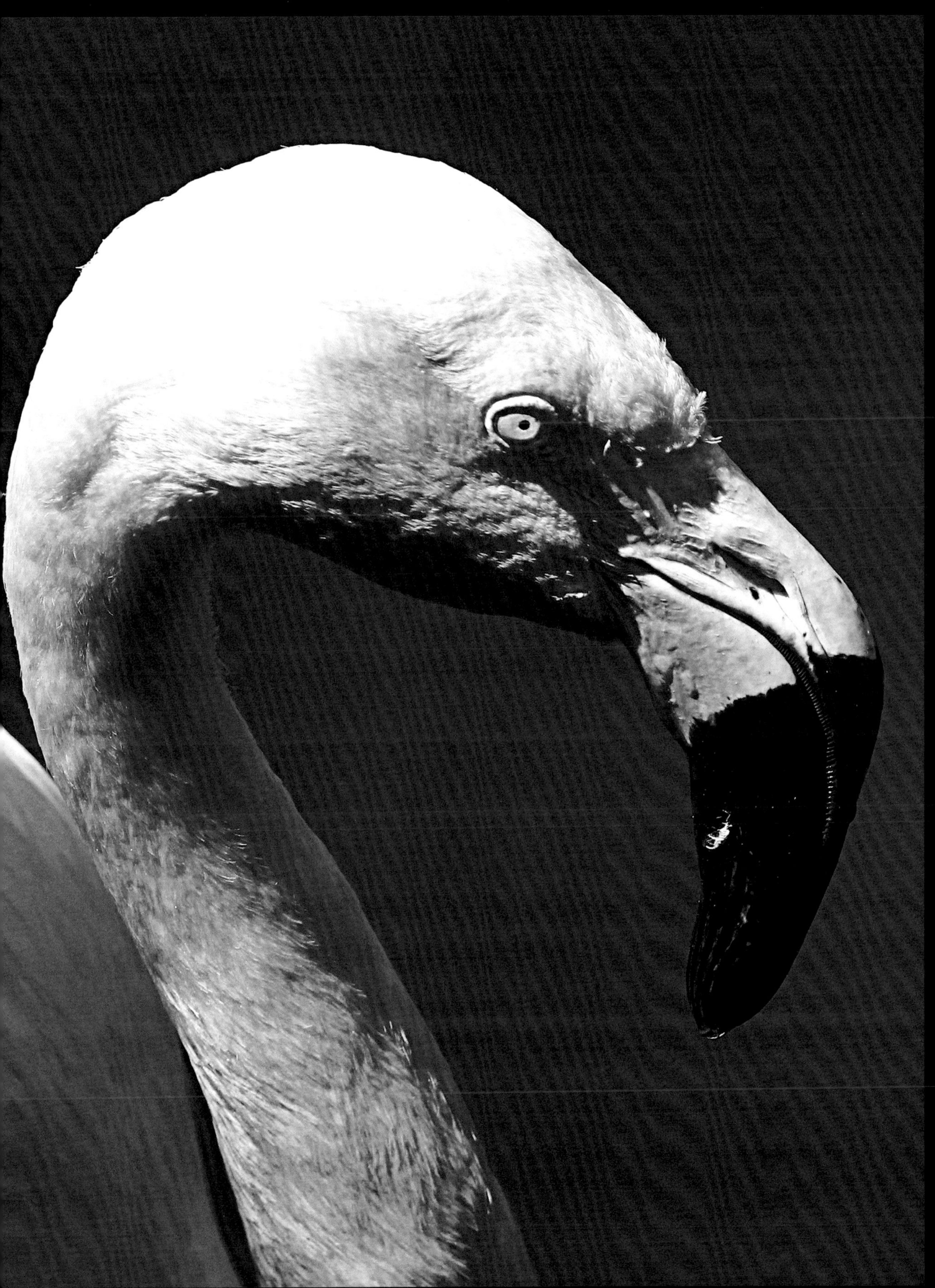

MERKMALE einer der schwersten und größten flugfähigen Vögel der Welt · Körperlänge bis 1,70 m, Spannweite bis 3,60 m, Gewicht bis 11 kg · weißes, zur Balzzeit leicht rosa Gefieder · orange-rosa Schnabel bis 40 cm Länge, großer, dehnbarer Kehlsack, Federhaube am Hinterkopf · kurze orange Beine · große Schwimmhäute VORKOMMEN Subsahara, Südosteuropa über Klein- und Mittelasien bis Indien LEBENSWEISE Ruderfüßer, watschelnder Gang · ernährt sich vor allem von an der Oberfläche schwimmendem Fisch, täglicher Nahrungsbedarf bis 1,2 kg

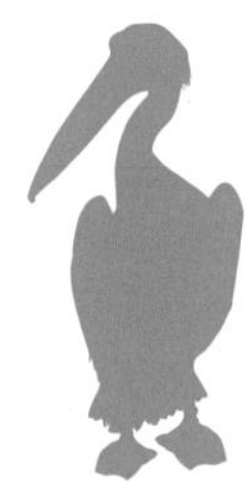

ROSAPELIKAN

Pelecanus onocrotalus

Natürlich stört so ein langer Schnabel auch. Man kann damit gut Fische fangen, das schon, aber beim Fliegen muss er den Kopf ganz weit nach hinten legen, damit sein Hals den schweren Schnabel abstützt. Na und? Geht doch. Und dann fliegt er 24 Stunden ohne Unterbrechung, 500 Kilometer weit, mit 56 Kilometern pro Stunde und in 3000 Metern Höhe, machen Sie das doch erst mal nach, mit so einem Schnabel.

Angeblich ernährt er seine hungrigen Jungen, indem er sich die eigene Brust aufhackt, wenn es sonst nichts anderes gibt. Unsinn. Seine Jungen holen sich das Futter tief aus dem Kehlsack der Eltern, das mag aussehen, als fräßen sie ihr Brustfleisch. Was aber die Sage erzählt: dass einmal ein Pelikan mit seinem Blut, das aus der Brust kam, tote Junge wieder zum Leben erweckt hat. Und dieser allegorische Bezug spielt auf den Opfertod Jesu an, darum sieht man den Pelikan so oft an Altären und in Kirchen. Und Thomas von Aquin schreibt: *»Gleich dem Pelikane starbst du, Jesus mein, wasch mit deinem Blute mich von Sünden rein.«*

Damit das hier jetzt aber nicht zu ernst wird, möchte ich meinen Lieblingspelikanwitz erzählen.

Ein Ehepaar rudert auf dem Wolfgangsee, da schwimmen Enten. Sagt die dumme Frau: »Was für schöne Pinguine! Daraus hätte ich gern einen Pelzmantel, Olaf.« Sagt der Mann: »Was bist du doch bloß dämlich, Annemarie. Das sind doch Pelikane, daraus macht man Füller.«

Ich kann über so was lachen. Und der Pelikan klappert fassungslos mit dem Schnabel. Und übrigens hat die gleichnamige Firma, die nun wirklich Füller herstellt, diesen Namen schon seit 1878. **EH**

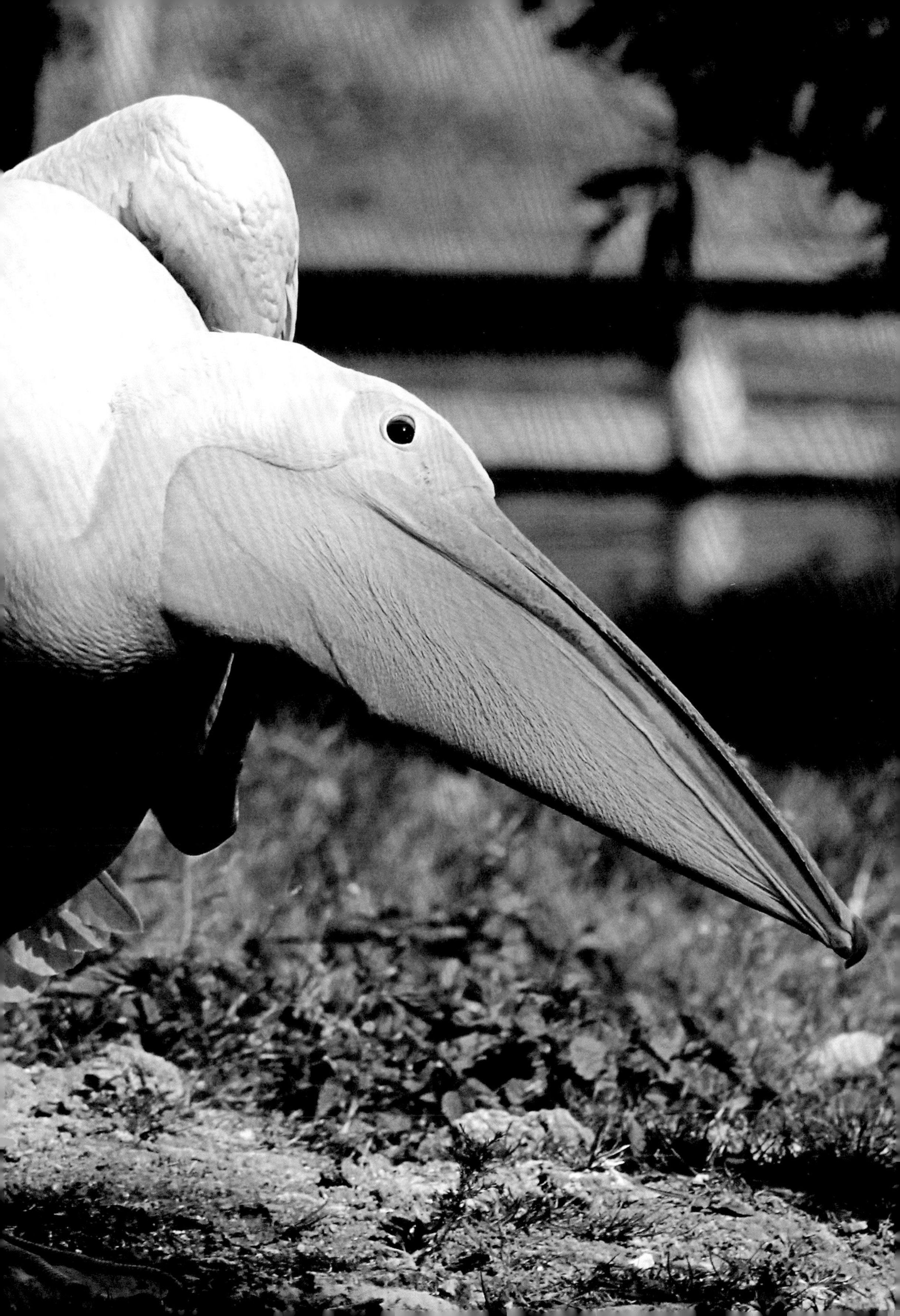

MERKMALE flugfähiger Schreitvogel · Körperlänge bis 86 cm, Spannweite bis 1,30 m · Oberseite und Hinterkopf weiß, Unterseite und Schwanz rosarot, Beine scharlachrot · löffelförmiger grau-schwarzer Schnabel mit gelbem Fleck VORKOMMEN Südamerika · Feuchtgebiete Floridas (im Sommer) · küstennahe Sümpfe, Lagunen LEBENSWEISE ernährt sich von kleinen Fischen, Krebsen, Wasserinsekten · fliegt ausgestreckt in langen, diagonalen Linien · bewegt den Schnabel im seichten Wasser charakteristisch hin und her, um Beute aufzutreiben · nistet in großen Kolonien, oft in Gesellschaft von Reihern, baut große tiefe Nester

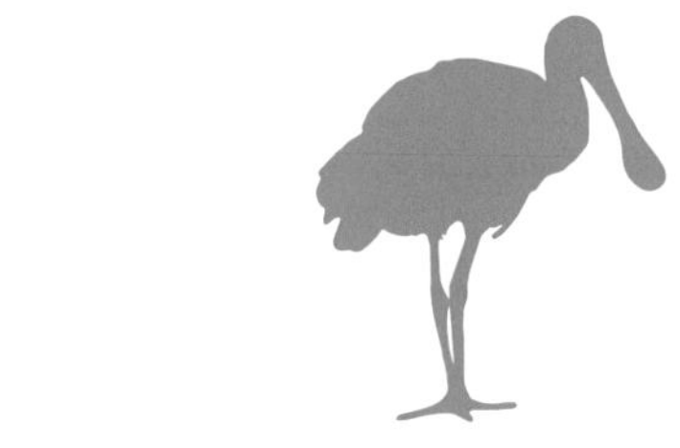

ROSALÖFFLER

Platalea ajaja

Sie hat sie fürwahr verdient, diese Verdienstnadel, für ihren langjährigen Einsatz an unzähligen freien Tagen und an den Wochenenden für den Schützenverein Zoznegg. Die Rosa hat alles für den Verein gegeben, da ist so eine Auszeichnung wirklich mehr als recht.

Zoznegg? War eine sogenannte Rodungssiedlung seit dem Mittelalter und ist heute ein Ortsteil der Gemeinde Mühlingen im Landkreis Konstanz. Genau, nicht weit davon ist das Schwäbische Meer, Verzeihung, der Bodensee. Richtig, da wurden auch schon die wunderschönen ... Löffler gesehen. (Verfasser hört auf zu schreiben und denkt nach.)

Ich soll hier ja was über den Rosalöffler erzählen und verhedderte mich bei der Lektüre des »Südkuriers« im Lokalteil beim Schützenverein Zoznegg, der eine Frau Rosa Löffler ehrte. Echt wahr, in der Ausgabe vom 1. Mai 2019.

Wissen Sie was, wir würdigen diesen Vogel ebenso mit der Verdienstnadel, auch wenn unser Fotokünstler sich wieder mal einen Exot aussuchte, denn wir hier in Europa würdigen unseren Löffler viel zu wenig. Aber nein, es muss der Rosalöffler sein aus den Everglades in Florida, umgeben von Alligatoren und Panthern. Ich gebe Ihnen ja recht, klingt abenteuerlicher als das Umfeld des hiesigen Löfflers zwischen Haubentauchern und Bekassinen.

Der Exot ist wieder mal etwas größer als der unsrige, so etwa sechs Zentimeter, aber die Größe macht es nicht. Unser Löffler lässt sich von Südspanien über Nordostitalien bis Dänemark blicken. Sein US-Kollege zwischen Florida und Mexiko, Chile und Argentinien.

Beide mögen geselliges Brüten, sprich: in Kolonien. Allerdings versteht es unser Löffler, sich auch mal in der Nähe von Großmöwen einzuquartieren. Aus

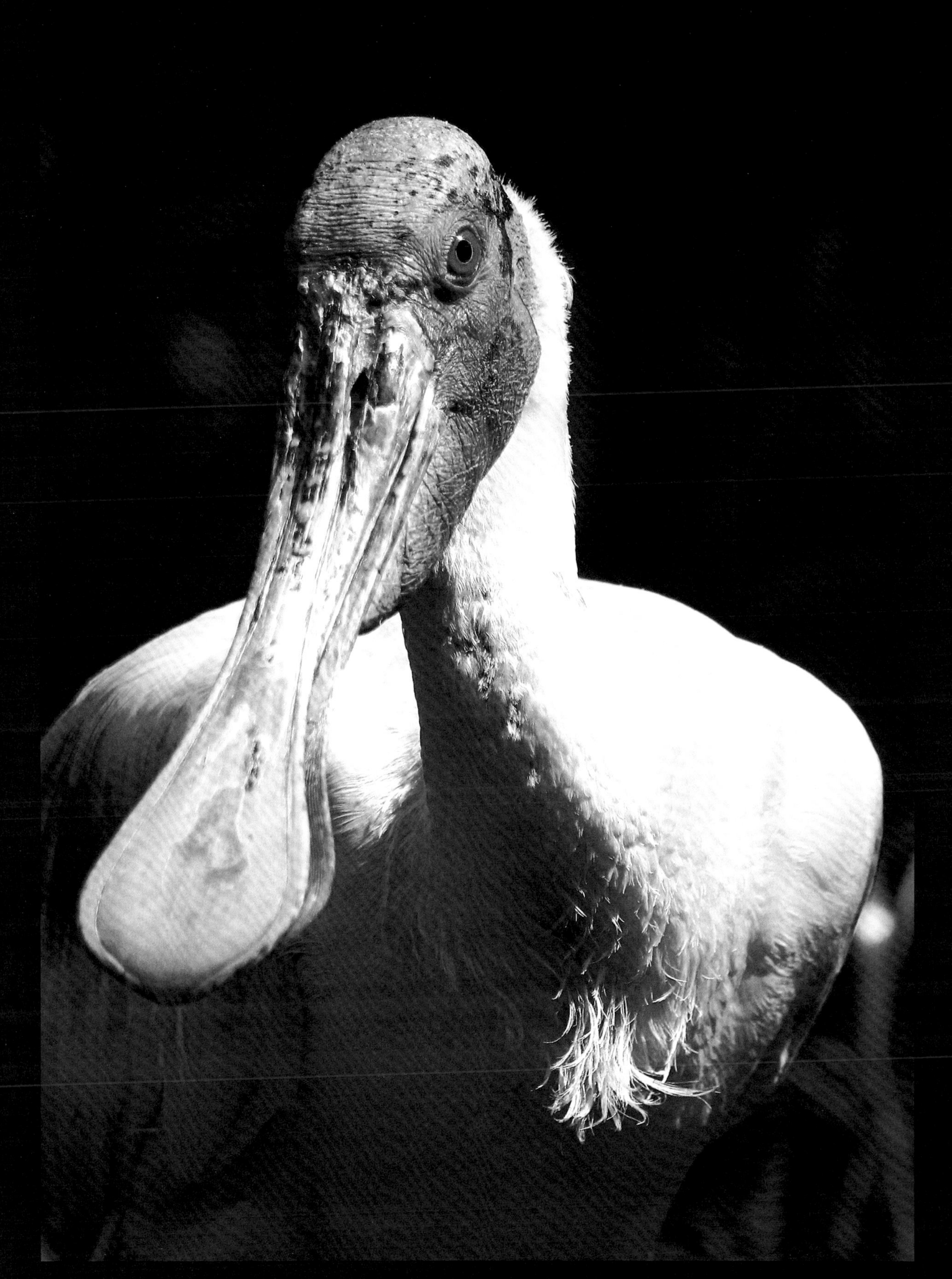

kollegialer Gesinnung? Nein, denn wenn die Möwen nicht aufpassen, dann landen ihre Eier und Küken im Löfflermagen.

Doch wenn wir schon hier mitten in einem Vogelbuch der feuilletonistischen Art stecken, sei auch die unterschiedliche Namensgebung der beiden Löffler in anderen Sprachen thematisiert. Unser Europäischer Löffler (auch Königs- oder Schwarzschnabellöffler genannt) im:

- Englischen: *Royal Spoonbill,*
- Französischen: *Spatule royale,*
- Spanischen: *Espátula real.*

Der Rosalöffler, wie hier im Bild, im:

- Englischen: *Roseate Spoonbill,*
- Französischen: *Spatule rosée,*
- Spanischen: *Espátula rosada.*

Beide, unser Löffler hier und der Rosalöffler, ziehen im Winter gen Süden und sind immer wieder den Launen der Menschen und der Natur ausgesetzt. In Europa sind es Verschmutzungen und das Angebot an seichten Gewässern. Der Rosalöffler musste vor rund 100 Jahren viel Federn lassen für die Modewelt, die gerne Geld dafür lockermachte. Bei Schutzmaßnahmen halten sich die Tiere tapfer, und dafür gönnen wir nicht nur der Frau Rosa Löffler vom Schützenverein Zoznegg die Verdienstnadel, sondern überreichen sie auch dem Rosalöffler drüben und dem Löffler herüben. Das mag zum Überleben motivieren.

In Fachkreisen hört man bereits ein Gemunkel von neuer Konkurrenz: In Dänemark, Deutschland und Österreich seien schon Afrikanische Löffler gesichtet worden. Ob es Entfleuchte sind oder ob es sich um ein weiteres Indiz für den Klimawandel handelt, gilt es abzuklären. **UA**

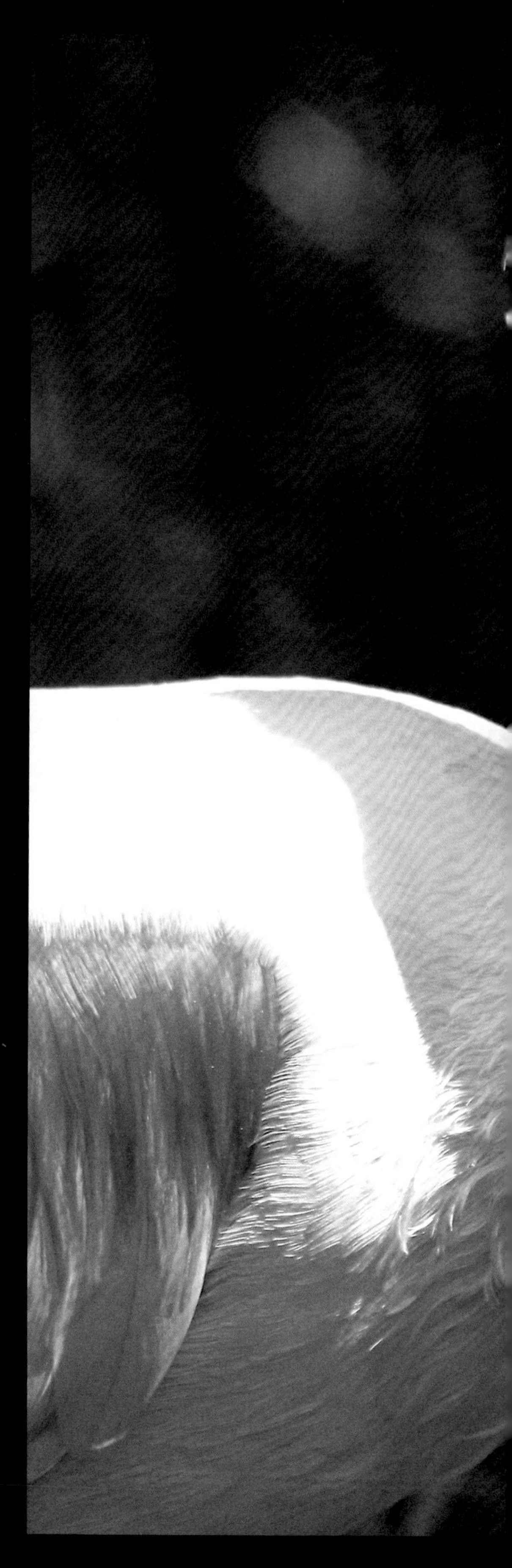

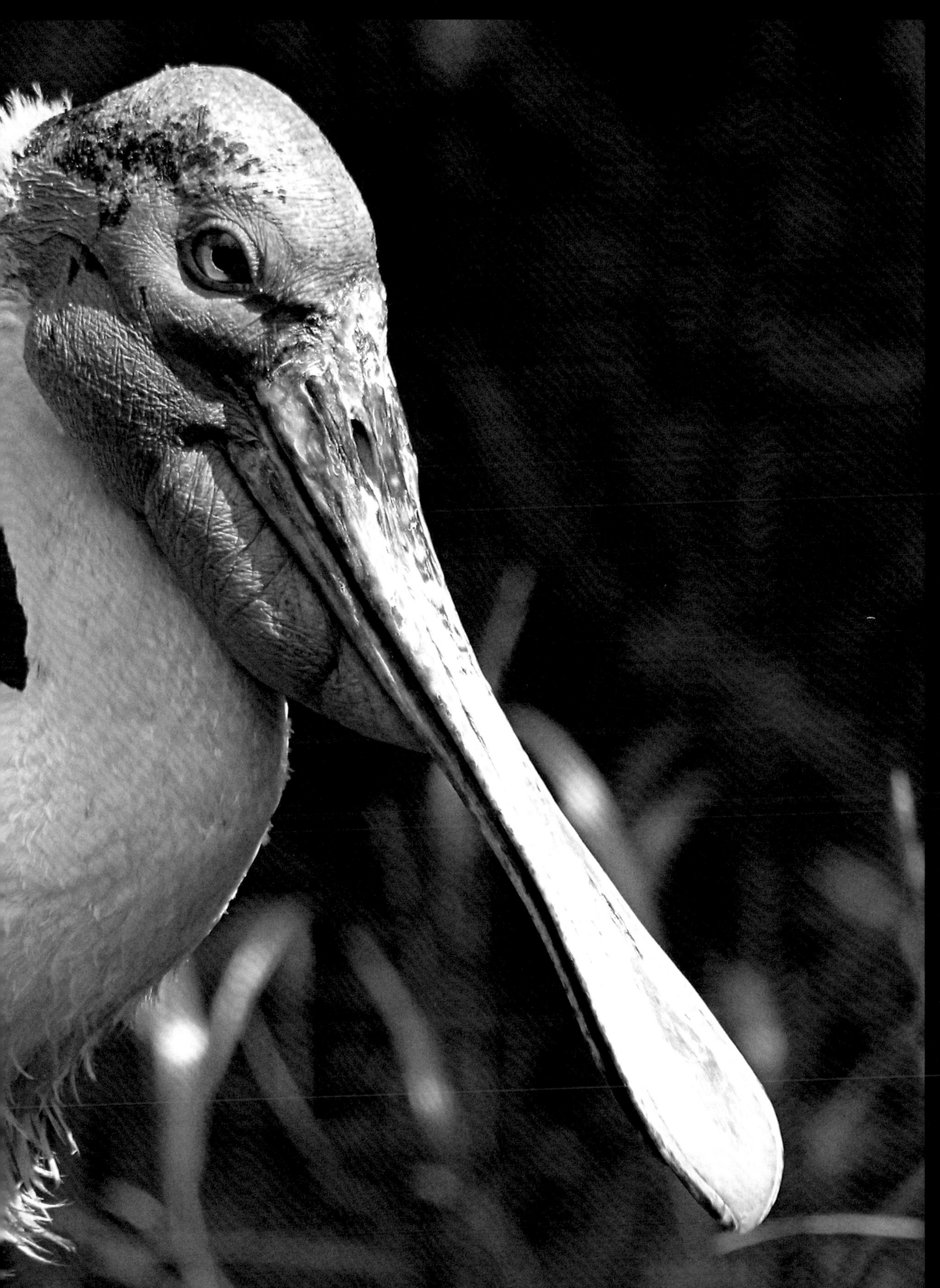

MERKMALE Körperhöhe bis 1,40 m, Gewicht bis 7 kg · schuhförmiger, schwerer Hornschnabel bis 20 cm Länge mit hakenartiger Spitze und scharfem Rand · Gefieder einheitlich blaugrau, kleine Federhaube am Hinterkopf
VORKOMMEN Zentralafrika, vom Sudan über Uganda bis Sambia · Sumpfgebiete
LEBENSWEISE Schreitvogel · guter Flieger, obwohl er selten fliegt · Einzelgänger · Schnabel spezialisiert auf das Erbeuten von Fischen, vor allem Lungenfische und Welse · steht beim Beutefang ausdauernd bewegungslos
ROTE-LISTE-STATUS (IUCN) potenziell gefährdet

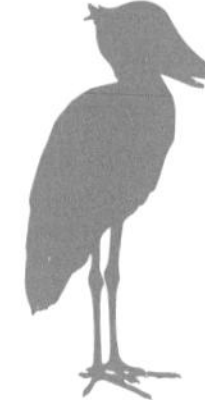

SCHUHSCHNABEL

Balaeniceps rex

Für diesen Vogel rief ich den für dieses Buch verantwortlichen Fotografen an und formulierte mein Anliegen. Daraufhin rang er am Telefon hörbar nach Luft und sagte: »Hallo? Das ist ein Bildband mit Vögeln!«

Ja, schon, versuchte ich zu kontern, aber bei diesem Tier hier wäre ein schönes Bild eines Lungenfisches echt passend, ja sogar wichtig. Während er mich energisch und ausführlich am Telefon von der Unmöglichkeit meines Wunsches zu überzeugen versucht und erklärt, warum ihm in dieses Buch keine Fische kämen, möchte ich es Ihnen, liebe Leserin und lieber Leser, erläutern.

Ohne Lungenfische gäbe es nämlich dieses Bild nicht, das Sie mit Ihrem ehrlich verdienten Geld zum Erwerb dieses Buches mitgeliefert bekommen haben. Der Schuhschnabel hier: Seine Leibspeise sind Lungenfische. Sie sind eine ganz besondere Art, als könnten sie sich nicht zwischen Wasser- und Landleben entscheiden. Wenn das Wasser mal verschwindet, was bei afrikanischer Trockenheit gut und gerne vorkommt, überleben diese molchähnlichen »Fische«, ausgerüstet mit Lungen. Ihre Schlafhöhlen bestehen aus einer Mischung aus Wasser, Lehm und Körperschleim, wie ein Kokon.

Sie schleichen und schwimmen in Bodennähe der Flüsse und Teiche. Ganz selten schwimmen sie auf, so ein- bis zweimal pro Stunde, um Luft zu holen. Und wenn das passiert, könnte von oben eine Überraschung auf sie warten. Liebe Leserin, lieber Leser, Sie kombinieren richtig: unser Schuhschnabel.

Weltrekord für Geduld

Der Schuhschnabel hätte den Weltrekordtitel als »Der geduldigste Vogel« verdient. Das Tier verspeist am liebsten nur eben

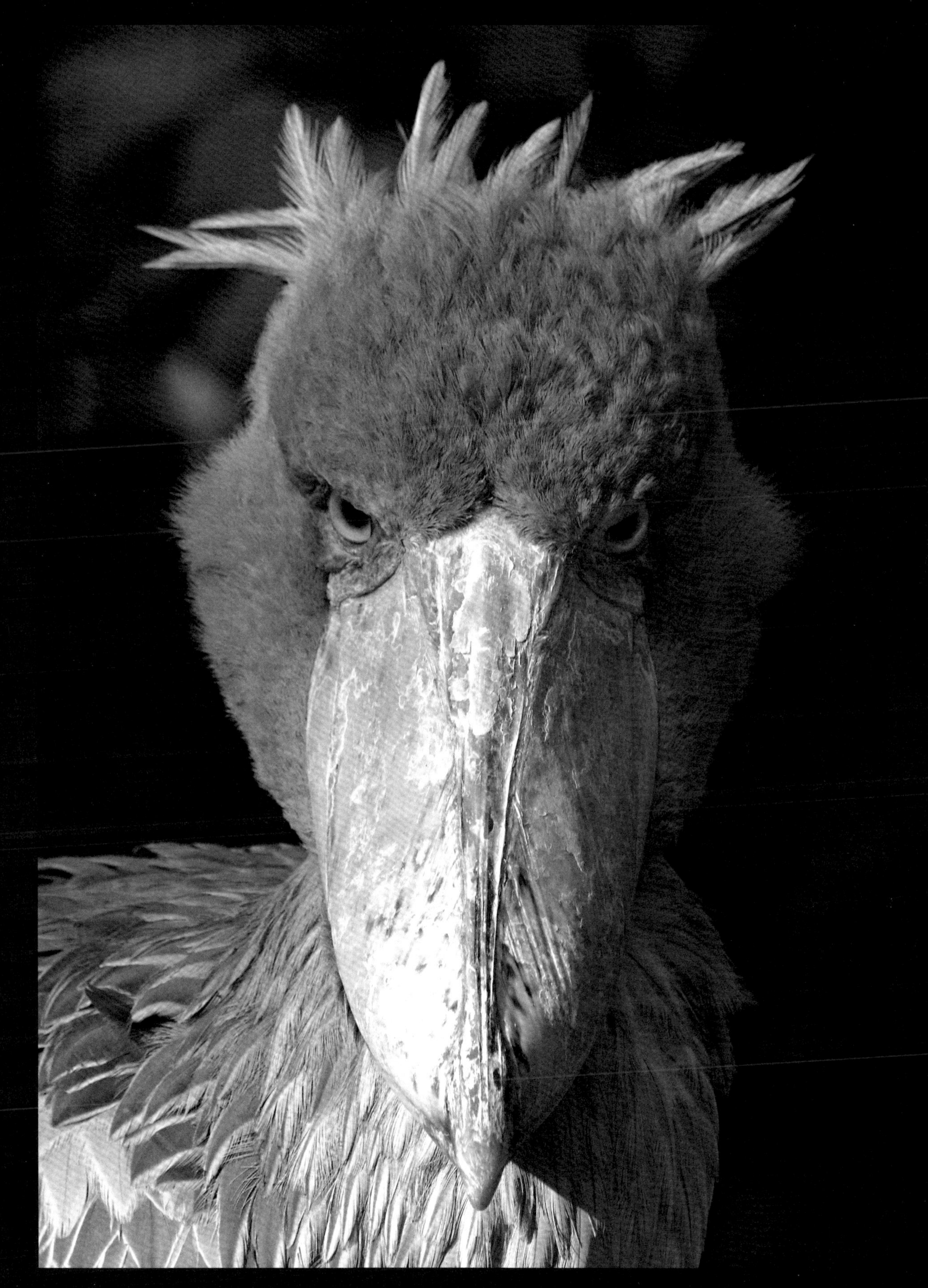

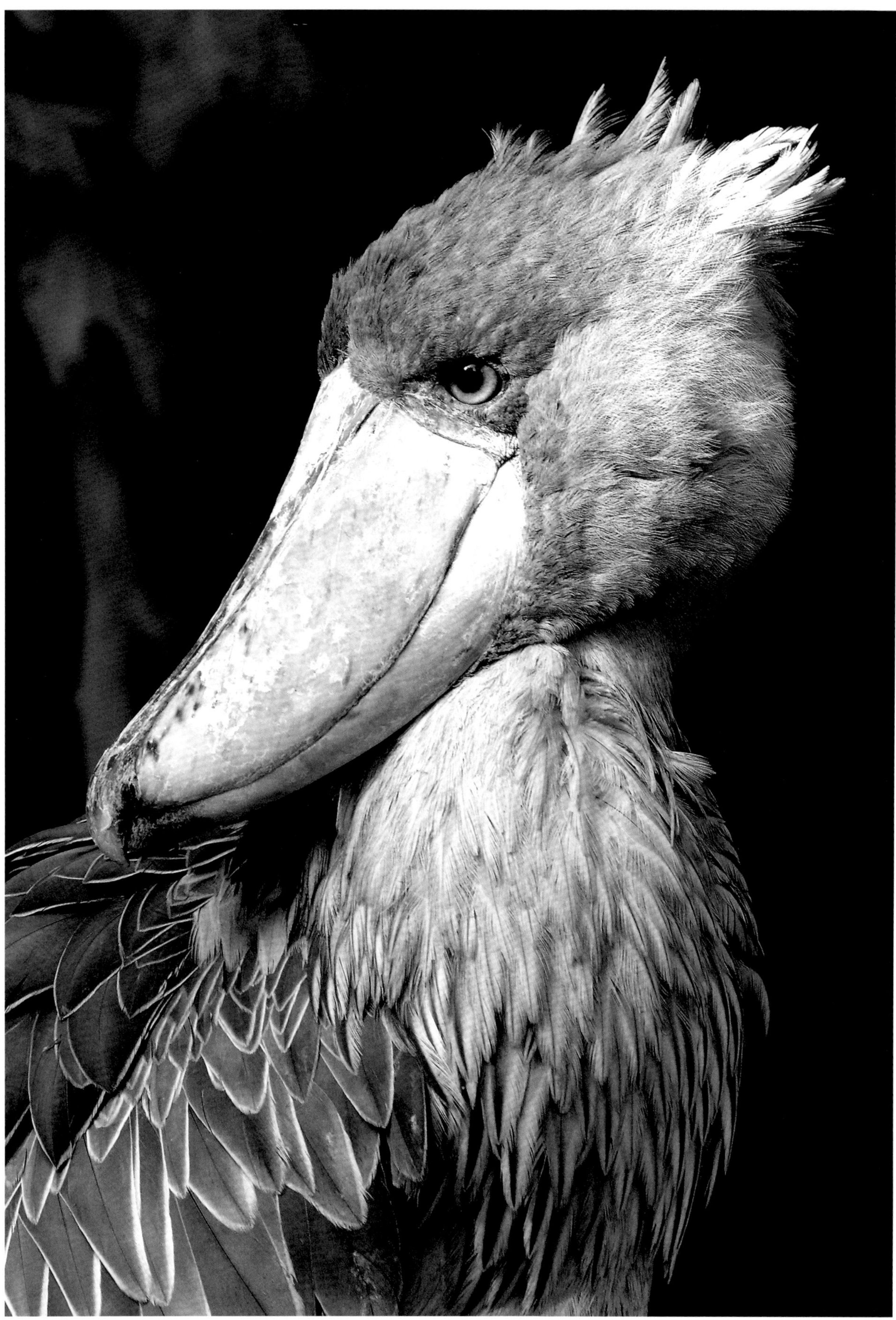

diese herrlich sättigenden Lungenfische. Wie bereits erklärt, sind die nicht leicht zu erwischen. So steht der Schuhschnabel in langsam fließendem Gewässer und macht bis über eine halbe Stunde keinen Mucks, nicht mal sein Atmen ist zu erkennen. Der steht da und rührt sich nicht. Es gibt nur ganz wenige Film- und Fotoaufnahmen von seiner Ernährungstechnik, weil die meisten Fotografierenden und Filmenden beim Warten einnicken oder es nicht länger aushalten und mit dem letzten Nerv die Kameras zusammenpacken und nach neuen Sujets suchen, wie Webervögel zum Beispiel. Die fliegen lustig umher. Wenn doch eine Tierfilmerin oder ein Fotograf sich zusammenreißt und auf der Lauer bleibt, dann darf sie oder er sich durch nichts ablenken lassen. Ganz wichtig! Denn wenn das doch passieren sollte, so wird diese grandiose Szene verpasst:

Mit voller Wucht und ganzem Körpereinsatz stößt der Vogel kopfüber ins Wasser, packt mit seinem 19 Zentimeter langen Schnabel den Fisch oft mit Beifang wie Algen, Schlick und Wasser. Um dann wieder hochkommen und seine Würde wiedergewinnen zu können, flattert er heftig mit den Flügeln zwecks Wiedererlangung des Gleichgewichts und Selbst-Aufrichtung. Ein leckerer Lungenfisch kann bis zu 180 Zentimeter lang sein und ist dergestalt nahrhaft, dass der Schuhschnabel erst in einigen Tagen wieder ans Fressen denken muss – und dann wieder für eine Ewigkeit im Feuchtgebiet steht, in sich ruhend und beobachtend.

Ist doch eine spannende Sache, das mit dem Lungenfisch, finden Sie nicht auch? Um die Wartezeit bis zum nächsten Fang zu überbrücken wäre so ein Lungenfisch als Bild doch ganz nett …

»Hören Sie mir eigentlich zu, Herr Aerni?«

»Aber sicher doch.«

»Mir kommt kein Lungenfisch ins Vogelbuch. Da gibt es doch noch andere Sachen zu berichten …«

»Sicher, ja, dass er dem Pelikan näher verwandt ist als dem Storch, dass der Haken am Schnabel für so manches Küken tödlich sein kann oder …«

»Gut so!«

»Aber ich will hier die Story mit der Geduld und den Lungenfischen bringen. Hallo? …«

Supplement für Besitzerinnen und Besitzer dieses Buches

Wie oben beschrieben, werden Sie als Europäerin oder Europäer mit mäßigem Interesse an exotischen Vögeln oder mit Flugangst oder auch mit Flugscham behaftet vorläufig nicht in den Genuss kommen, den Schuhschnabel in freier Wildbahn zu beobachten, wie er so einen Lungenfisch in seinen Magen spediert. Darum erlaube ich mir, Ihnen einen Tipp zu geben, vorausgesetzt, Sie gehören zu den stolzen Besitzerinnen und Besitzern eines Computers mit Anschluss zum Web. Im Weltvogelpark Walsrode lebt in der Tat ein Schuhschnabel, und irgendwer konnte samt Kamera beobachten, wie er innerlich so einen Lungenfisch sucht, aber nur allerhand Gras, Wurzeln und dergleichen fand und fallen ließ. Als Printlesende könnten Sie diesen Link in Ihren Browser eintippen. Viel Spaß: https://www.youtube.com/watch?v=NsybfEp3l_o **UA**

MERKMALE im Volksmund auch Fischreiher · größter einheimischer Reiher, Spannweite bis 2 m · Rücken dunkelgrau mit schwarzen Schwingen, Stirn und Oberkopf weiß, schwarze Augenstreifen, 3 lange schwarze Schopffedern · gelblicher Pinzettenschnabel VORKOMMEN Europa, Asien, südliches Afrika · milde Regionen LEBENSWEISE fliegt mit s-förmig gekrümmtem Hals · ernährt sich von Großinsekten, Mäusen, Amphibien und Fischen, die er, im seichten Wasser watend oder bewegungslos auf Wiesen stehend, erbeutet und im Ganzen verschlingt · lebt monogam in lebhaften Kolonien · baut in Baumwipfeln instabile Nester, notfalls auf Sträuchern oder am Boden

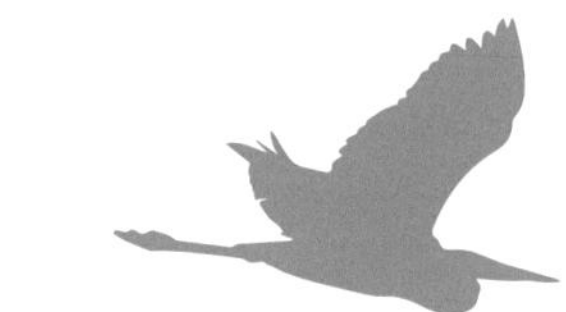

GRAUREIHER

Ardea cinerea

Er hatte so einen Hals. Immer dieses Theater zu Hause. Sie will es nicht verstehen. »Du mit deinen Vögeln! Kein Sonntagsbrunch wegen so einer Exkursion. Dann haust du vom ›Tatort‹ ab wegen einem nachtaktiven Tier. Und jetzt soll ein Fischreiher dich daran hindern, mit uns zur Kirche zu gehen!«

Sie hat es wieder gesagt: »Fischreiher«! Es gibt Seiden-, Purpur-, Silber- oder Graureiher. Aber keine Fischreiher! Er steigt aus dem Bus, in dem kleinen Dorf. Sein Perspektiv, das sie immer als »Teleskop« bezeichnet, ist geschultert, er wandert Richtung Feld hinter dem Bahnhof. *Alle* Reiher fressen Fische, wieso kommt sie immer mit diesem Fischreiher? Dass sie seine Passion nicht teilen will, nun gut. Soll sie die Passionsbilder in der Dorfkirche anhimmeln. Aber wann akzeptiert sie endlich, dass es den Fischreiher nicht gibt!

Hinter den Thujahecken der Spießergärten, die ihn genauso in Rage bringen, bleibt er stehen. Vorsichtig bringt er das Fernrohr in Stellung. Ein Graureiher. Der irgendwie seinen Kopf samt Hals zu verrenken scheint. Er zoomt. Irgendwas steckt im offenen Schnabel ... eine fette Wühlmaus. Kopf voran. Der Reiher würgt, merkt, dass er beobachtet wird. Würgt weiter. Die Hinterbeine der Maus zappeln noch in der Luft. Genau solche Momente machen es aus, das Ornithologenleben. Er bleibt am Fernrohr, bis zur zu Ende gehenden Existenz der Maus. Besiegelt durch einen unglaublich dicken Reiherhals.

Der Reiher bleibt stehen, nun werden die Verdauungssäfte aktiv. Er schiebt das Stativ zusammen, legt das Rohr über die rechte Schulter und schreitet zum Waldrand. »Wenn sie nochmals Fischreiher sagt ... dann bekomme ich so einen Hals ...«
UA

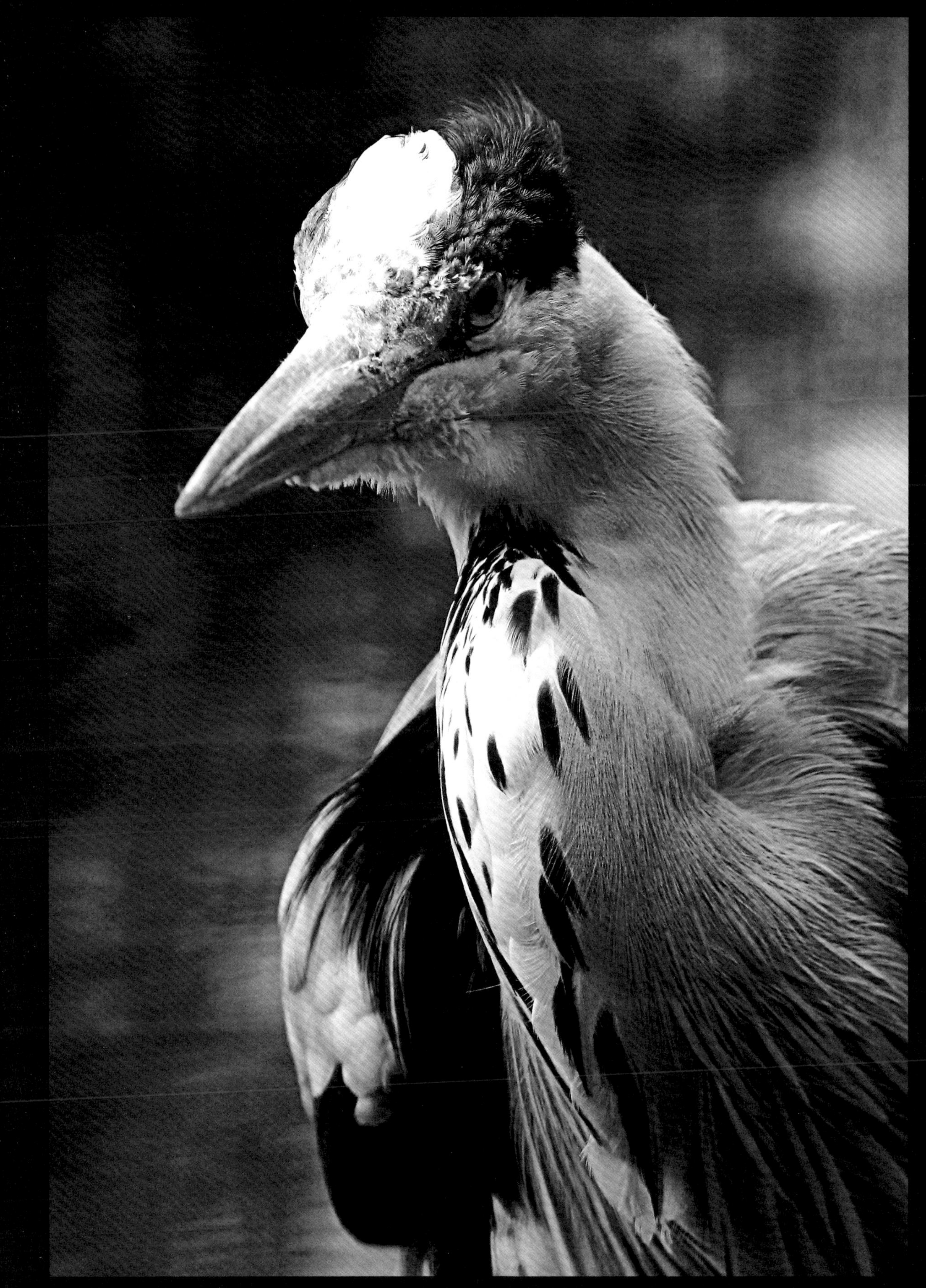

MERKMALE auch Roter Ibis oder Scharlachsichler · Körperlänge bis 68 cm, Gewicht bis 750 g · langer Hals, lange Beine · langer, sichelförmiger Schnabel · Schwimmhäute · Gefieder der adulten Vögel leuchtend rot mit schwarzen Flügelspitzen · guter Tastsinn durch Sinneszellen unter der Schnabelhornschicht VORKOMMEN nördliches Südamerika, karibische Inseln · Mangroven, Sümpfe, Reisfelder u. Ä. LEBENSWEISE geselliger Watvogel · ernährt sich im Schlick mit dem Schnabel stöbernd von kleinen Fischen, Muscheln, Käfern, Krustentieren, deren Carotinoid seine rote Pigmentierung hervorruft

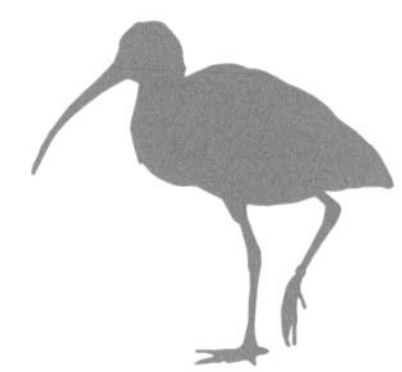

ROTER SICHLER

Eudocimus ruber

Laura dreht den Schlauch auf. Das Wasser plätschert ins Steinbecken. »Was steht denn sonst noch da?« Am Rand des Geheges für die Roten Sichler im Zoo sitzt Kerstin auf einem Bretterstapel und liest vor: »›Bis zwölf Ibisse eine Voliere mit 40 Quadratmeter Fläche und 160 Quadratmeter Volumen mit Wasserbecken.‹«

»O. k., wir haben hier neun.«

»›Für jedes weitere Tier ist die Fläche um zwei Quadratmeter zu vergrößern.‹«

»In Südamerika raubt man ihnen das Land, und wir setzen hier an.« Laura legt den Schlauch ab, geht zum Gitter, das sie nach hinten verschiebt. »Und sonst?«

»Die können bis zu 30 Jahre alt werden.«

»Die werden uns hier noch überleben.«

Laura begutachtet die Sträucher fürs Brutgeschäft; viel Äste braucht's für deren Nest-Light-Bauweise eh nicht.

»Und die Kleinen werden erst nach drei Jahren geschlechtsreif.«

Laura nickt, nimmt einen Futtersack, liest das Kleingedruckte: »Kerstin, was macht die so rot?«

»Warte ... Das sind wohl Pigmentstoffe in den Schalen der Krebse, die sie fressen.«

Laura dreht den Beutel um: »Hier steht nur was von Insekten, Würmern ...«

»Tja, liebe Tierpflegerin, dann werden die bei uns eben braun bleiben ... warte ...«

»Was?«

»Ich habe die falsche Anleitung ausgedruckt ... Ich habe die Schweizerische Tierschutzverordnung ausgedruckt.«

»Na super, das hilft uns hier ja echt weiter ...«

Kerstin steht auf, geht zum Haus: »Sorry, ich hole jetzt die ...«

»... Tierhaltungsverordnung Österreichs heißt das hier bei uns.«

»So anders wird die nicht sein ...«

»Bin mir da nicht so sicher.« **UA**

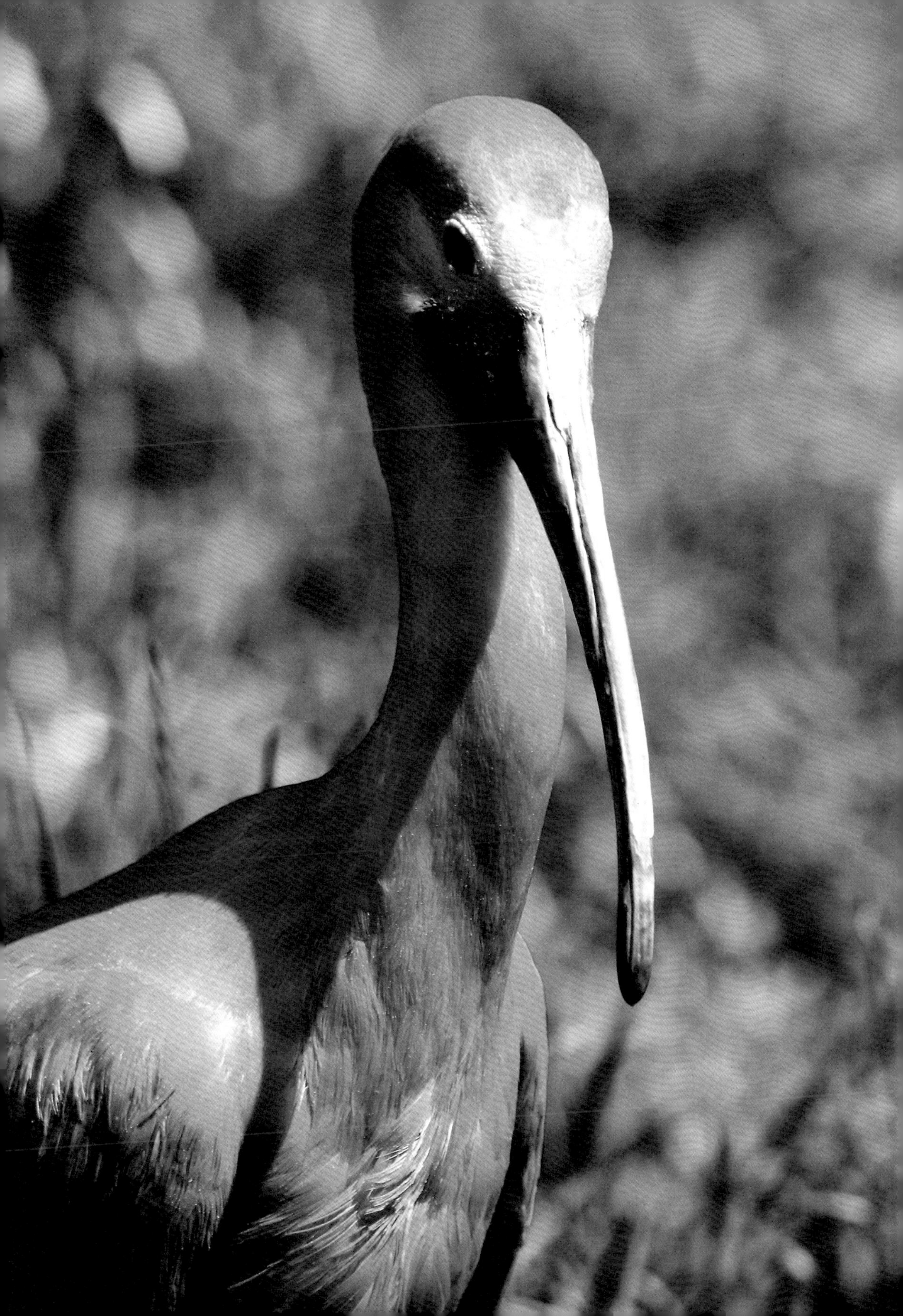

MERKMALE gehört zur Familie der Störche · Körperhöhe bis 1,05 m, Spannweite bis 1,65 m · weißes bis leicht rosa Gefieder, Flügel mit schwarzen Bändern · Kopf und Kehlregion unbefiedert und rot, nackter Kehlsack · langer, nur leicht gekrümmter gelblicher Schnabel VORKOMMEN Subsahara, Madagaskar · sumpfiges Flachwasser LEBENSWEISE ausgezeichneter Flieger · außerhalb der Brutzeit Einzelgänger · er stochert nach Fischen, Amphibien, Reptilien und Wasserinsekten, die er beim Auftauchen schnappt

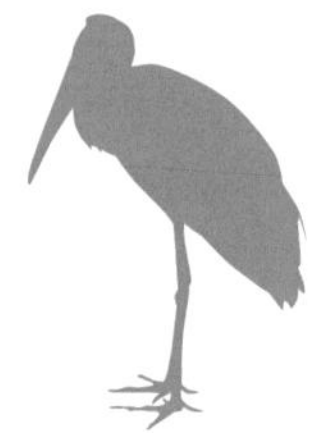

NIMMERSATT

Mycteria ibis

Wie gemein hört sich das denn an, Nimmersatt! Mit diesem Namen ist er ja nun wirklich geschlagen, dieser arme Vogel. Bisher kannte ich nur die kleine Raupe Nimmersatt, die sich seit 1969 in 50 Millionen Büchern montags durch einen Apfel, dienstags durch zwei Birnen, mittwochs durch drei Pflaumen frisst usw. und die niemals satt wird. Oder die Ziege im Märchen der Brüder Grimm, die sich beklagt: *»Wovon sollt ich satt sein? / Ich sprang nur über Gräbelein / Und fand kein einzig Blättelein, mäh, mäh!«*

Und nun also auch in der Familie ernst einherschreitender Störche: ein Nimmersattstorch. Er ist weiß, mit einem rosenroten Schimmer, und nie ist er weit vom Wasser entfernt. Er steht im Teich oder am Flussufer, er stapft umher und stöbert mit seinem langen Schnabel kleine Fische, Frösche, Lurche, Insekten auf, und happs! Und er wird niemals satt? Storch als Name würde doch genügen, dann wüsste man, ah, das ist der, der die kleinen Kinder bringt, wenn man genug Zucker auf die Fensterbank legt. Aber Nimmersatt, das hat keinen guten Beigeschmack. Wenn ich verzagt bin über so etwas, schlage ich immer erst mal in meinem wunderbaren alten Brehm nach, da finde ich oft Trost, und siehe da, Alfred Brehm, der den Nimmersatt persönlich aus Afrika kannte, schreibt:

»In seinem Gange und Fluge ähnelt der Nimmersatt unserem Storche derartig, dass ich einen eigentlichen Unterschied der Bewegung von beiden nicht anzugeben weiß. Doch nimmt er sich fliegend schöner aus als jener, weil dann seine prachtvolle Flügelfärbung zur Geltung kommt.«

Also, Nimmersatt, du weißt, worauf es ankommt: Sei schön und flieg, flieg! **EH**

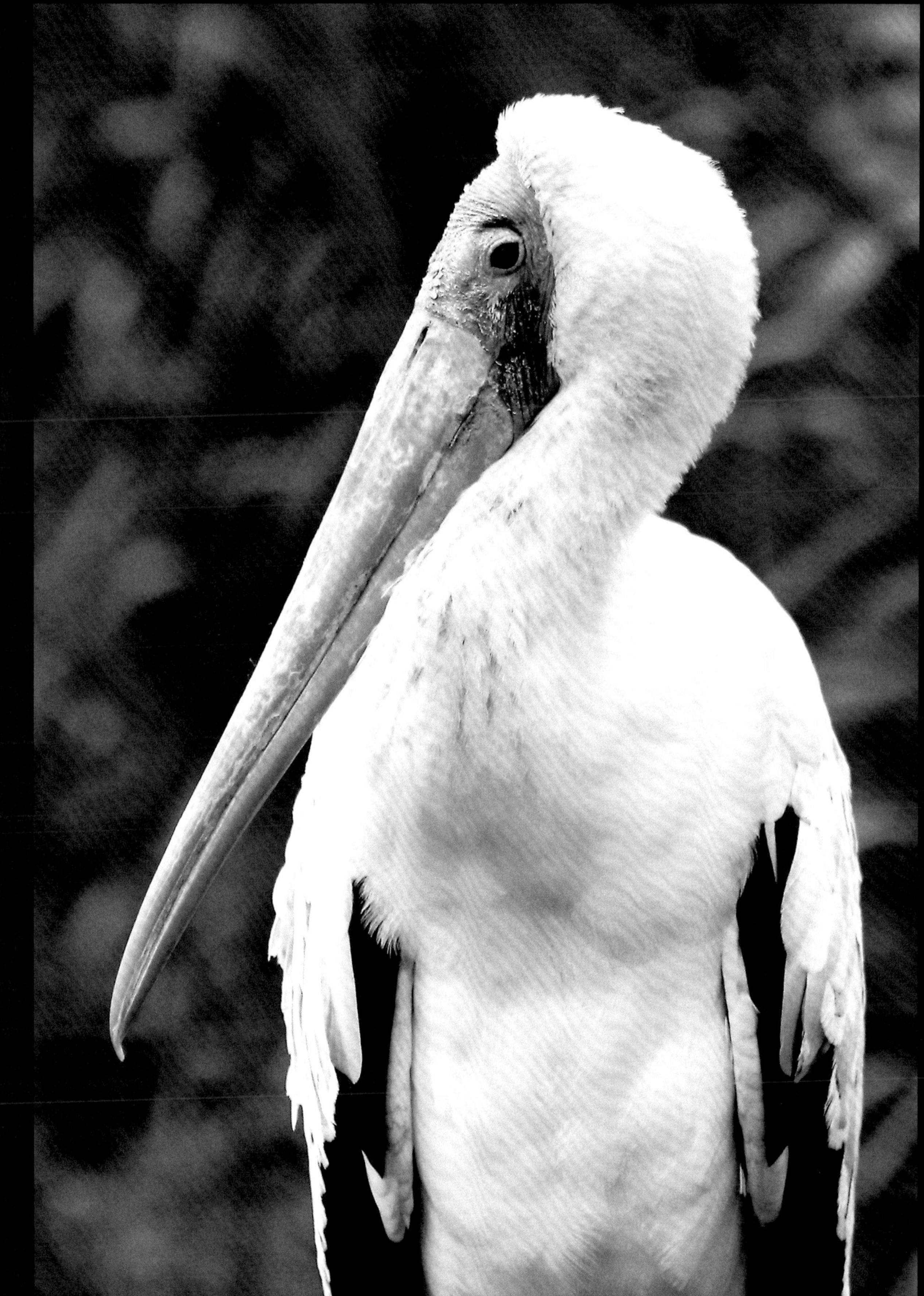

MERKMALE gehört zu den größten flugfähigen Vögeln, Körperlänge bis 1,45 m, Spannweite bis 2,50 m, Gewicht bis 6,2 kg · Kopf, Hals und Flügel schwarz, Rest weiß, Beine grau, Füße und Knie rosa · leicht nach oben gebogener rot-schwarzer Schnabel · Iris goldgelb beim Weibchen, braun beim Männchen · guter Tast- und Sehsinn VORKOMMEN Senegal bis Südafrika und Äthiopien · Feuchtgebiete LEBENSWEISE klappert während der Balz am Nest, sonst still · horsttreu · ernährt sich im seichten Wasser schreitend von Fischen, Schlangen, Fröschen, aber auch Nagetieren, Insekten und Aas

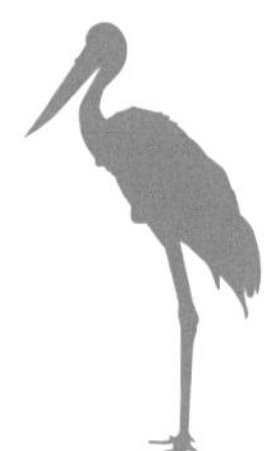

SATTELSTORCH

Ephippiorhynchus senegalensis

Jan tippt mir auf die Schulter. Ich drehe mich vom Fernrohr um. »Sag mal, was ist das denn?«

Jan hat ein gutes Auge und sieht alles, auch hier in Namibia.

Ich: »Na, ein Storch.«

»Aber was hat der da auf dem Schnabel?«

Ich bringe das Fernrohr in Stellung.

»Jan, da sitzt ein Säugling auf dem Schnabel.«

»Aber ... aber die trägt der Storch doch in einem Beutel.«

»Richtig, nur das hier ist ein Sattelstorch, die nehmen das Kind als Reiter mit, auf dem Schnabel. Darum heißt er ja so.«

Verzeihen Sie mir den Schmäh, aber woher das mit dem Storch und den Kindern kommt, weiß niemand genau. Eine Theorie besagt, dass dieses Bild im 19. Jahrhundert aufkam, als Sexualität noch ein Tabu war. Der Sattelstorch hat eigentlich andere Qualitäten. Im Berliner Tierpark wurde ein Pfleger von einem krankenhausreif attackiert, die Zusammenlegung mit anderen Störchen artete in Schlägereien aus. Der afrikanische Sattelstorch ist in Gefangenschaft ein rabiates Sensibelchen.

Sie müssten sich in Tierparks eigentlich wohlfühlen; sehr anspruchslos im Nestbau, und klare Territorien schätzen sie sehr. Eine Herausforderung allerdings ist die Überwinterung in unseren Breitengraden. Wir kennen das von Hamburg, wenn die Höckerschwäne von der Alster zum Überwintern in eisfreie Zonen verbracht werden. Beim Sattelstorch ist das komplexer. Zuerst muss die Tatwaffe Schnabel fixiert werden. Erst dann kann das bis zu sechs Kilo schwere Tier getragen werden, aber Vorsicht: die Beine sind zerbrechlich. Falls Sie mal bei einer solchen Aktion mithelfen, dann achten Sie kurz vor dem Angriff auf die Iris; ist sie gold-gelb, dann war es eine Dame. **UA**

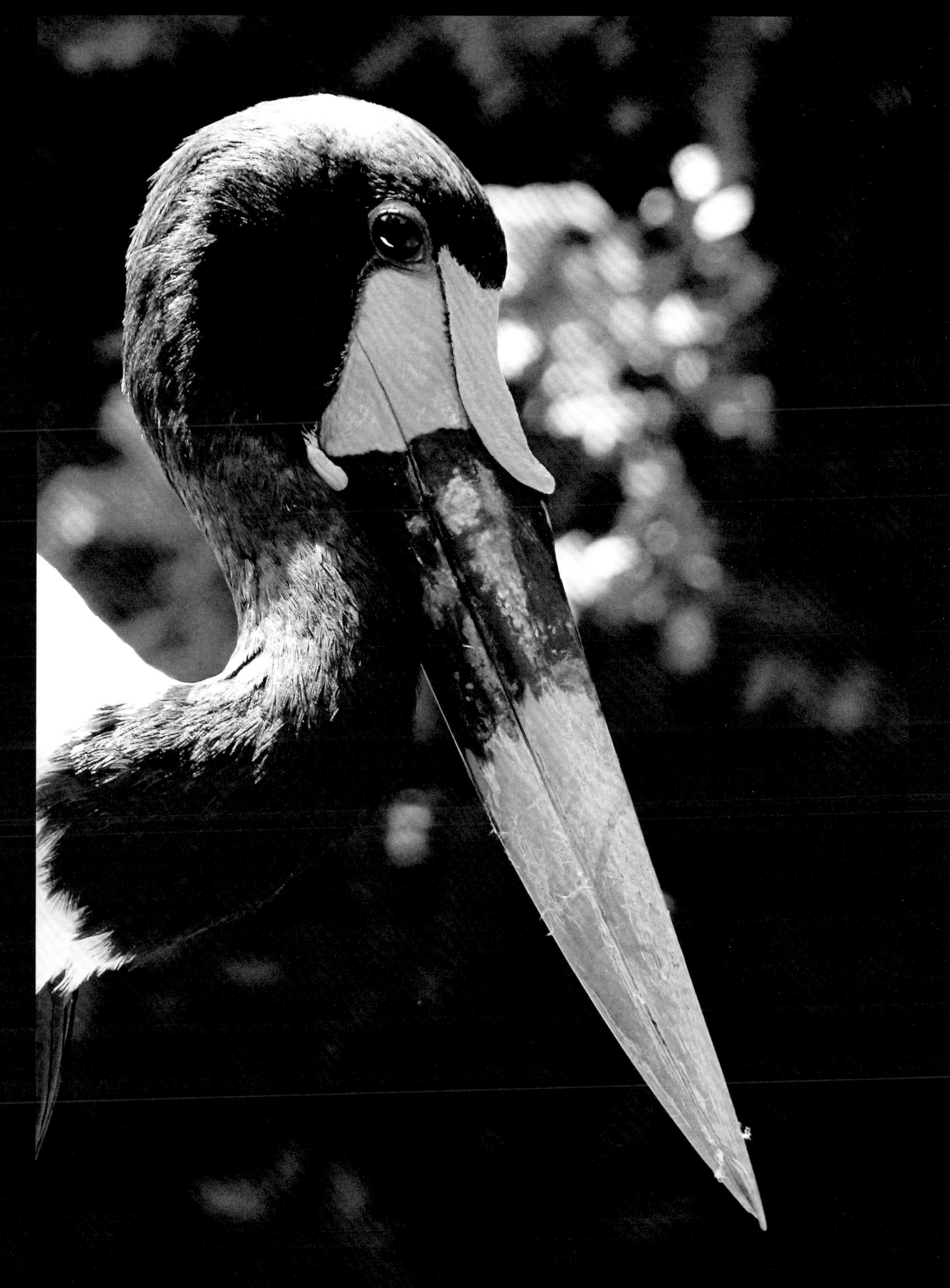

MERKMALE auch Riesenwaldralle · Körperhöhe bis 45 cm, Gewicht bis 1 kg · Gefieder überwiegend hellbraun, Vorderkopf und Brust blaugrau · Schnabel orange und gelb · Iris orange mit braunen Pupillen VORKOMMEN Südost-/Südamerika · Feuchtgebiete LEBENSWEISE tagaktiver Sumpfvogel · lebt paarweise, nistet im überschwemmungsfreien Uferdickicht · ernährt sich im Flachwasser watend vor allem von Kleintieren wie Fischen, Insekten, auch kleinen Vögeln

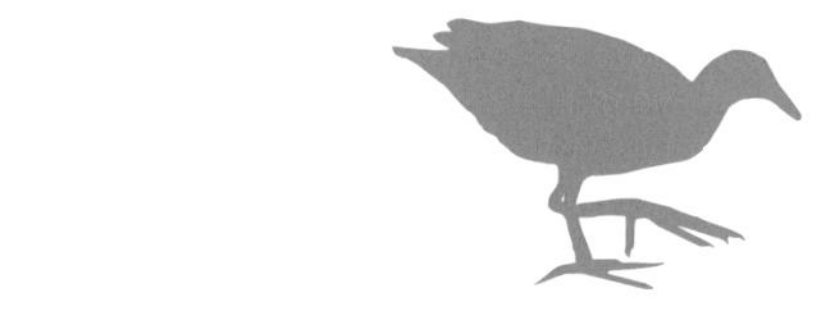

YPECAHARALLE

Aramides ypecaha

Die Rallen gehören zu den Kranichvögeln, und diese hier können Sie gut gebrauchen, wenn bei Stadt – Land – Fluss mal ein Tier mit Y gesucht wird. Dieser Vogel kann nicht fliegen, aber auf seinen unglaublich großen Füßen sehr schnell laufen. In Neuseeland ließ ich meine Strohschuhe am Ufer stehen und schwamm im Meer, und als ich zurückkam, versuchte eine Ralle, meine Schuhe anzuziehen. Ich sah mir das eine Weile an, und dann war ich es, die die Schuhe anzog, die Ralle schien enttäuscht.

Einmal habe ich in Deutschland eine Sumpfralle aufgezogen, ein grünfüßiges Teichhuhn. Enten und Gänse hackten am Weiher auf das kleine Wesen ein, und da nahm ich es mit. Ich nannte es Vogi, kaufte Mehlwürmer und brachte ihm Schwimmen in der Badewanne bei. Im Garten durfte Vogi auf dem Rasen Gräslein zupfen, und ich dachte, ich hätte den alten Labrador gut weggesperrt, aber er hatte die Terrassentür aufgekriegt und kam angetrabt. Neugierig legte er sich vor das seltsame Tier ins Gras, man sah einander an. Die Ralle zögerte kurz, sprang ihm dann auf den Kopf und blieb dort sitzen. Hund und Ralle verharrten unsicher, dann ging das große, gutmütige Tier vorsichtig weiter, Vogi pickte zart im Fell herum, und sie wurden Freunde. Über Wochen ging das gut, Vogi wuchs heran, musste dringend unter seinesgleichen. Wir fanden einen Platz in einem Privatgarten mit Seezugang, da gab es andere Rallen, der Abschied war tränenreich, aber alles war gut. Nichts war gut. Die Besitzerin des Gartens hatte einen Jagdhund. Und als Vogi hundegewohnt auf ihn zulief, musste der nur einmal kurz zubeißen … – Ach, wenn ich Rallen sehe, wird mir immer schwer ums Herz. Ich hätte dem neugierigen Wekavogel damals in Neuseeland doch meine Schuhe überlassen sollen. Er hätte sich so gefreut! **EH**

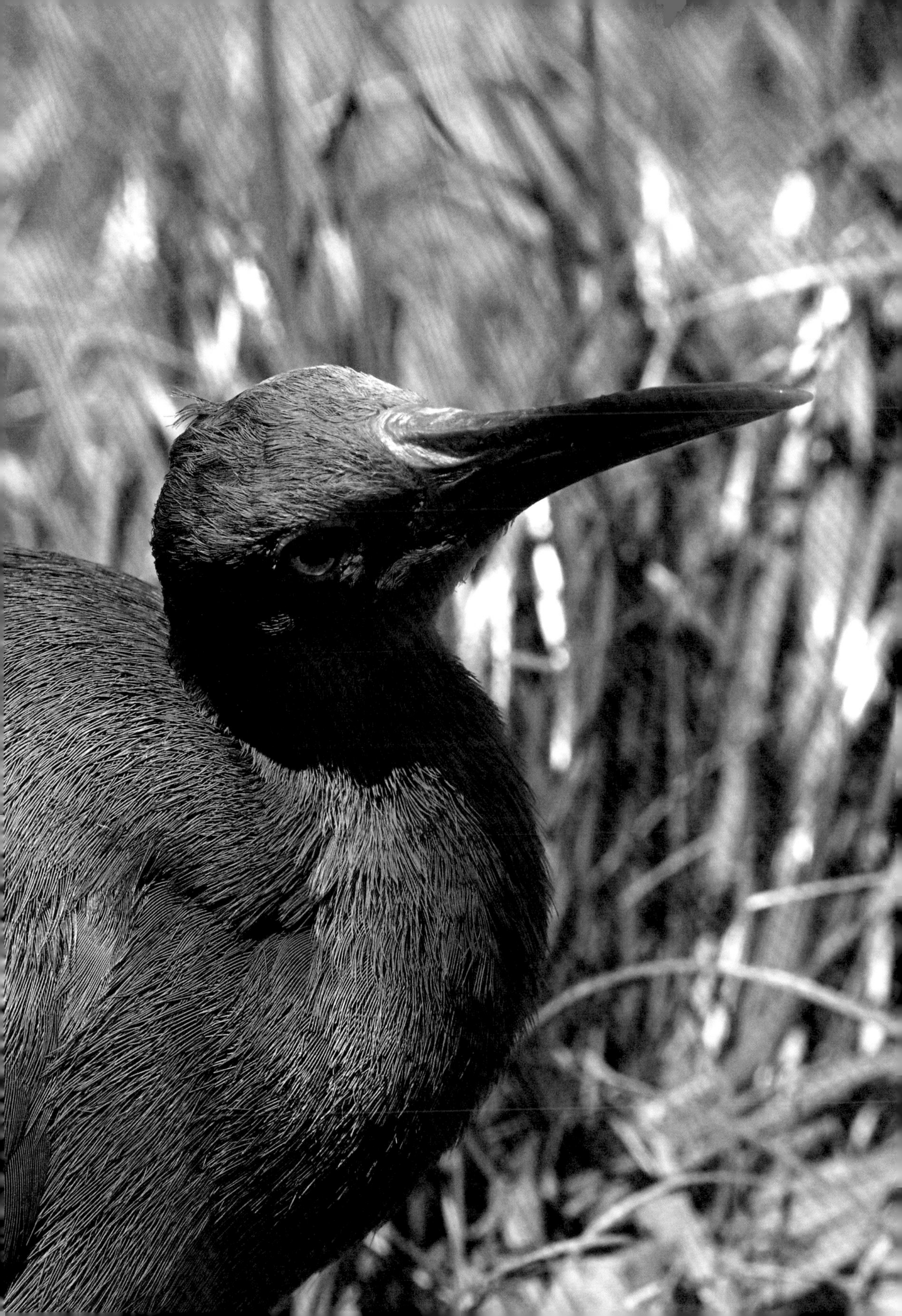

MERKMALE auch Arakakadu · gehört zu den größten fliegenden Papageien · Körperlänge bis 56 cm · schwarzes Gefieder · ungewöhnlich großer Schnabel, nackte Gesichtshaut, die sich beim Männchen im Erregungszustand rot färbt, zweifarbige (rot-schwarze) Zunge VORKOMMEN Neuguinea, Nordostaustralien LEBENSWEISE guter Segler · ernährt sich von Nüssen, Früchten, Samen, auch von Insekten · markiert in Freiheit sein Revier durch weit hörbares Trommeln mit Steinen, Stöcken oder großen Samen auf hohlen Baumstämmen

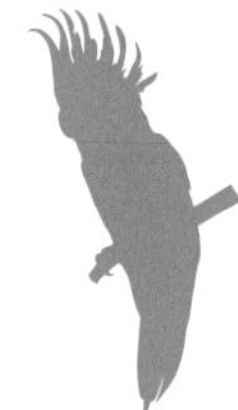

PALMKAKADU

Probosciger aterrimus

»Glaub es, oder glaub es nicht! Das werde ich nie vergessen. Komm, trink aus, lass uns gehen.«

Henry ist ein viel gereister Kumpel, soeben zurück aus dem Norden Australiens. »Die trommeln an tote Hölzer.«

Er spricht von den Palmkakadus aus dieser Gegend, und er will sie mir hier zeigen, im Berliner Zoo. Ich zeige auf mein noch halb volles Glas Pils und bitte um Geduld.

»Die machen mit Stöcken oder Steinen so richtig Lärm und zeigen der Konkurrenz, wer der Chef im Regenwald ist. Oder locken die Damen an. Das machen ja sonst nur Affen. Okay, in kalifornischen Zoos sollen Seerobben nach Earth, Wind and Fire tanzen, aber das kannste ja mit dem Vogel nicht vergleichen. Der ist einfach Klasse.«

Henry scheint an dem Vogel einen Narren gefressen zu haben ...

»Ist einfach cool, das Tier. Weißt du, der wird im Gesicht so richtig rot und hat eine zweifarbige Zunge.«

Ich nicke, lächle und finde es schön, wie er sich freut. »Und die sind gar nicht scheu, sind richtig neugierig, diese Viecher. Pärchen bleiben sich treu ...«

Henry ist wieder Single. Kaum stelle ich das leere Glas hin, winkt Henry die Bedienung zum Zahlen herbei.

»Dieses Drumming, sage ich dir, mit Punkfrisur im Wald! Du wirst begeistert sein.«

Ich zahle, Henry muss wieder klarkommen, nicht nur finanziell. Wir steuern dem Zoologischen Garten zu. Soll ich ihm sagen, dass ein Forscherteam herausfand, dass die Vögel sogar im Takt trommeln, und das auch noch individuell unterschiedlich? Wir stehen vor der Kasse. Wie bringe ich ihm bloß bei, dass Palmkakadus in Gefangenschaft ... nie trommeln? **UA**

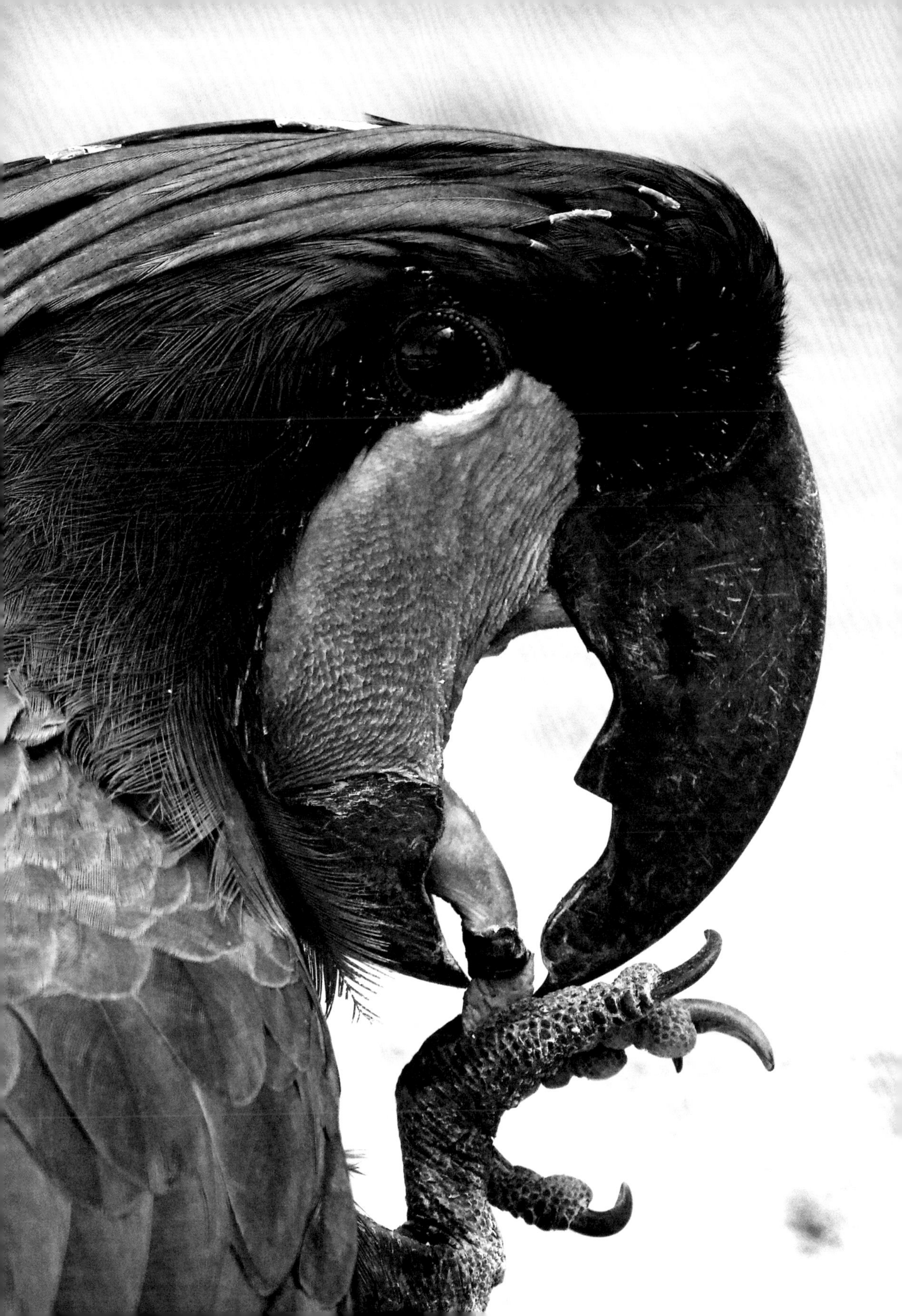

MERKMALE auch Bergpapagei · Körperlänge bis 50 cm · dunkel gesäumte Federn, dadurch schuppig wirkendes Gefieder, olivgrün, Bürzel, Unterschwanzdecken und Achselfedern orangerot · gelber Augenring, schwarzer Schnabel
VORKOMMEN Neuseeland, Südinsel · Wälder und Grasland
LEBENSWEISE Allesfresser, ernährt sich vor allem von Pflanzen, aber auch von Aas und Eiern · hoch entwickelte kognitive Fähigkeiten, neugierig und wenig scheu, Gebrauch von Werkzeugen · brütet in Bodennähe in Baumhöhlen o. Ä. · Lebenserwartung bis 40 Jahre ROTE-LISTE-STATUS (IUCN) gefährdet

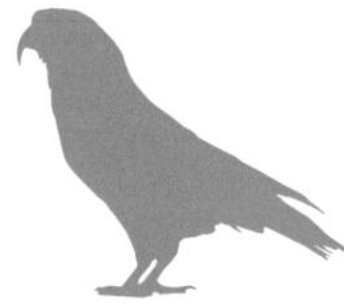

KEA

Nestor notabilis

Ist er nun ausgestorben? Gibt es ihn noch? Ich war in Neuseeland in abgelegenen Gegenden unterwegs und habe keinen Kea gesehen. Er lebt ja nicht nur in Luft und Bäumen, er hopst ungeschickt nach Papageienart gerne über den Boden, das hätte mir doch auffallen müssen.

Er ist fast ausgerottet. Er ist aber auch ein Killer. Neuseeland lebt von seinen Millionen Schafen, und was macht der Kea? Setzt sich einem Schaf auf den Rücken, das dumme Tier kann gar nichts dagegen tun, dann scharrt er mit Klauen und Schnabel das Fell beiseite, trennt die Haut durch und frisst das Fett darunter. Die Schäfer haben nicht lange gefackelt, dem Kea ging es an den Kragen. So was macht man doch auch einfach nicht. Dass man dafür aber gleich geschätzte 150000 Keas umbrachte, das hätte nun auch wieder nicht sein müssen, vielleicht hätten es ein paar Schafskadaver am Wegrand auch getan, dann wären die lebenden Schafe verschont worden. Aber der Mensch tötet ja lieber erst mal, ehe er nachdenkt.

Kein Wunder, dass der Kea unbeliebt ist. Er ist unbeliebt, weil er so gerissen ist. Er klaut Gegenstände aus offenen Autos und Rucksäcken, er bricht in Zelte ein, er stört nachts, er ist ein Vandale, der Spaß daran hat, Motorradsitze zu zerfetzen, während der Fahrer am beschaulichen See ein Picknick macht. Wenn er zurückkommt, fliegt da viel Schaumgummi rum.

Es soll vorgekommen sein, dass Keas Wanderer mit Steinen beworfen haben. Was für ein Verbrecher. Wie klug er ist in seiner Zerstörungslust. Wie sehr er uns gleicht. Nur haben wir nicht so einen entzückenden Federkragen um den Hals, um dessen Muster ihn selbst Coco Chanel beneiden würde. **EH**

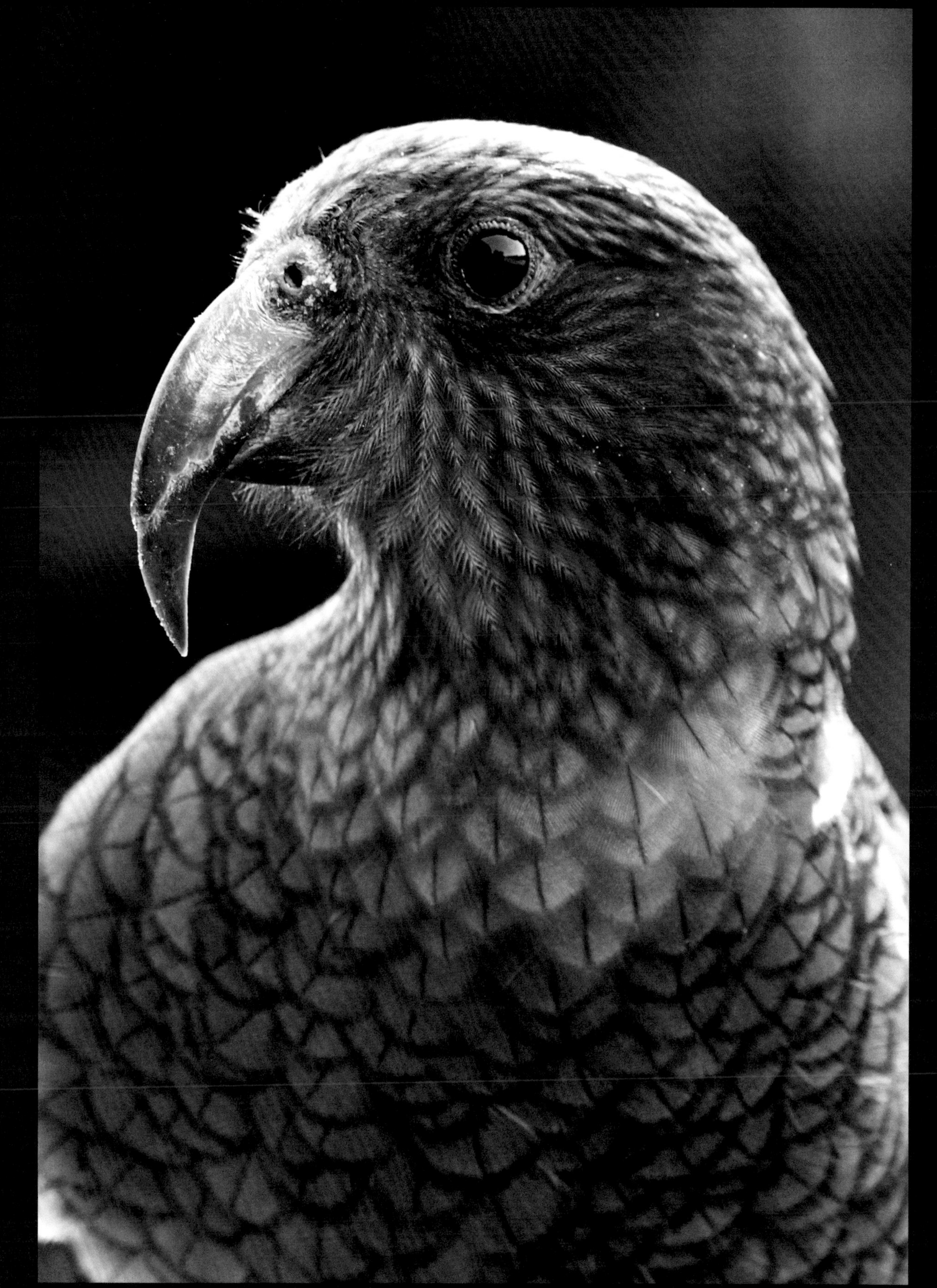

MERKMALE gehört zur Familie der Nashornvögel · Körperlänge bis 85 cm · Gewicht bis 2 kg · Kopf und Hals rotbraun, unbefiederte blaue Augenringe, rötliche Iris, Schnabel gelb, Hornaufsatz mit dunklen Rillen VORKOMMEN Indonesien, Papua-Neuguinea; tropischer Regenwald LEBENSWEISE Allesfresser, ernährt sich vor allem von Früchten wie Feigen, auch Insekten, Krabben oder Bienenwaben · macht laute Fluggeräusche wie eine Dampflok · heikel bei der Partnerwahl, dann aber monogam und partnertreu

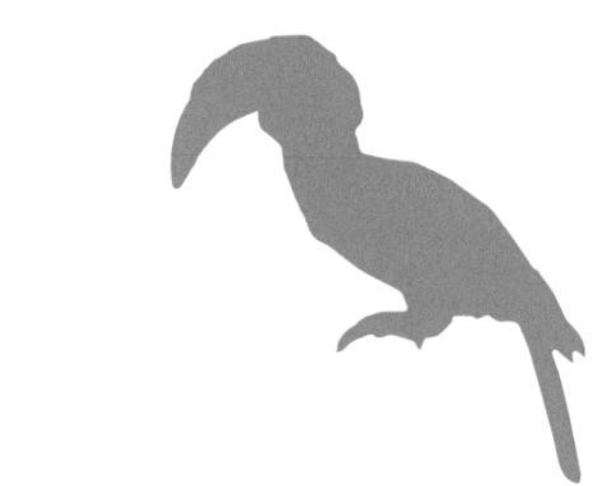

PAPUAHORNVOGEL

Rhyticeros plicatus

Der Name sagt alles: Dieser Vogel hat ein Horn. Es sitzt auf seinem großen, federleichten, hohlen Schnabel, und es ist sein verdammtes Pech, denn wieder kommen Menschen daher, die – wie beim armen Nashorn – das Tier töten, um das Horn zu Liebespulver zu zermahlen. Ist es nicht zum Verzweifeln, so viel unausrottbare Dummheit? Und der Papuahornvogel, als hätte er es geahnt, gehört tatsächlich auch zur Familie der Nashornvögel. Das Horn wird aber auch benutzt, um etwas daraus zu schnitzen – Zierschnallen, Schnupffläschchen, Dinge, die kein Mensch braucht, aber der Vogel braucht seinen Schnabel, um sich damit Futter zu besorgen.

Er stirbt aus, dieser Nashornvogel, der in Afrika und Asien lebt. Man jagt ihn des Horns wegen, man rodet seine Wälder, man fällt die großen Bäume, die er zum Nisten braucht – was da neu gepflanzt wird und nachwächst, ist nicht dasselbe.

Der Nashornvogel hilft seinem Weibchen, sich mit Zweigen und Kot über den auszubrütenden Eiern in einem Baumloch selbst einzumauern, und füttert es wochenlang durch ein kleines Luftloch. Am Ende ist er klapperdürr und erschöpft, und dann wird das Loch aufgehackt, und die Jungen sind flügge. Was diese Tiere alles können! Und wie wenig Respekt wir ihren Leistungen zollen.

Alfred Brehm weiß, dass der Nashornvogel zehn Schwanzfedern, eine dreieckige Zunge und keinen Blinddarm hat. Haben wir je über den Blinddarm von Vögeln nachgedacht? Wären wir je darauf gekommen, dass der Nashornvogel blinddarmlos ist? Aber ich glaube Alfred Brehm alles, er war streng, liebend, unbestechlich. Ich sehe den Nashornvogel jetzt mit anderen Augen: kein Blinddarm! Na, sowas. **EH**

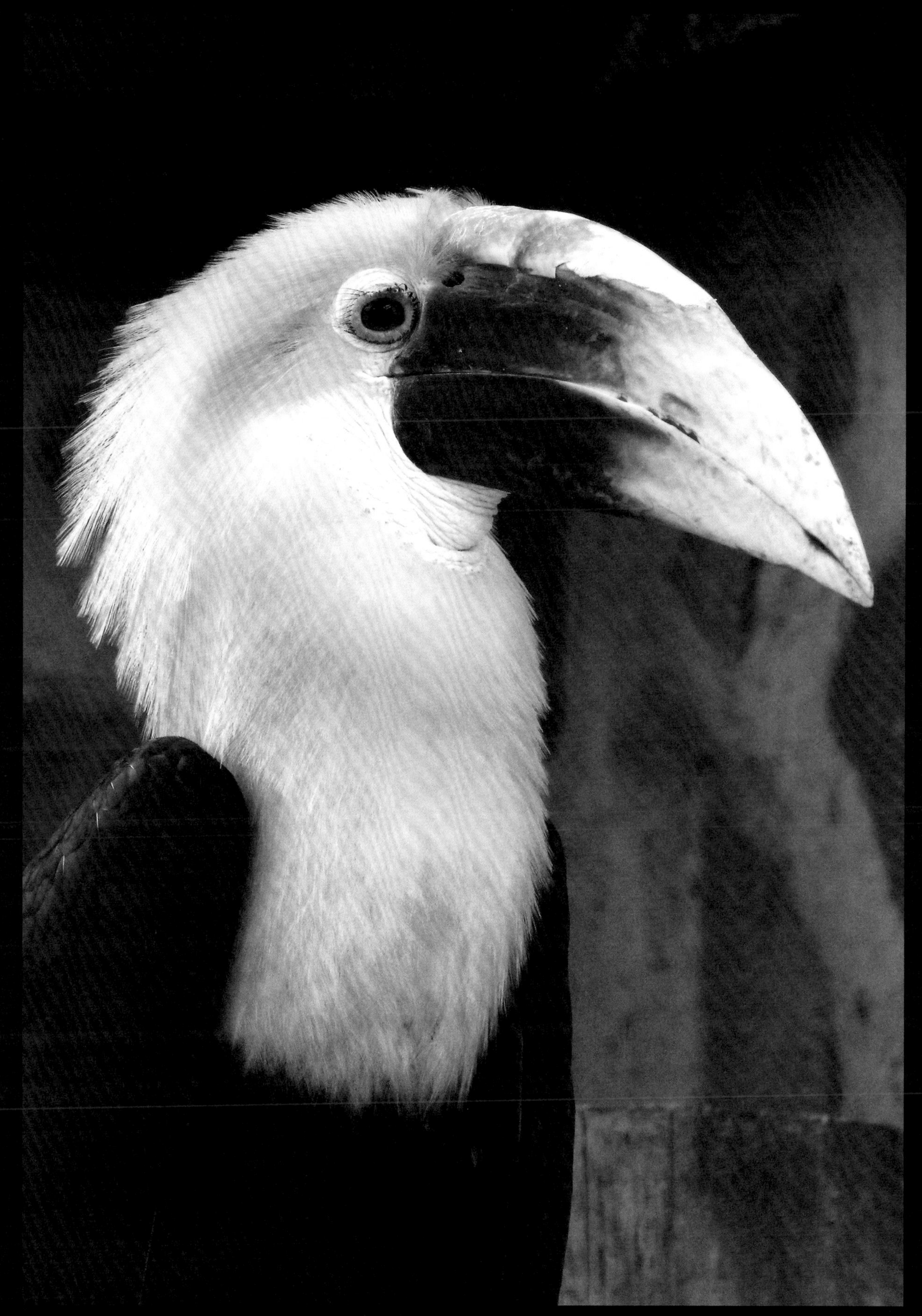

MERKMALE gehört zur Ordnung der Hühnervögel · Körperlänge bis 1 m · fliegt selten · Gefieder schwarz, Bauch weiß, Beine und Füße rot, Schnabel rot, leuchtend blauer Hornaufsatz auf dem Oberschnabel · braune Iris · gibt laute Töne mithilfe einer stark vergrößerten Luftröhre von sich
VORKOMMEN Süd- und Mittelamerika · Wälder und tropische Regenwälder
LEBENSWEISE tagaktiv · ernährt sich fast nur pflanzlich, selten von Insekten
ROTE-LISTE-STATUS (IUCN) stark gefährdet

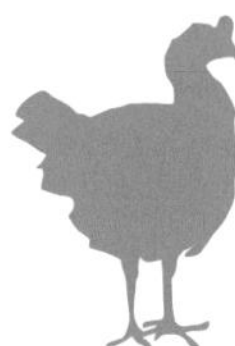

HELMHOKKO

Pauxi pauxi

Warum erinnert mich dieser Vogel an den Philosophen Georg Wilhelm Friedrich Hegel? Stelle ich mir so eine Denkerstirn vor? Sieht dieses seltsame Tier, das nur fliegt, wenn es unbedingt muss, denn nicht wirklich so aus, als habe es zumindest mitgeschrieben an der »Phänomenologie des Geistes«? Hat Hegel nicht viel über Natur nachgedacht? Und ist das hier wirklich nur ein Höcker auf dem Schnabel oder nicht doch der archaische Rest einer Denkerstirn? Hegel sagt: Der Geist steigt empor aus der einfachen Wahrnehmung, dringt ins Bewusstsein, Vernunft entsteht, Wissen, und da haben wir ihn schon, den Hegel'schen Weltgeist.

Sollte dieses merkwürdige Tier mit den streng und wachsam blickenden Augen nicht Teil des umfassenden Weltgeistes sein? Marx hat bei Hegel den Unterschied zwischen Herrschaft und Knechtschaft begriffen. Ist dieser freie Vogel, der den Wald einmal nicht beherrscht, aber doch bewohnt hat und dessen Lebensraum nun schwindet und der oft in Käfigen leben muss, ist er nicht ein Bild für den Übergang von Herrschaft zu Knechtschaft? Das passt jetzt vielleicht nicht ganz. Aber sehe ich mir dieses Tier an, komme ich nun mal ins Philosophieren, und das passiert mir bei einem Huhn eben nicht. Dabei – mal ehrlich: Es ist ein Huhn. Der Helmhokko stammt aus der Hühnerfamilie, und sein sogenannter Helm ist nur ein Federschopf, und, das werden Sie jetzt nicht glauben, aber wahr ist es doch: Wenn es regnet, färbt dieser Vogel ab!

Er sieht mich an mit runden Augen. Aber er sieht durch mich hindurch, er scheint unter seinem gewaltigen Höcker, diesem Rest der Hegel'schen Denkerstirn, zu denken: Ach, ihr seltsamen Menschen, was macht ihr bloß, was macht ihr bloß ... **EH**

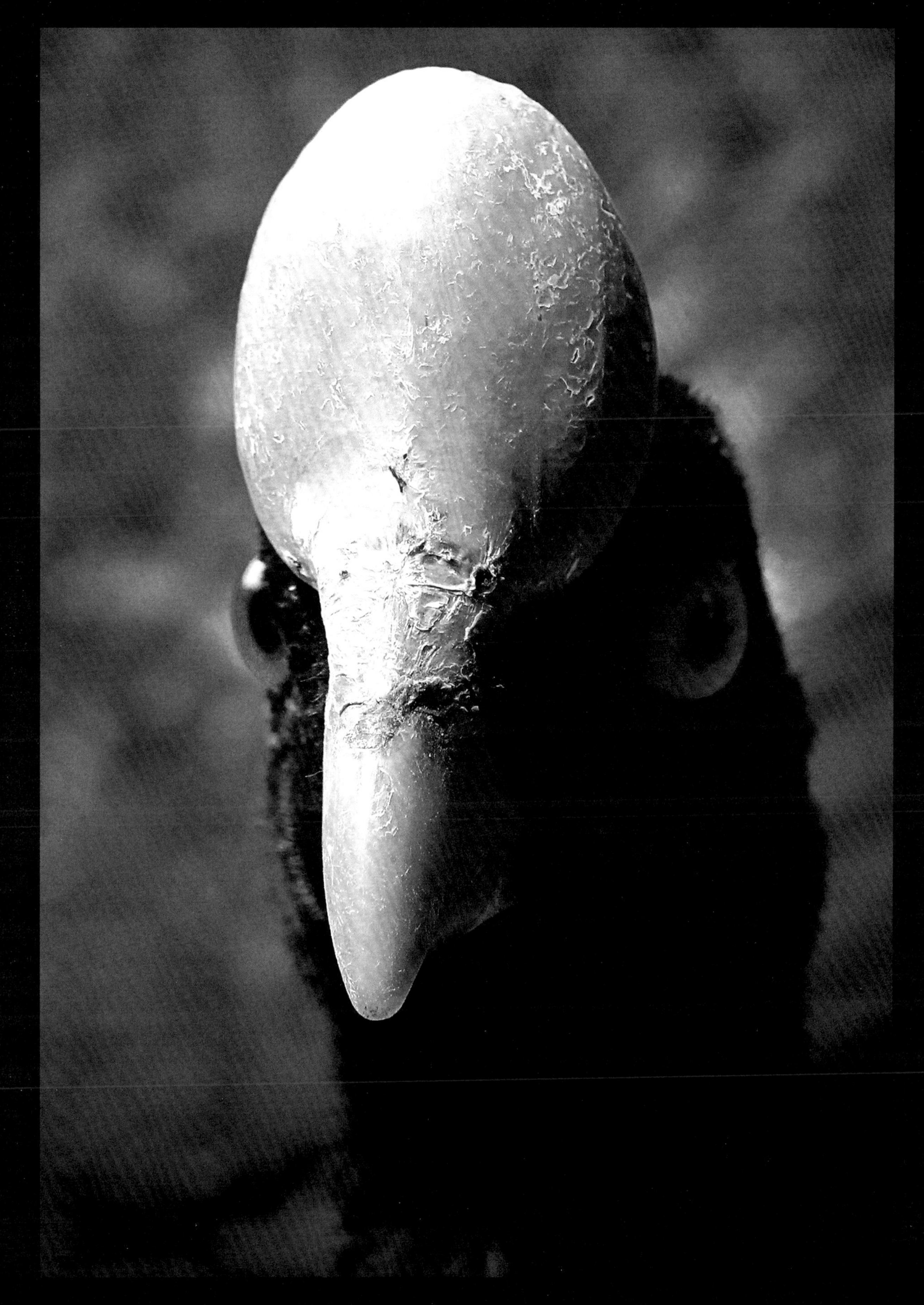

MERKMALE Körperlänge bis 50 cm · Gefieder und nackte Haut um die Augen auffällig blau irisierend, leichtes, lockeres, »seidiges« Gefieder · Schnabel und Füße schwarz · braune Iris · Nestlinge mit artspezifischer Rachenzeichnung
VORKOMMEN Madagaskar, Norden und Osten (endemisch) · Regenwälder
LEBENSWEISE hält sich bevorzugt in Baumwipfeln auf · ernährt sich vor allem von Insekten, kleinen Reptilien, Amphibien und Baumsäften · baut ein überdachtes Nest, sein Gelege hat nur ein Ei

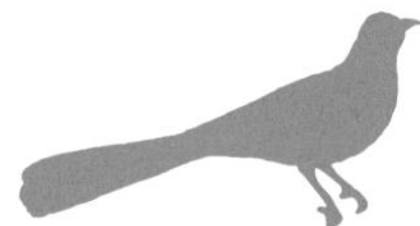

BLAUER SEIDENKUCKUCK

Coua caerulea

Vom Kuckuck wissen wir viel: Er dreht komplett durch, wenn er im April und Mai verliebt ist, schreit und schreit, kuckuck! kuckuck!, und legt sein Ei in fremde Nester. Und dann brüten die armen kleinen Heckenbraunellen oder sonst ein Vögelchen da diesen ziemlich großen Kuckuck aus, der frisst und frisst und alle andern aus dem Nest stößt. Aber wir lieben seinen Ruf, er gehört so sehr zum Mai, und wir lieben die Kuckucksuhr, obwohl Brehm streng mahnt, dass diese *»den Ruf des Kuckucks nicht richtig ausdrückt«*. Aber nun kommt dieser hier, der Blaue Seidenkuckuck! Den gibt es nur auf Madagaskar und in allen denkbaren Blautönen, schillernd, leuchtend, wunderschön. Den aber hat Günter Grass wohl nicht gemeint, als er mal in einem ZEIT-Interview sagte, er könne sich eine mögliche Wiedergeburt gut vorstellen, und zwar als Kuckuck:

»Seine Unart, seine Eier in die Nester anderer Vögel zu legen, ist eine verführerische Vorstellung.«

Dann muss er ein deutscher, unscheinbarer Kuckuck werden. Denn der Blaue Seidenkuckuck macht solche Sachen nicht! Man wusste lange nichts von ihm, weil er sich so gut in den dichten Tropenwäldern versteckt, aber 2001 kam ihm ein Forscherteam auf die Schliche: Dieser Blaue Seidenkuckuck legt sein Ei nicht in fremde Nester, der brütet selbst, bravo! Christian Fürchtegott Gellert, Dichter der Aufklärung, schrieb ein Gedicht über den Kuckuck, den es ärgerte, dass man immer nur vom Gesang der Amseln oder Nachtigallen redete und nicht von ihm. Die letzten Zeilen lauten:

»So will ich, fuhr er fort, mich an dem Undank rächen / Und ewig von mir selber sprechen.«

Und das tut er ja: kuckuck, kuckuck. **EH**

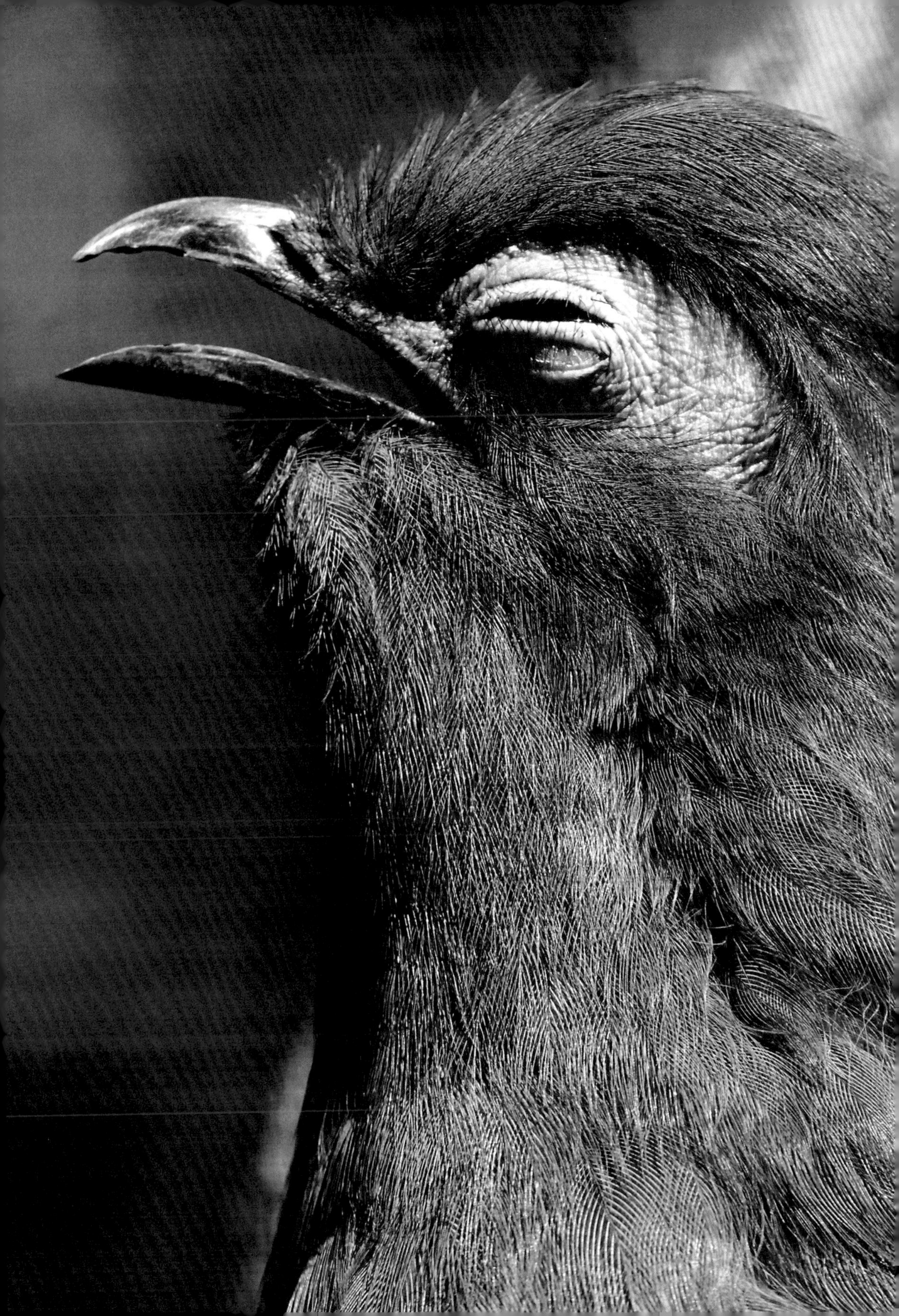

MERKMALE Körperlänge bis 11 cm, Gewicht bis 10 g, domestizierte Formen schwerer und größer und mit unterschiedlichsten farbigen Erscheinungsbildern · intensiv roter Schnabel, Kehle mit schwarz-weißer Zebrazeichnung, Männchen mit rotbraunem Wangenfleck · sehr anpassungsfähig an Temperaturschwankungen VORKOMMEN Australien, Kleine Sundainseln · trockene Regionen, in der Nähe von Wasserstellen LEBENSWEISE gesellig, lebt in großen Schwärmen · ernährt sich von Grassamen, Pflanzen und Insekten · badet mehrmals täglich, ist aber anpassungsfähig, wenn kein Wasser vorhanden ist · häufig domestiziert

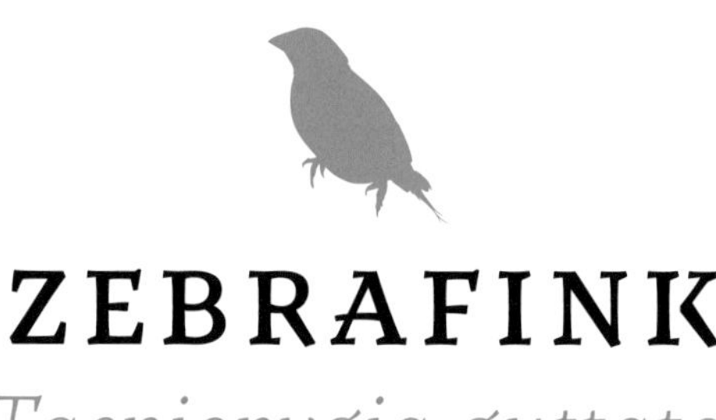

ZEBRAFINK

Taeniopygia guttata

Pressen, Atemnot, Apathie? Diagnose: Legenot. Trägheit, Lähmungserscheinungen, Verdrehen des Kopfes, Krämpfe und Taumeln? Dann handelt es sich um eine Gehirnerschütterung, um Vitaminmangel, vielleicht auch um eine Infektion oder Vergiftung. Diese gesundheitlichen Gefahren für den Zebrafinken hat Hans-Jürgen Martin als Rat für die Vogelhaltung zusammengefasst. Denn Zebrafinken sind sehr beliebt für Zucht und Voliere. Die kleinen Vögelchen sind echt zum Knuddeln.

Es soll sich um eine *»liebenswürdige Vogelart«* handeln, meint eine Zeitung schon 1969, die mit der gleichen Druckerschwärze kritisiert, dass der Gesang *»allerdings eintönig blechern klingt, wie eine Kindertrompete«*. Weiter ist zu lesen, dass der Vogel ein *»geeignetes ›Haustier‹ für den Städter ist, der in der Wohnung weder Hund noch Katze halten darf«*. Studien stellten neulich fest, dass Verkehrslärm das Gedeihen des Nachwuchses verzögert. Die Küken einer Testbrut an einer mehrspurigen Münchner Straße waren kleiner als ihre Genossen an einem ruhigen Ort. Also, liebe Städterinnen und Städter, die Regel »Lärm macht krank« gilt auch für Finken. In der Zeitung hieß es noch: *»Den Zebrafink wird jeder Hausmeister tolerieren, es ist wahrlich ein idealer Stubenvogel!«*

Wäre ausnahmsweise ein Schlusswort nach Happy End gewesen, wenn nicht Freunde vor dem Abdruck das Obige gelesen hätten und mir so ziemlich die Meinung geigten: »Von wegen liebenswürdig!« Sie hätten ihrem »innigen Pärchen« ein weiteres Männchen dazugegeben und erlebten einen Schock. Das neue Männchen schnappte sich das Weibchen, und die beiden hätten dem alten Männchen ein Auge ausgehackt. Tja, auch hier enden wir mit dem wahren Gesicht der Natur. **UA**

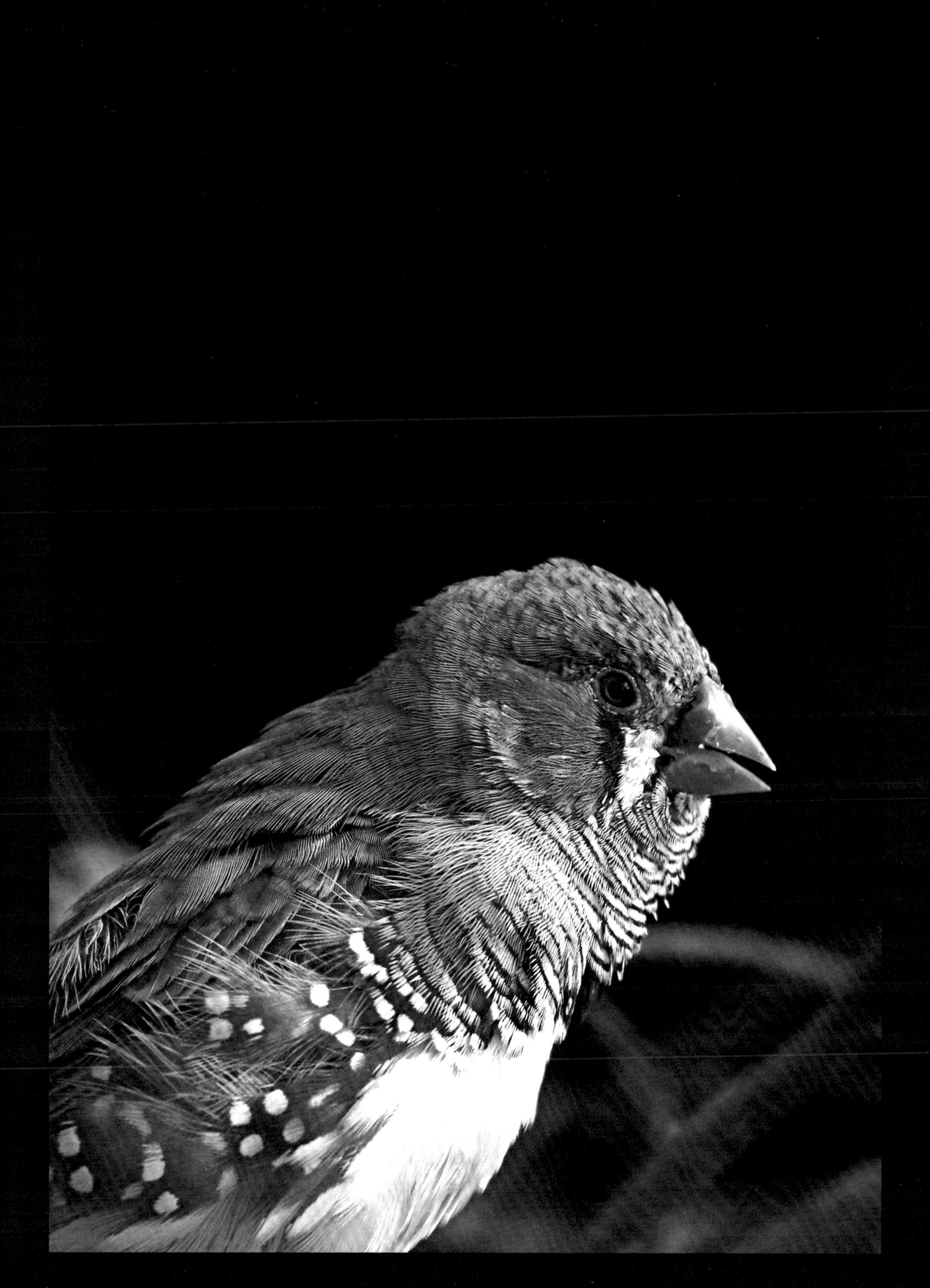

MERKMALE gehört zur Familie der Rabenvögel · Körperlänge bis 51 cm, Spannweite bis 62 cm · schwarz-weißes Gefieder, Flügel und langer Schwanz grün-blau schimmernd · scharfe Krallen · breites Spektrum an Lautäußerungen
VORKOMMEN Europa, Asien, Nordafrika · Kulturlandschaften
LEBENSWEISE neugierig, aber scheu · wellenförmiger, oft bodennaher Flug, hüpft und klettert viel, kommuniziert durch Wippen · lebt meist paarweise und monogam, baut kugelförmige, hoch gelegene Nester · Allesfresser · zeigt ein ausgeprägtes Sammelverhalten, ist intelligent und findet kreative Problemlösungen

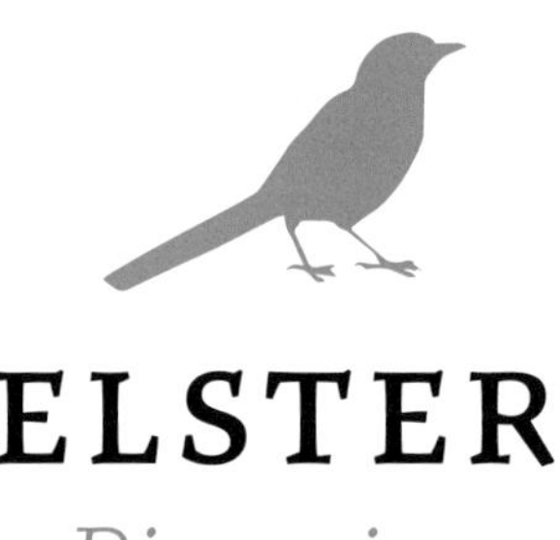

ELSTER

Pica pica

»La gazza ladra«, Die diebische Elster, so heißt eine Oper von Gioacchino Rossini, in Mailand 1817 uraufgeführt, und die Mailänder waren an dem Abend durchaus bereit, das alles auszupfeifen, weil man den Rossini in Neapel so gefeiert hatte, und Mailand sah sehr von oben herab auf Neapel – aber: Es wurde nicht gepfiffen. Die Oper gefiel sogar außerordentlich, immer wieder musste sich Rossini verbeugen, und das vor der arroganten geistigen Elite der Lombardei, und das schon nach den ersten zwanzig Takten, Donnerwetter.

Die Oper erzählt vom armen Dienstmädchen Ninetta, das hingerichtet werden soll, weil sie angeblich einen Ring und ein silbernes Löffelchen gestohlen hat, aber das alles findet sich im Nest der Elster oben auf dem Kirchendach, und noch ein Goldstück gleich dazu, und alles wird gut, nur die Elster, die wird verteufelt, die ist jetzt die Böse in der Geschichte, »la gazza ladra« eben.

Lass nichts Glitzerndes draußen liegen, warnte meine Mutter immer, sonst kommt die Elster und klaut das, und ich versuchte es mit Stanniolpapier von der Schokolade. Sie kam nicht, aber vielleicht war einfach gerade keine in der Nähe.

Sie gilt bei uns als Hexenvogel, als Unheilsbote, die schwarz-weiße Elster, aber in Asien ist sie ein Glücksbringer. Jeder, wie er will! Sie singt nicht, sie macht uns im Garten – schäck-schäck-schäck! – mit ihrem Gekrächze eher nervös.

Manchmal findet man ein wunderschönes schwarz-weißes Federchen, das ist von ihr. Sie klaut also nicht nur, sie gibt auch, und immer, wenn ich in meinem Garten eine Elster sehe, denke ich, ach, da fliegt ja Rossini! **EH**

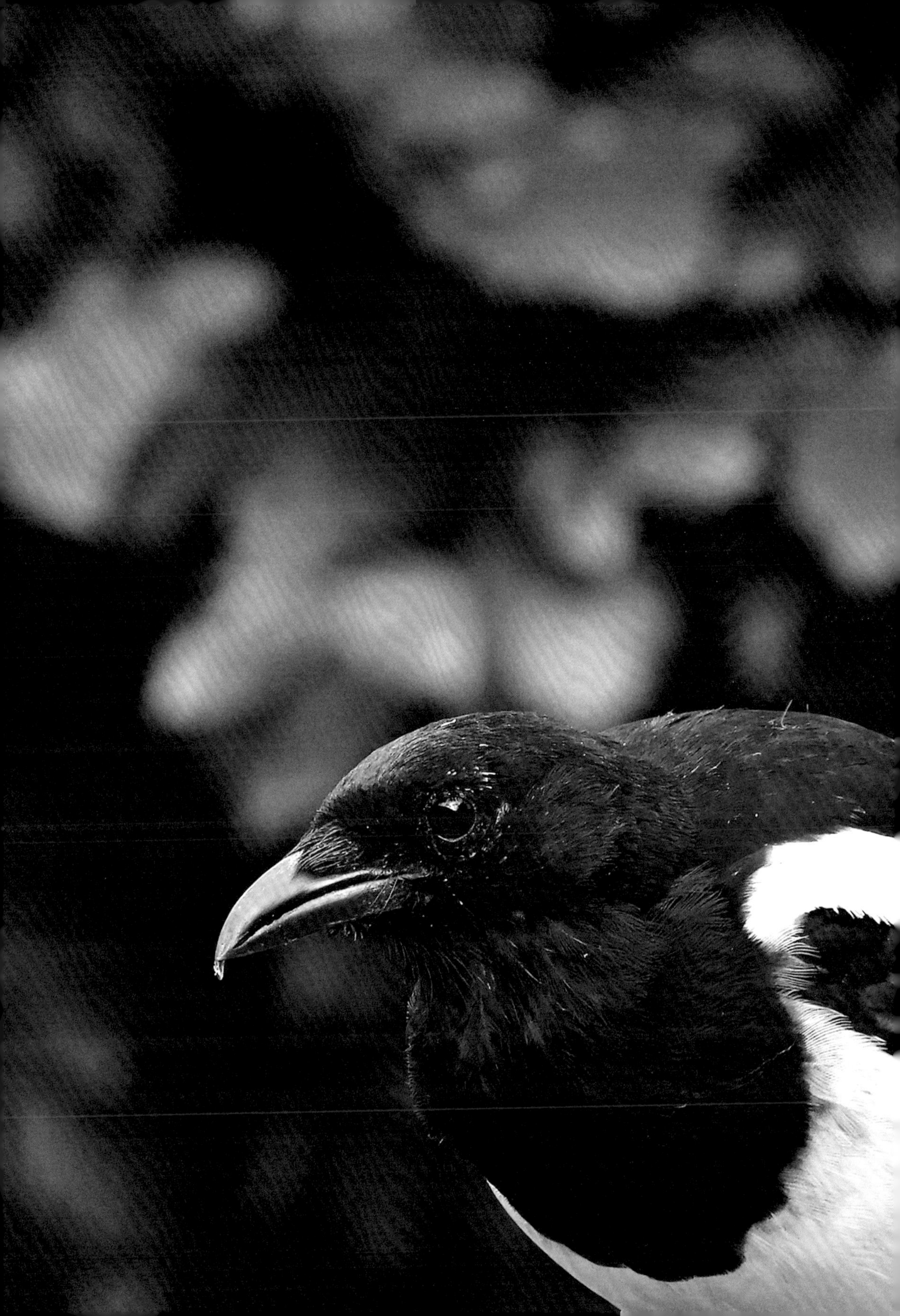

MERKMALE Unterart der Aaskrähe · Körperlänge 49 cm, Spannweite bis 1,10 m · Lebenserwartung bis 19 Jahre · Gefieder komplett schwarz · schwarze Beine · flacher Kopf, kräftiger schwarzer, an der Basis gefiederter Schnabel
VORKOMMEN West- und Südeuropa · offene Kulturlandschaften
LEBENSWEISE Kulturfolger · als Paar monogam, nistet auf hohen Bäumen · außerhalb der Brutzeit und beim Anfliegen der Schlafbäume zu großen Schwärmen vereint · intelligenter Kundschafter und Nahrungsbeschaffer · Allesfresser, liest seine Nahrung vor allem im Laufen auf, oft durch geschickten Schnabeleinsatz

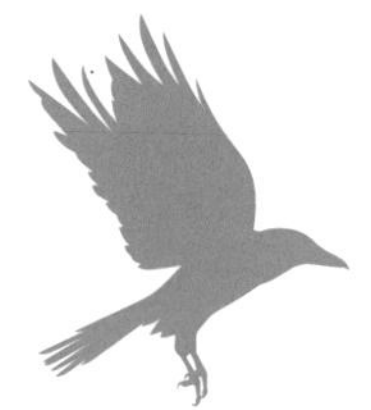

RABENKRÄHE

Corvus corone

Die Krähen schrein
Und ziehen schwirren Flugs zur Stadt:
Bald wird es schnein –
Wohl dem, der jetzt noch – Heimat hat!

So beginnt Nietzsches berühmtes Gedicht über Einsamkeit, und da lernen wir die Krähen als den Boten beginnender Schrecken kennen, schwirren Flugs. Viele Menschen sagen: Ich kann Krähen und Raben nicht unterscheiden. Rabenvögel sind sie alle, aber die Krähe ist die kleinere Version. Klein, wendig, lackschwarz, ein Gang von drolliger Würde und: einer der klügsten Vögel überhaupt. Krähen können komplexe Handlungen planen, so legen sie zum Beispiel Nüsse auf die Straße vor Ampeln, lassen die rollenden Autos die Nüsse knacken und holen sich, wenn die Ampel rot ist, das leckere Nüsschen. Sie sind robust, schnell, immer in der Nähe der Menschen, bis zu 20 Jahre können sie alt werden, und sie bevölkern unsere Sagen, Märchen, die Gedichte, den Aberglauben – und das quer durch Völker und Jahrhunderte. In Indien begleiten sie die Göttin Kali, die schwarze Göttin des Todes und des Zornes, die aber auch Wünsche erfüllen kann. Grimms Märchen »Die Krähen« ist eines der grausamsten, zeigt aber auch die Klugheit – und das Gedächtnis – dieser Vögel.

Bösen Menschen hacken sie hier die Augen aus, aber das wusste ja schon Hitchcock, als er »Die Vögel« drehte. Und Georg Britting begann sein schönes Gedicht »Krähenschrift« mit den Zeilen:

Die Krähen schreiben ihre Hieroglyphen
In den Abendhimmel, in den bleichen:
Wunderliche, schnörkelhafte Zeichen,
tun geheimnisvoll mit ihren schiefen
Schwarzen Flügen.

EH

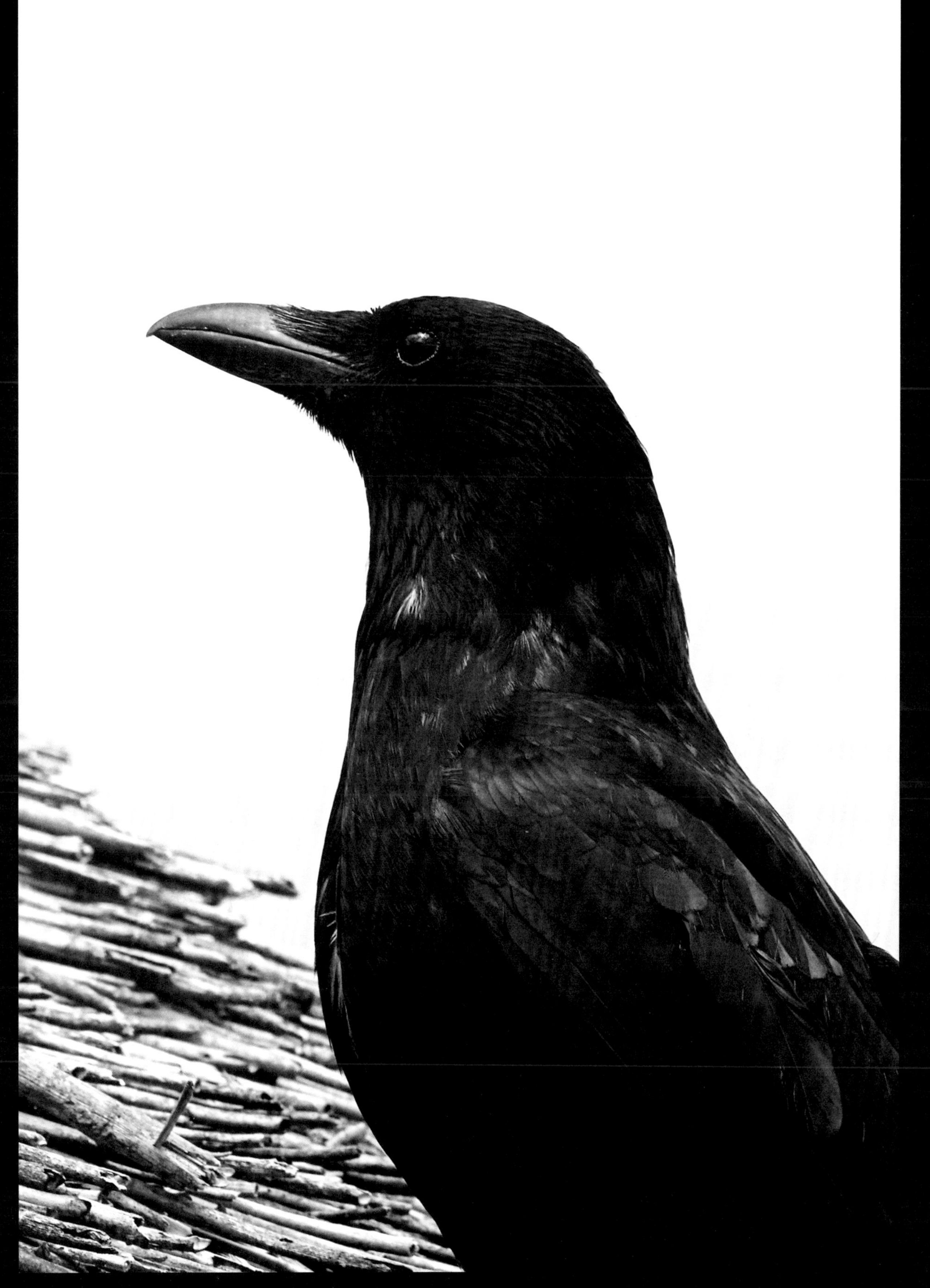

MERKMALE auch Spatz · Körperlänge bis 16 cm, kompakter Körperbau · Männchen grau-kastanienbrauner Scheitel, weiße Wangen, schwarze Kehle · Weibchen überwiegend graubraun, heller Streifen über dem Auge · (Feldsperling: weißer Halsring, schwarzer Wangenfleck) · kräftiger Schnabel VORKOMMEN weltweit verbreitet in besiedelten Gebieten, außer Tropen LEBENSWEISE geselliger, sesshafter Kulturfolger · flexible Nistplatzwahl · ernährt sich vor allem von Samen, auch Insekten und Essensresten · kann nur beidbeinig hüpfen · benötigt Wasser- und Sandbadestellen ROTE-LISTE-STATUS (IUCN) in Deutschland auf der Vorwarnliste wegen zurückgehender Bestände

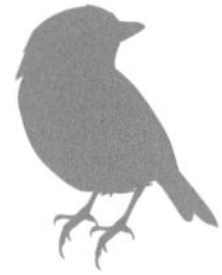

HAUSSPERLING

Passer domesticus

Das pfeifen ja die Spatzen von den Dächern: besser der Spatz in der Hand als die Taube auf dem Dach! Also: Nimm, was du kriegen kannst, auch wenn es ein bisschen kleiner ausfällt. Eine der traurigsten Nachrichten überhaupt – und ich hoffe, sie hat sich überholt? – war die vom Aussterben der Sperlinge in den Städten. Ist denn ein Kuchen im Garten denkbar ohne den krümelraubenden Spatz am Tellerrand? Immer fliegen sie in Gemeinschaft und schnattern und kriegen, was sie wollen, *»fliegende Öfen im Wind«*, dichtet Otto Jägersberg. Aus dem Orient stammt er eigentlich, der kleine Spatz mit seiner großen Sperlingsfamilie, und im Laufe der Jahrhunderte zog er dem Ackerbau nach durch die Welt. Wo Getreide, da Körnchen, wo Körnchen, da satt. Und wo Getreide, da Menschen – der Sperling lebt mit ihnen in guter Gemeinschaft, er wird nicht so gehasst wie die armen Tauben.

Klein ist eben immer auch niedlich. Dabei ist er nicht wirklich niedlich. Er ist frech, rabiat, selbstbewusst, mutig, er schafft es in New York, und er schafft es in kleinen Dörfern, er kommt überall zurecht. Er kann in Schuppen, Baumkronen, Hecken, auf Dächern schlafen, und wenn er wach wird, macht er Krach, tschilp, tschilp. Er beobachtet seine Umgebung scharf und findet immer seinen Vorteil, er hat gute Instinkte, er lernt schnell, er singt schrecklich, und er schwatzt viel. Er richtet im Grunde keinen Schaden an, er macht uns eher Freude, der kleine Frechdachs, aber, sagt Alfred Brehm streng:

»In Gärten und Weinbergen ist er nicht zu dulden.«

Da futtert er wohl zu viel Leckeres weg.

Wenn ich nach Attributen für den Sperling suche, dann fällt mir ein Wort ein, das auch vom Verschwinden bedroht ist: keck. Der Sperling ist genau das: keck. **EH**

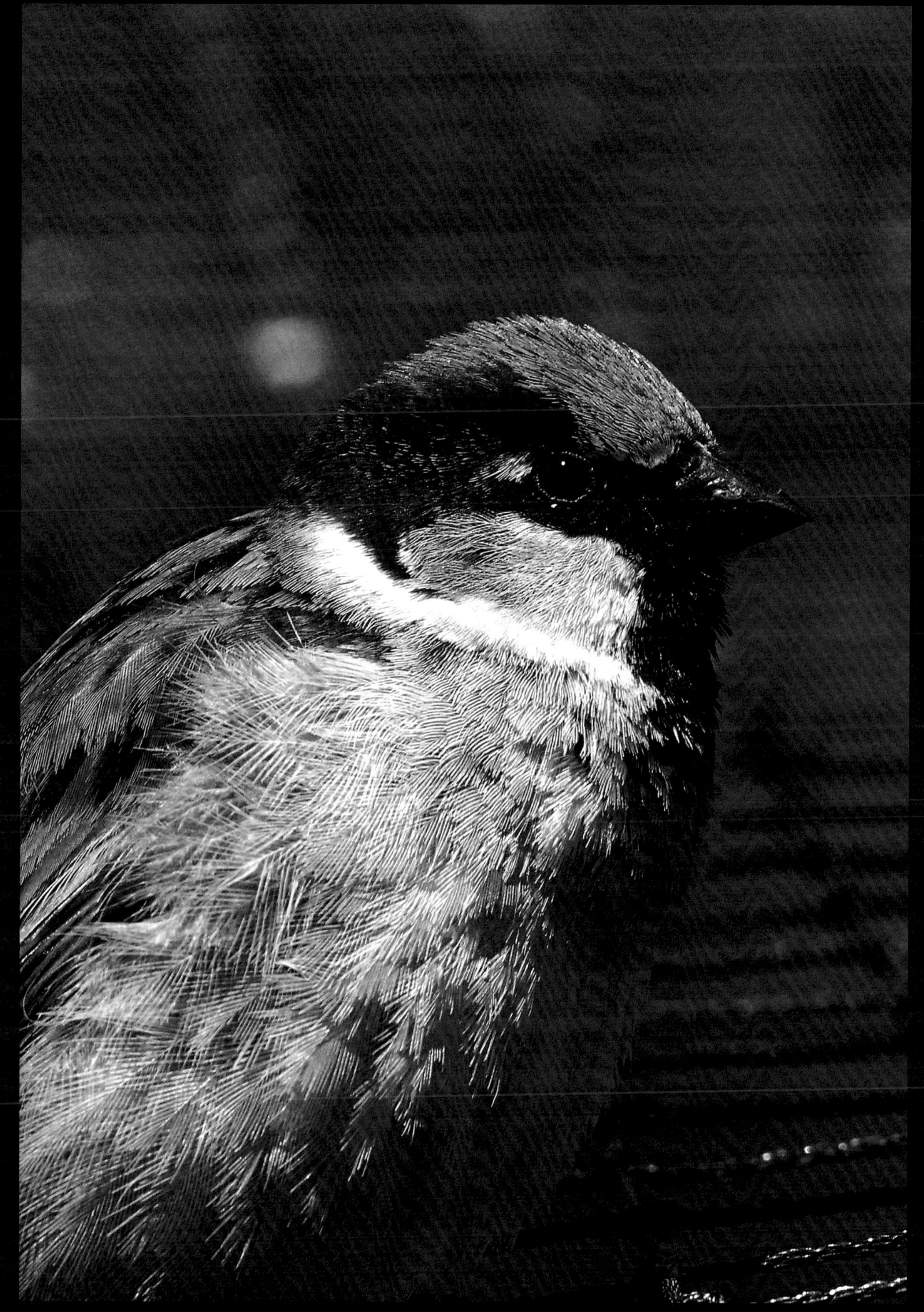

MERKMALE Körperlänge bis 12 cm (Kohlmeise: größer, mit schwarzen Bauchstreifen und weniger lebhaft) · stahlblaue Flügel- und Schwanzfedern sowie Kopfkappe, leuchtend gelber Bauch · weißes Gesicht mit schwarzem Augenstreif, sehr kurzer Schnabel, braune Iris VORKOMMEN ganz Europa, außer in extremen Hochlagen LEBENSWEISE lebhaft, wachsam, ständig in Bewegung · singt abwechslungsreich und markant · ernährt sich vor allem von Würmern und, kopfüber an Ästen hängend, von Insekten, Samen, Beeren · Weibchen legt bis zu 15 Eier und brütet allein · seit einiger Zeit ist in Deutschland ein vermehrtes Blaumeisensterben durch eine bakterielle Lungenentzündung festzustellen

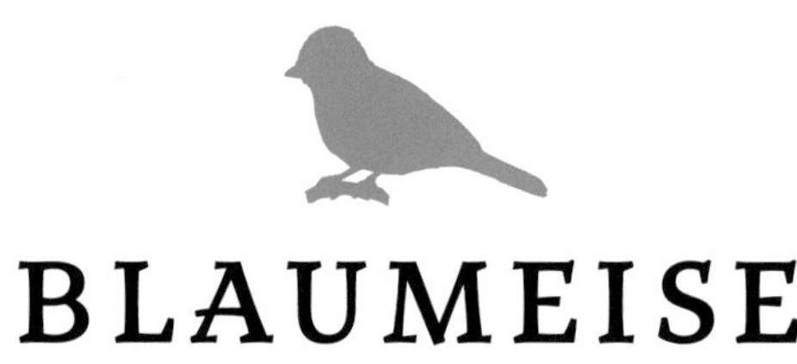

BLAUMEISE

Parus caeruleus

Und dann auch noch das: Mitten in der schlimmsten Corona-Quarantäne, während ich im Garten sitze, den Vögeln lausche und zusehe, wie ein paar Blaumeisen (oder doch Kohlmeisen?) in Windeseile einen Meisenknödel klein hacken, lese ich in der Zeitung vom großen, rätselhaften Meisensterben: Ein Virus hat sie erwischt, er verklebt den Vögeln die Augen, befällt die Atemwege, führt zu einer schweren Lungenkrankheit, an der sie sterben – diese wunderbaren gefiederten Bällchen, die nicht viel mehr als gerade mal zehn Gramm wiegen! Sie sind gefährdet. Nicht nur wir. Nicht nur Nashörner und Sibirische Tiger – der kleine, fröhliche, einheimische Vogel, der lustigste und lebhafteste von allen, die zarte gelb-schwarze Meise mit dem raffinierten Augen-Make-up und dem vielfältigen, fröhlichen Gesang – gefährdet, krank, vielleicht vom Aussterben bedroht.

Es ist zum Heulen. Sind wir auch daran schuld? Schlägt die Natur jetzt rundum zurück?

Ich liebe meine Meisen, ich will sie behalten, ich soll aber jetzt Wasser- und Futterstellen entfernen, damit sie sich nicht gegenseitig anstecken. Kontaktverbot für Meisen. Aber was denken sie von mir, die ich sie immer füttere und tränke, wenn ich das nun nicht mehr tue? Ich will das ja auch gar nicht?

Als wäre nicht schon alles traurig genug … Trösten wir uns mit Wilhelm Busch:

Die Meise ist ein nettes Tier.
Gar zierlich ist ihr Leibesbau,
auch ist sie schwarz, weiß, gelb und blau.
Hell flötet sie und klettert munter
Am Strauch kopfüber und kopfunter …

Ich hoffe, das alles macht sie noch sehr lange! **EH**

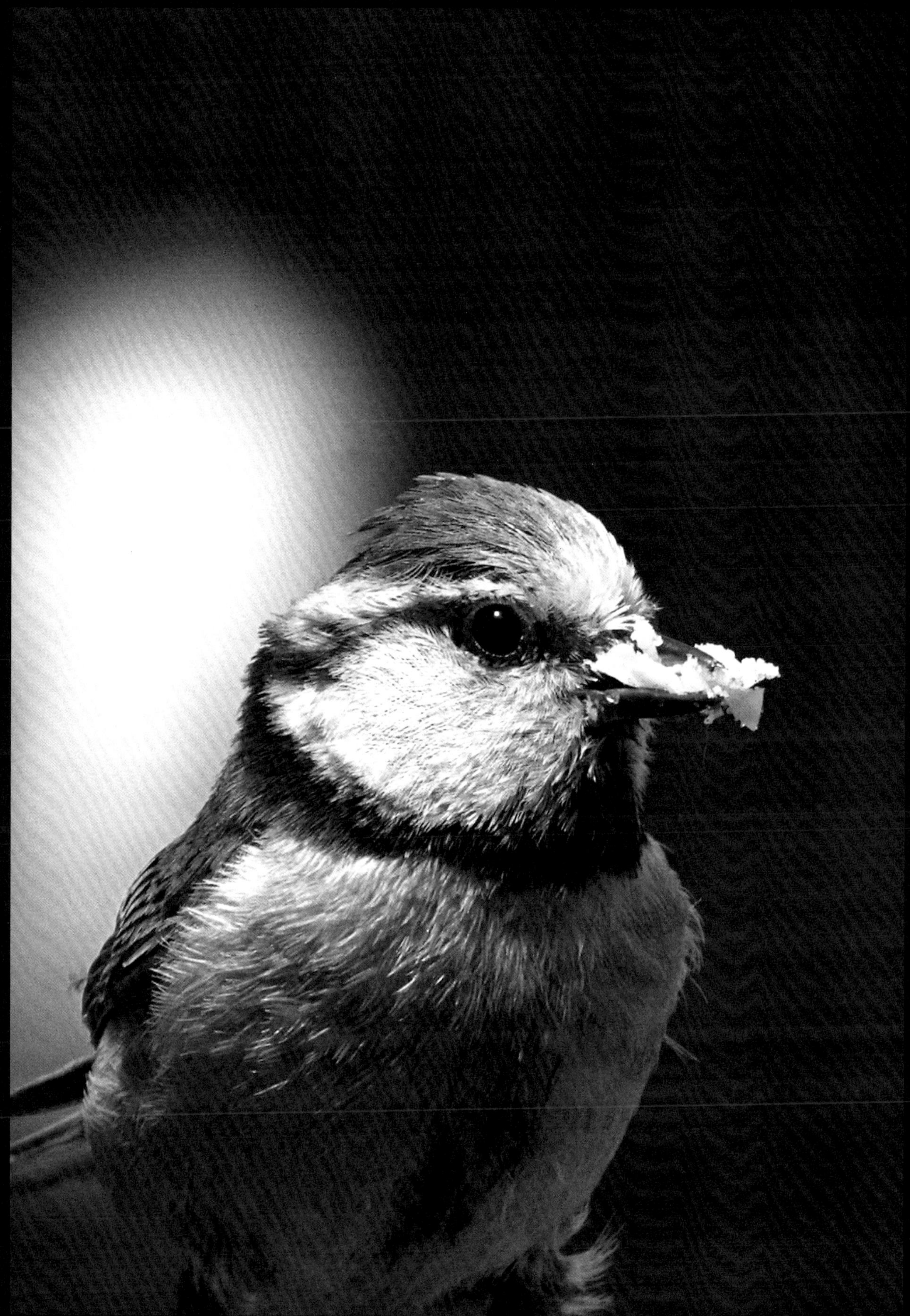

MERKMALE Körperlänge bis 32 cm · Gefieder überwiegend grün, Brust und Hals grau-rötlich, Stirn und Zügel rot · Füße blassgrau · Schnabel rosa mit heller Spitze · rote Iris VORKOMMEN Südbrasilien, Nordargentinien, Paraguay · Araukarien- und Regenwälder LEBENSWEISE kann Nackenfedern imponierend weit abspreizen · Höhlenbrüter · ernährt sich vor allem von Araukarien-Samen, Blüten, Früchten, Knospen und Blättern ROTE-LISTE-STATUS (IUCN) stark gefährdet

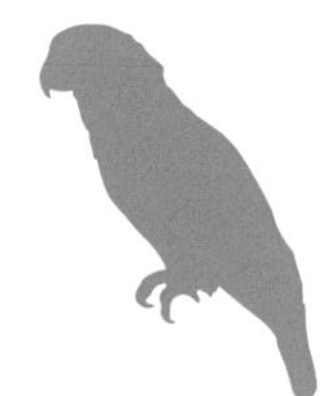

TAUBENHALSAMAZONE

Amazona vinacea

Liebe Betrachterinnen und Betrachter dieses Buches, ich sitze mit meinen bleichen Füßchen auf einem Ast im Regenwald. Von Weitem höre ich seltsame Geräusche, die von krachenden Lauten unterbrochen werden. Anyway, das Porträt von mir hier ist zwar schwarz-weiß, aber ich finde, er hat mich gelungen erwischt.

Entfernte Verwandte von mir leben überall auf der Welt, in Afrika oder Asien. Wir jedoch existieren nur hier in den Wäldern von Brasilien und Argentinien, abgesehen von der Sippschaft in Paraguay, aber von denen habe ich schon lange nichts mehr gehört.

Von meinem Onkel weiß ich, dass aus unserer Familie einige entführt wurden auf Nimmerwiedersehen. Oft sind wir in Gangs mit bis zu 30 Kumpels unterwegs im Wald, Sie kennen das ja; ohne Entourage geht man nicht aus. Stimmt das, dass ein paar von Ihnen nicht ohne Personenschutz unterwegs sind? Personen-, äh, Vogelschutz kennen wir nicht. Doch mein Onkel krächzte mir vor Kurzem rüber, dass wir so was jetzt auch nötig hätten. Verstand ich irgendwie nicht.

Das Krachen von Holz und der Lärm kommen näher, können Sie mich noch hören? Was ich sagen wollte, mein Onkel nennt unsere Heimat Amazonas und sagte, dass »Amazone« aus einem griechischen Märchen stamme, in dem die Mädchen gleich stark kämpften wie die Männer. Was der alles weiß, mein Onkel. Dann meinte er auch noch, dass wir uns langsam Gedanken machen müssten, wir als friedliebende Veggies. Wissen Sie, was er damit meinen könnte?

Oh, ich muss aufhören zu plappern … mein Ast wackelt, und der Stamm vibriert … irgendwas macht sich da unten am Baum zu schaffen … **UA**

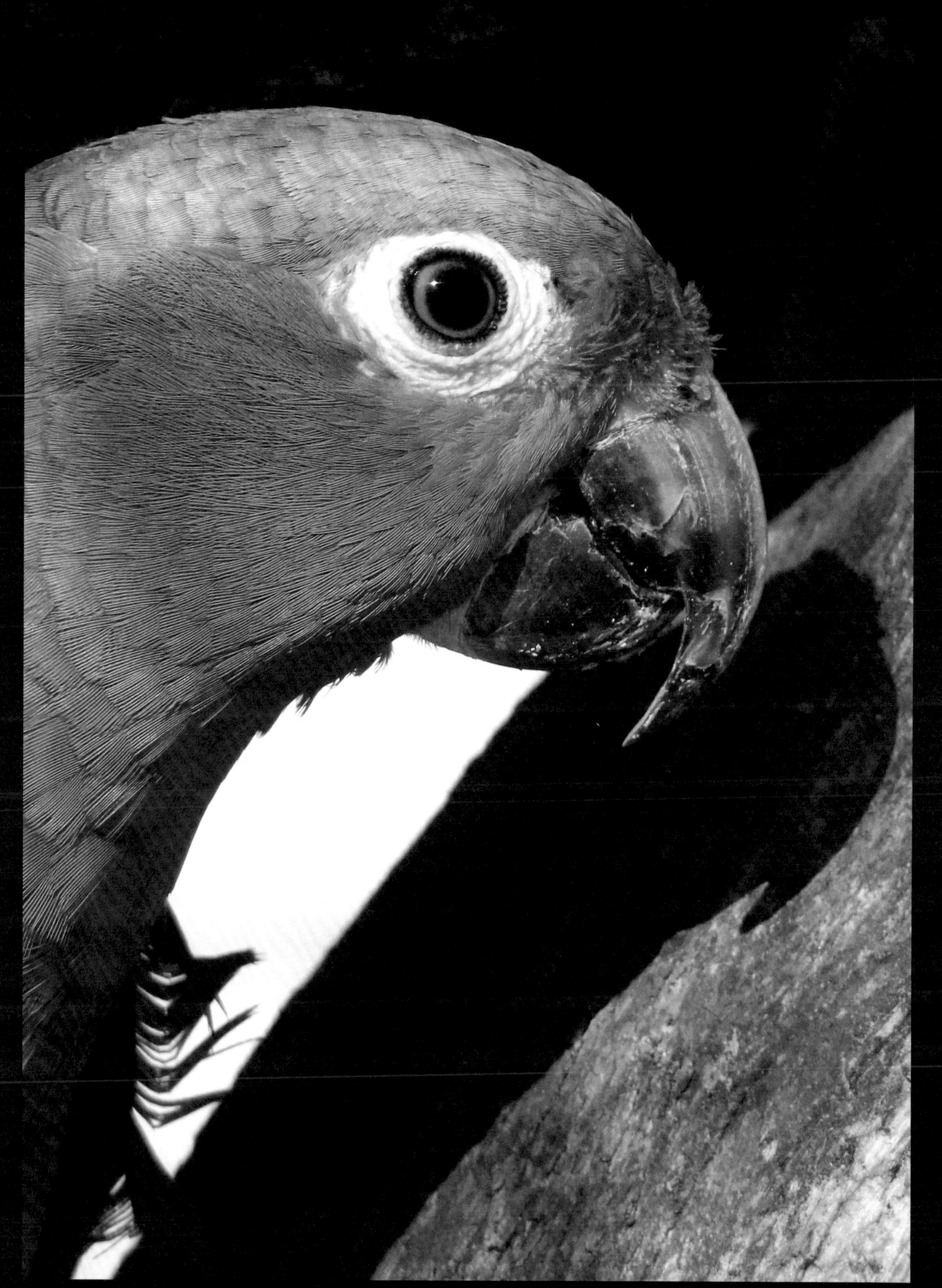

MERKMALE einer der größten Papageien Afrikas · Körperlänge bis 40 cm · graues Gefieder, weißes Gesicht, Augenpartie nackt, weiß-gelbe Iris · hohe Intelligenz und Sprachbegabung VORKOMMEN Zentral- und Westafrika · tropische Regenwälder und Feuchtsavannen LEBENSWEISE Baumbewohner · ist durch seinen sog. Kletterfuß und den zum Klettern benutzten Schnabel gut an den Aufenthalt in Baumwipfeln angepasst · ernährt sich vor allem vegetarisch von Früchten, Samen, Knospen · lebenslang monogam mit einem Partner ROTE-LISTE-STATUS (IUCN) gefährdet

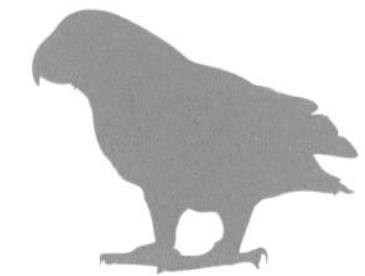

GRAUPAPAGEI

Psittacus erithacus

Opa hört schlecht und liebt die Kunst. Also habe ich ihn zu einer Ausstellung ins Kunsthaus eingeladen. In der Vorhalle sage ich ihm direkt ins Ohr: »Opa, funktioniert's, das Hörgerät?«

»Ja, ja, ich hör' alles.« Er dreht daran herum, bis der Pfeifton weg ist.

Der Kunsthistoriker begrüßt uns: »Herzlich willkommen, liebe Kunst- und Vogelfreunde, zur Sonderausstellung ›Der Graupapagei in der Kunstgeschichte‹.«

Opa fragt: »Was für eine Ausstellung?«

»›Graupapagei in der Kunstgeschichte‹.«

»Hier, meine Damen und Herren, haben wir das Gemälde des niederländischen Malers Jan Stehen, der von 1626 bis 1679 lebte.« Er zeigt auf ein Gemälde mit einer Gesellschaft, über der ein Käfig mit einem Graupapagei hängt. »Schon früh haben die europäischen Seefahrer diesen intelligenten afrikanischen Papagei gefangen, um ihn zu zähmen.«

Opa justiert das Hörgerät.

»Beachten Sie hier das Bild von Lucas Cranach aus dem Jahre 1526, ein Porträt des Kardinals Albrecht von Brandenburg, und sehen Sie genau hin! Richtig, auch hier ein Graupapagei.«

»Opa, gefällt dir der Vogel?«

»Äh, ja, das Bild auch ...«

»Und hier: beachten Sie die besonders genaue Darstellung des Tieres der französischen Malerin Victorine Meurent aus dem Jahre 1866.«

Opa dreht am Gerät. Während die Gruppe weitergeht, kann ich es Ihnen ja sagen. Ich möchte Opa einen Graupapagei schenken. In der Zeitung war zu lesen, dass in der nordenglischen Ortschaft Mirfield in einem Haus ein Feuer ausbrach. Da drin wohnte ein schwerhöriger Mann, der zum Nickerchen sein Hörgerät abgelegt hatte. Hätte ihn sein Graupapagei nicht durch Zupfen geweckt, dann ... **UA**

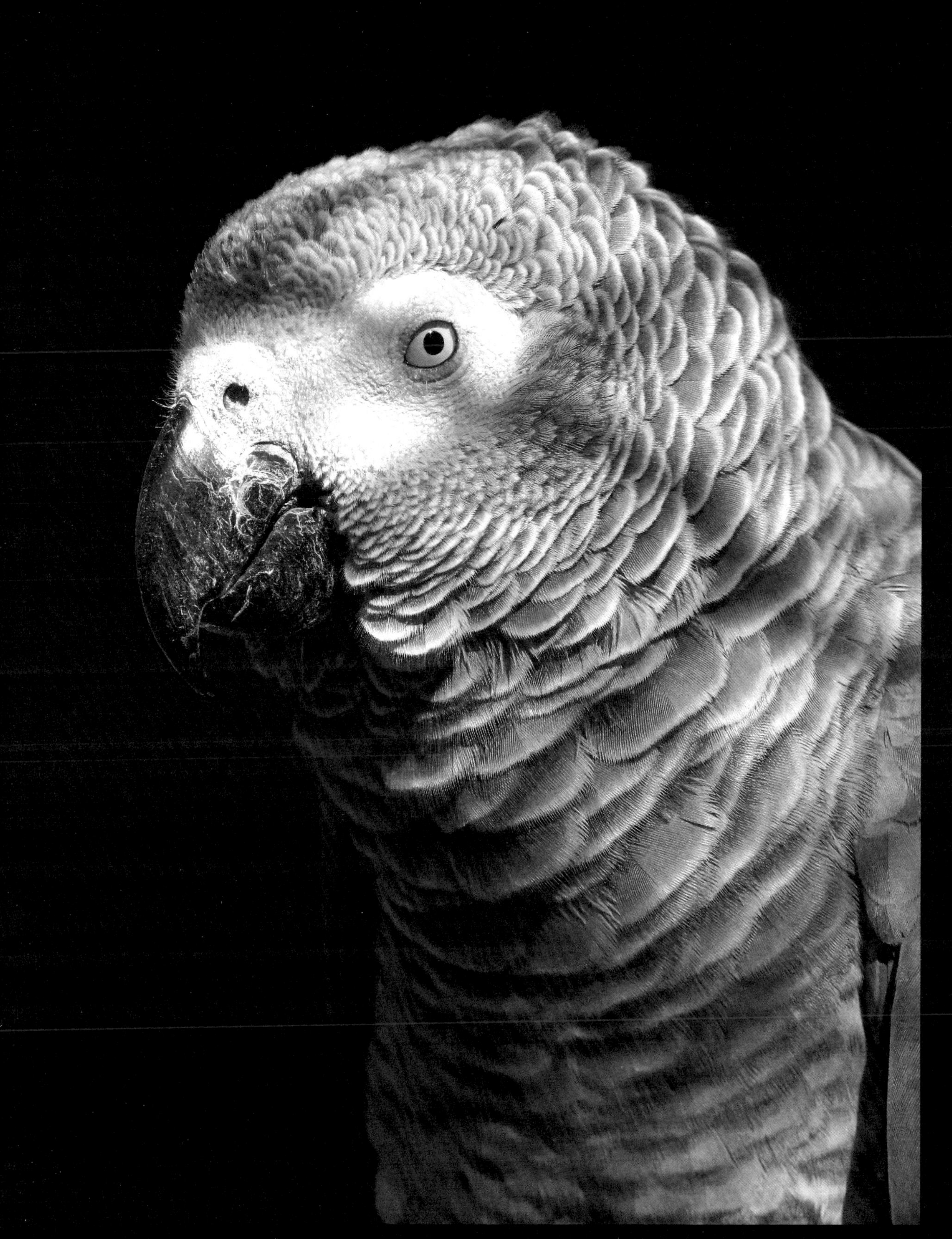

MERKMALE auch Fischers Unzertrennlicher · Körperlänge bis 14 cm · Rücken, Brust und Flügel grün, Hals goldgelb bis orange · Schnabel leuchtend rot, weißer Augenring VORKOMMEN Zentralafrika, Tansania bis zum Victoriasee, Ruanda und Burundi · Savannen, bis in Höhen von 2000 m LEBENSWEISE sehr schneller Flieger, lautstark in Familienverbänden unterwegs · ernährt sich von Samen, Früchten, Knospen, Beeren · Kolonienbrüter in Baumhöhlen, Küken sind nach 3 Wochen flügge ROTE-LISTE-STATUS (IUCN) potenziell gefährdet

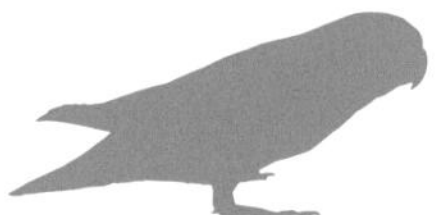

PFIRSICHKÖPFCHEN

Agapornis fischeri

In diesen Vogel bin ich verliebt. Dabei kann man jetzt nicht wirklich sagen, dass er eine Schönheit ist. Aber nach solchen Kriterien funktioniert die wahre Liebe ja auch nicht. Wir sehen das Pfirsichköpfchen (schon der Name!) hier struppig in der Mauser, der Fotograf macht sich wohl einen Spaß mit dem armen Kerl! Aber schauen Sie doch nur, der Ausdruck! Dieses Kindliche, dieses Fröhlich-Erwartungsvolle, hier steht ein lebensfrohes Bürschchen, zottelig und unfertig, aber es will tapfer gute Laune haben, und es fühlt: Ich werde noch schöner! Ich werde sogar wunderschön, ich werde bunt, gelb, rosa, rot, ich werde aussehen wie ein leckerer Pfirsich!

Und so heißt das Kerlchen ja auch: das Pfirsichköpfchen. Oder *Agapornis fischeri*, was tatsächlich heißt: Fischers Unzertrennlicher. Unzertrennlich – das mag jeder für sich selbst deuten, Herr Fischer hieß Gustav, kam aus Wuppertal, wurde Arzt auf Sansibar und fand in Afrikas Busch das Pfirsichköpfchen. Seitdem wird es in Massen eingefangen, nachgezüchtet, in Käfige gesteckt und führt kein so schönes Leben mehr wie vor Herrn Fischer, davon darf wohl ausgegangen werden.

Ich habe ein Gedicht auf das Pfirsichköpfchen geschrieben, es geht so:

Du Köpfchen aus dem wilden Wald,
dort war es warm, hier ist es kalt.
Du bist so zart, so bunt, so klein,
dein Leben sollte anders sein.
Wirst du auch wie ein Pfirsich schön –
Ich möcht' dich nicht im Käfig sehn.
Du bist noch jung, ich bin schon alt
Und träum wie du vom wilden Wald.
Wir würden uns sehr gut versteh'n,
weil wir uns etwas ähnlich seh'n.

EH

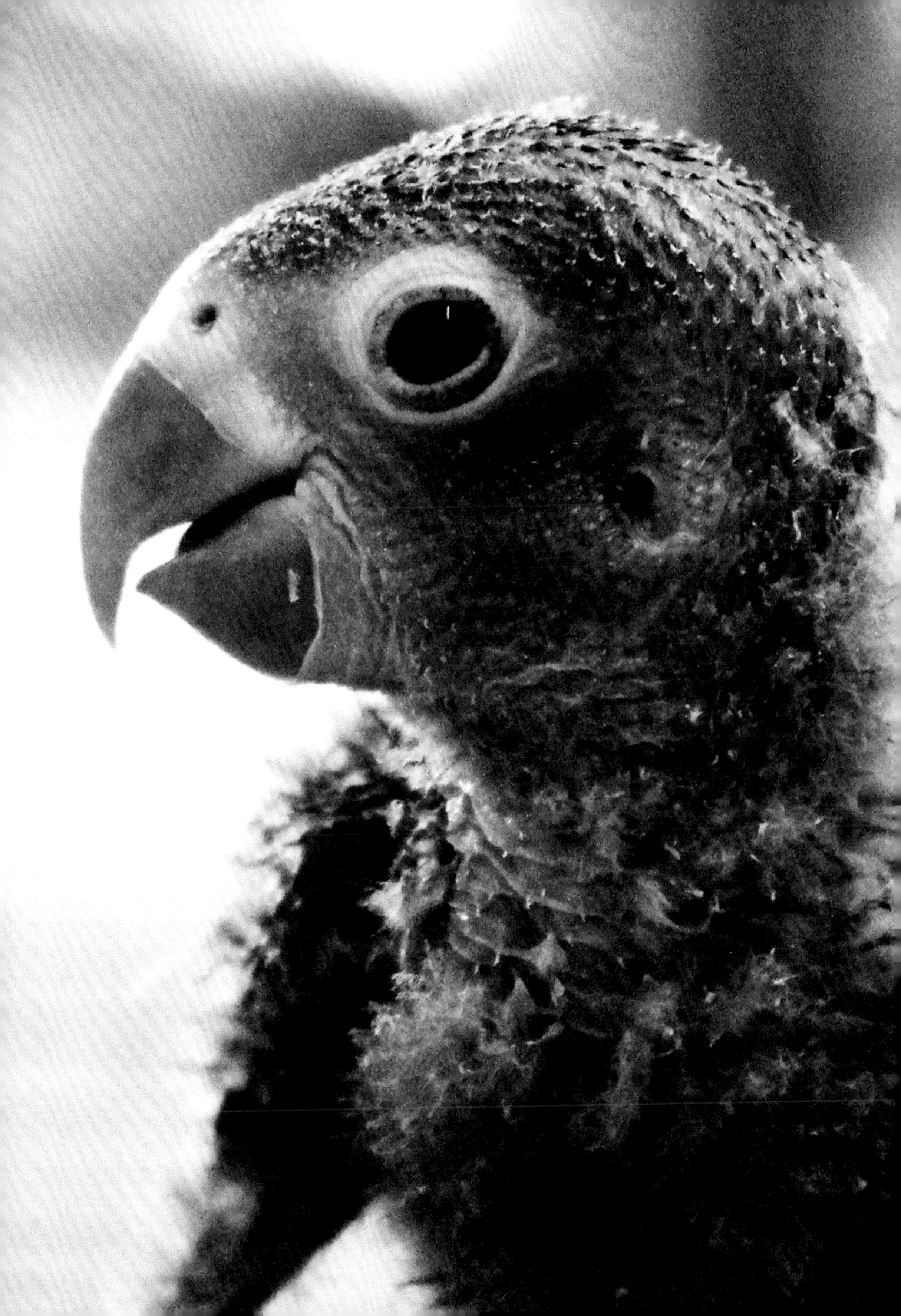

MERKMALE gehört zu Familie der Spechtvögel · Körperlänge bis 60 cm · Gefieder schwarz, bis auf weiße Kehle und Brust · Augenpartie bläulich und unbefiedert · durch Lufteinschlüsse leichtgewichtiger orangeroter Schnabel bis 22 cm Länge VORKOMMEN Mittel- und Südamerika, Trinidad · tropische Regionen LEBENSWEISE Baumbewohner · ernährt sich von Früchten, auch von Insekten, Kleintieren und Vogeleiern · schläft in Baumhöhlen ROTE-LISTE-STATUS (IUCN) Gefährdung anzunehmen

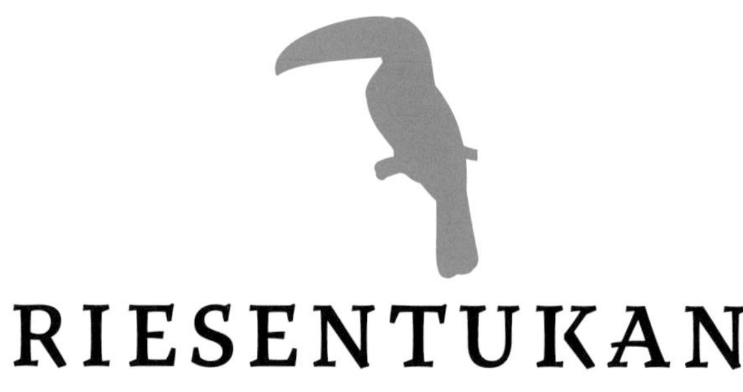

RIESENTUKAN

Ramphastos toco

Das Wort »Tukan« hörte ich zum ersten Mal in den 1960er Jahren in München. Ich studierte Germanistik, und ein Freund nahm mich mit in den Tukan-Kreis. Das war eine merkwürdige Versammlung von vorwiegend älteren, sehr lustigen, äußerst trinkfesten und belesenen Herren. Der Tukan-Kreis stellte sich heraus als eine altehrwürdige literarische Vereinigung, in den 1930er Jahren von einem Herrn Rudolf Schmidt-Sulzthal gegründet, der den Ehrentitel »Obertukan« trug. Das Ganze soll in der berühmten Künstlerkneipe *Simplizissimus* ausgeheckt worden sein, wo man junge Kräfte des literarischen Lebens sammeln wollte. Frech und forsch und neu sollte das alles sein, und da kam der Tukan ins Spiel – schön, exotisch, bunt, ein Pfefferfresser, – passte als Symbol, der Zirkel war gegründet und tagt noch heute. Gegen 10,- Euro »Porto-Pfeffer« (!) bekommt man per Post Mitteilungen zu den Veranstaltungen. Erich Kästner, von Anfang an dabei, prostete: *»Möge der Tukan nie auf Stelzen gehen! Das besorgen andere Vögel. Und möge er nie den Schnabel halten!«* Also: seltsame, vergnügte Vögel, diese Münchner Tukanier.

So, und nun zum namensgebenden Vogel. Das ist vielleicht einer! Knallbunt, aber er kommt ja auch aus den Tropen, da ist alles ein bisschen greller. Er hüpft durch die Bäume des Regenwaldes und soll, sagt man, im Morgengrauen gar nicht mal so unangenehm singen, oder vielleicht eher: harmonisch krächzen. Er gehört zu den Spechtvögeln, und sofort denkt man, klar, mit diesem Riesenschnabel hackt er 1-a-Löcher in die Bäume. Aber muss der Schnabel denn dafür derart monströs sein? Wäre es nicht ein bisschen kleiner auch gegangen? Wir wissen doch, was Schnäbel leisten müssen: Sie nehmen Nahrung auf, fangen Fische, hacken Löcher, die Adler

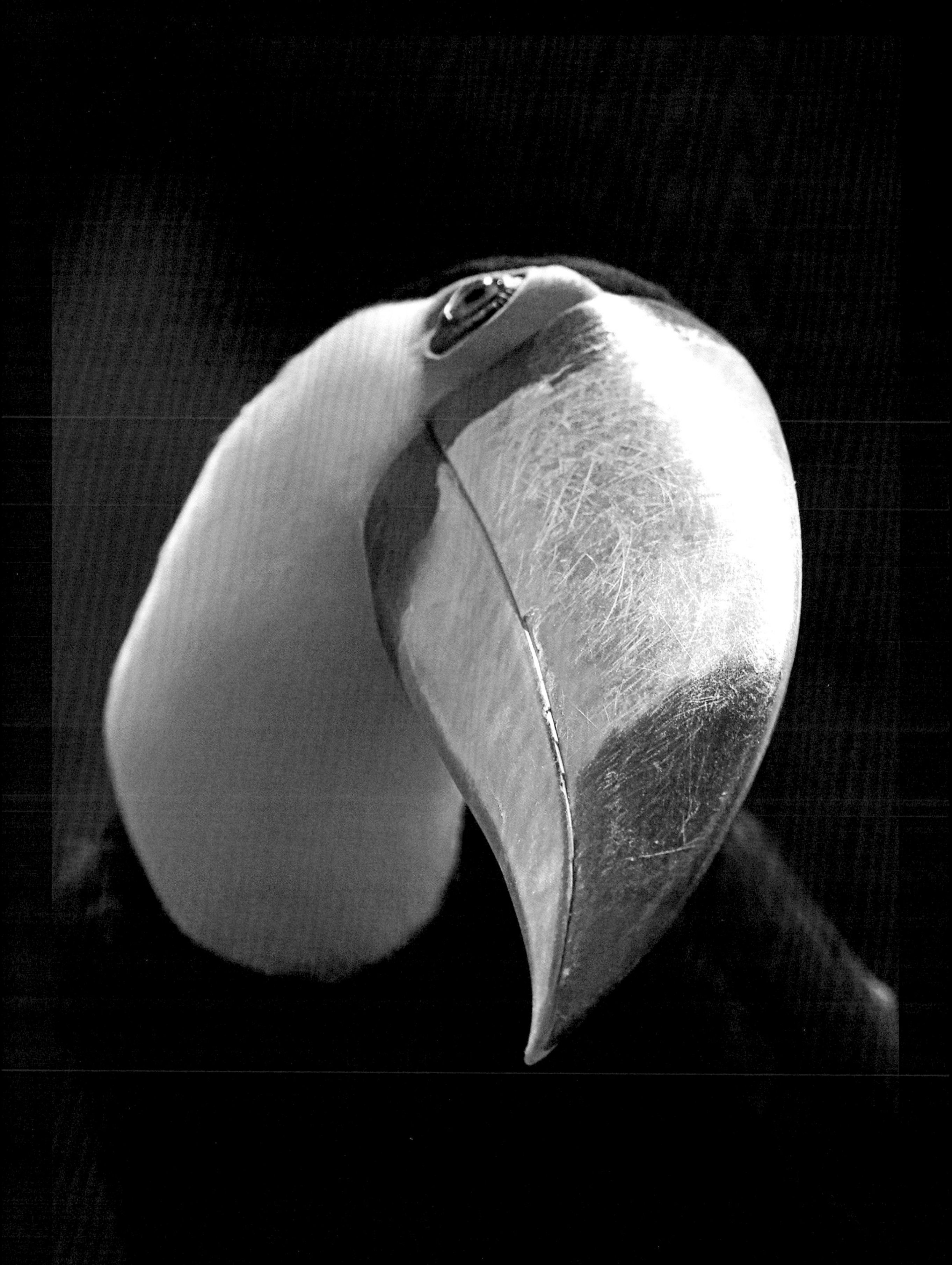

zerreißen Fleisch mit ihren messerscharfen Schnäbeln, die Papageien knacken Nüsse, aber der Tukan – übertreibt er es nicht ein bisschen für die paar Käfer und etwas Obst?

Es ist noch gar nicht so lange her, dass man dem Geheimnis dieses Schnabels auf die Spur kam: Er ist eine Klimaanlage. Durch den Schnabel kann der Tukan den Wärmehaushalt seines Körpers regeln, die Blutzufuhr drosseln oder ankurbeln, die Hitze ableiten wie der Elefant mit seinen großen Ohren – die ja auf den ersten Blick auch nicht nötig gewesen wären. Aber wenn man es weiß ... sensationelle Idee. »Was die Natur sich nicht alles ausdenkt«, sagte mein Onkel Hans immer.«

Es gibt aber jetzt noch ein Rätsel: Wie schafft der kleine Tukan es, mit diesem Riesenschnabel nicht nach vorn zu kippen? Der beträgt doch immerhin mehr als ein Drittel seiner gesamten Körperlänge? Ich sag es Ihnen: weil der Schnabel fast nichts wiegt. Der ist federleicht, leichter als Kork, äußerst stabil, und Flugzeugbauer denken über so ein Wundermaterial bereits nach für ihre Konstruktionen.

Für die Ureinwohner der Regenwälder hatte der Tukan eine große Bedeutung, denn mit ihm konnte man zu den Ahnen in die Geisterwelt fliegen. Wenn man von einem Tukan träumt (träumt irgendwer außer den Münchner Tukaniern nach 15 Bier von einem Tukan?), bedeutet das: Du brauchst ein Team. Du willst etwas erreichen, aber das geht nur im Team, also such dir Partnerschaften. Vielleicht eine Mitgliedskarte für den Tukan-Kreis?

Und jetzt kommt das Tollste: Es gibt ein Sternbild, das nach ihm heißt, Tucana, am südlichen Himmel kann man es sehen, und es enthält die kleine Magellan'sche Wolke. Wir schauen hoch zum Himmel und staunen mal wieder über die Schöpfung. **EH**

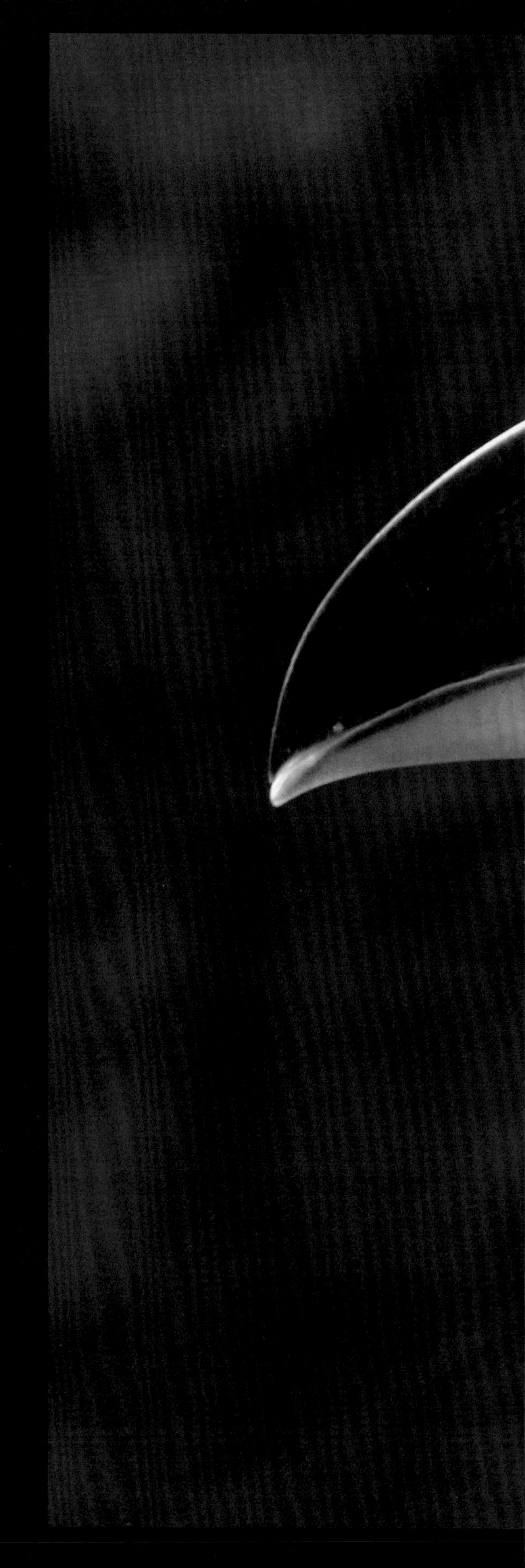

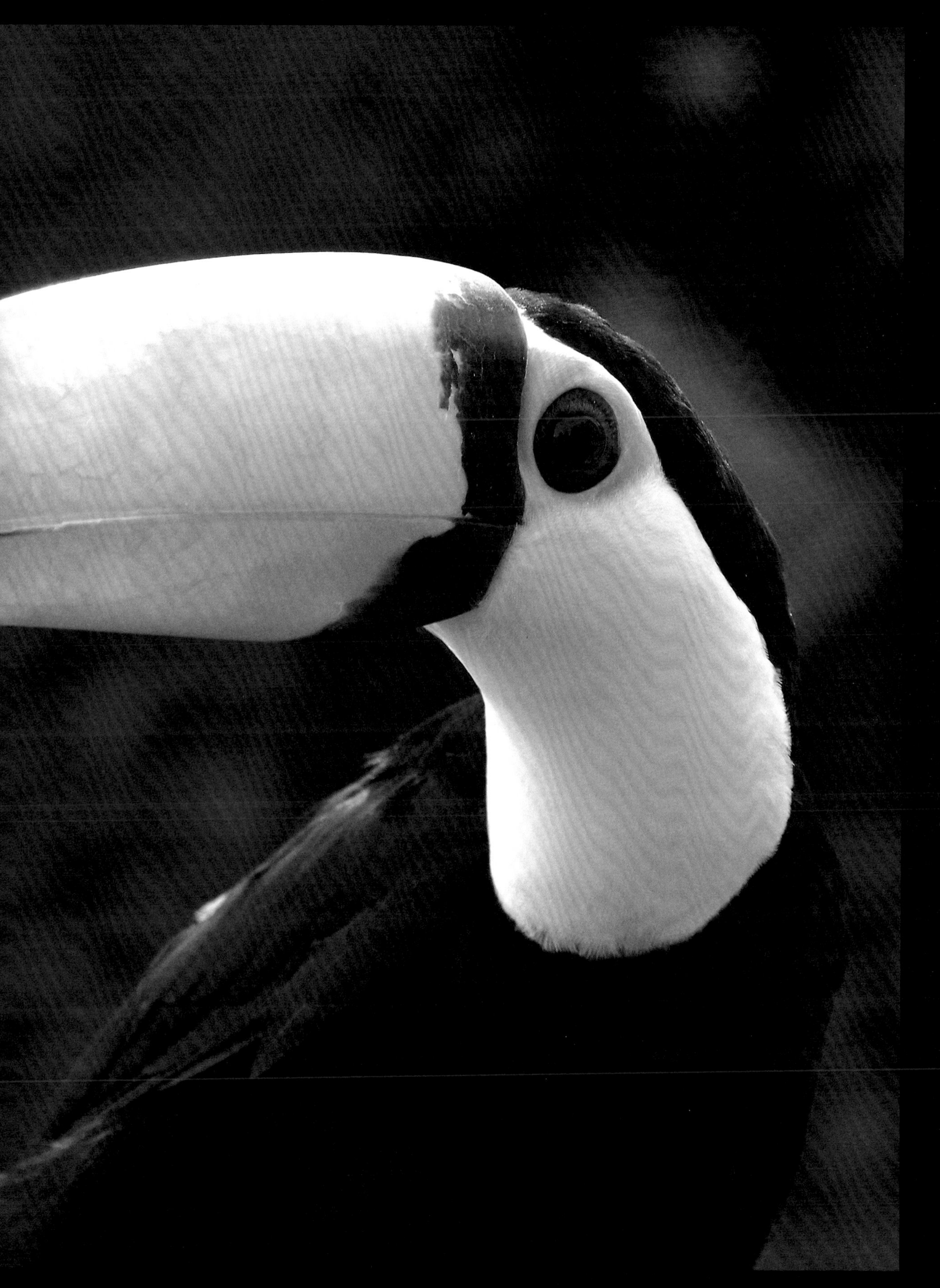

MERKMALE auch Schwarzhelm-Hornvogel · gehört zur Familie der Nashornvögel · Körperlänge bis 81 cm · Gefieder schwarz, Flügel- und Schwanzspitzen weiß · Männchen mit schwarzem, Weibchen mit rostbraunem Kopf und Hals, beide im Gesicht helle unbefiederte Stellen und aufblasbare blaue Kehllappen · abwärtsgebogener Schnabel mit keulenartigem Hornaufsatz VORKOMMEN Afrika, westliche Subsahara · Regenwälder LEBENSWEISE lebt in Baumkronen, hüpft von Baum zu Baum · wählerisch bei der Partnerwahl, Weibchen brütet in versiegelter Baumhöhle, wird vom Männchen gefüttert · Allesfresser, bevorzugt Früchte

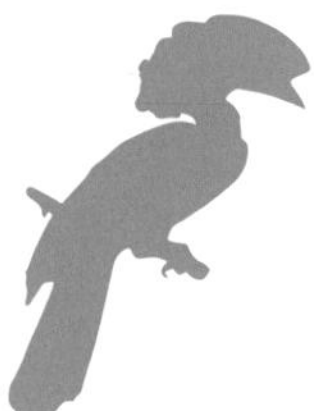

KEULENHORNVOGEL

Ceratogymna atrata

Meine Schreibkollegin, die Elke, schnappte mir die Silbermöwe weg, um mir dieses Tier hier, den Keulenhornvogel zu überlassen. Zuerst reagierte ich wie ein Gentleman, mit Gelassenheit, nach dem Motto: »O. k., das mache ich mit links.« Ich meine, wer bekommt schon mal die Chance, über so ein exotisches Wesen schreiben zu dürfen. Beim genaueren Betrachten der Layout-Vorlage war zu lesen, wie viele Zeichen gewünscht werden. Und unterhaltsam soll es auch sein. Nun, voran, dachte ich mir, öffnete den Klapprechner, stapelte Vogelbücher auf den Schreibtisch, stieß dabei fast das Weinglas um, und dann saß ich da. Die Küchenuhr tickte, das Weinglas schon wieder leer, aufpoppende Meldungen für Softwareaktualisierungen klickte ich weg. Was hätte denn wohl Elke über den Keulenhornvogel geschrieben, und was will eigentlich der Verleger genau von mir? Griff zum Handy: »Herr Galitz?«

»Herr Aerni, es ist ...«

»Ich weiß, ist spät. Tschuldigung.«

»Ja?«

»Warum wollte die Elke den Keulenhornvogel nicht?«

»Herr Aerni, Sie gaben ihr den Vorrang, und Sie sind ...«

»Ja, ich weiß, der Feldornithologe, aber für mitteleuropäische ...«

»Herr Aerni, wir machten aus, dass Sie uns auf unterhaltsame Weise über diese Vögel ...«

»... berichten, ich weiß. Aber wie denn? Bei solch einem Vogel ...«

»...«

»Wussten Sie, dass das Tier auch Schwarzhelm-Hornvogel heißt?«

»Herr Aerni, das steht ja schon oben ...«

»Ja, klar, sorry. Soll ich schreiben, dass bei Stammestänzen in Westafrika sein Gesicht als Maske aufgesetzt wird und die Tänzer seine Balzbewegungen imitieren?«

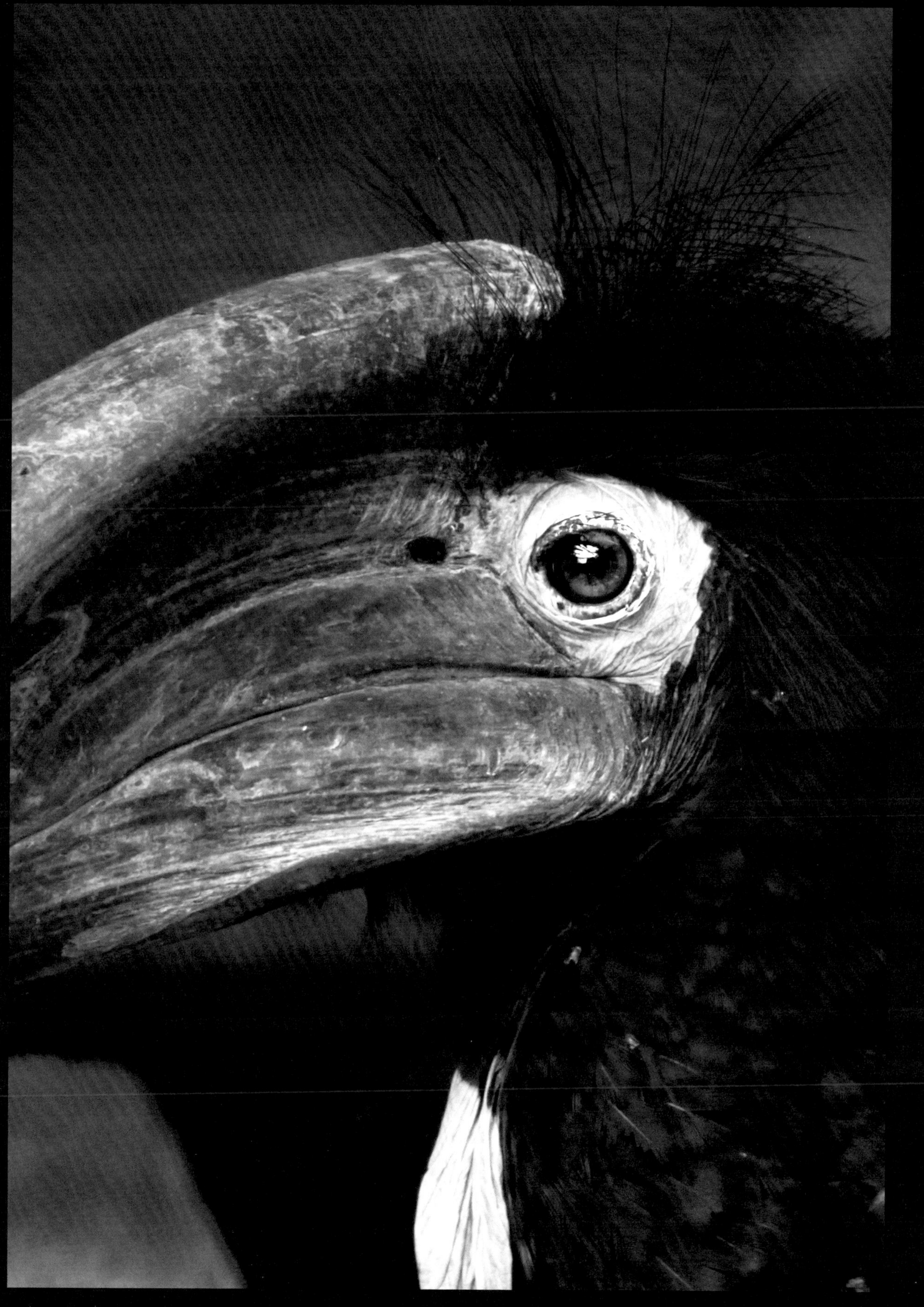

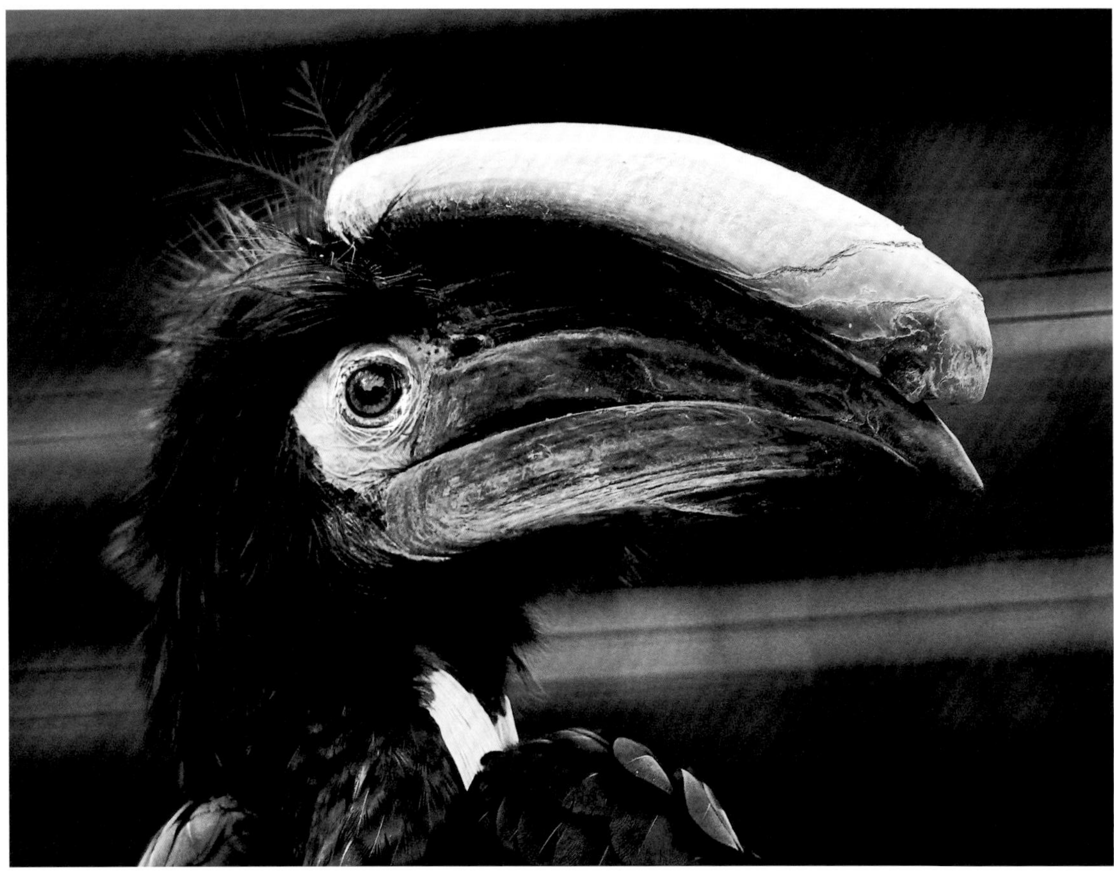

»Herr Aerni, ich bitte Sie. Das kann ja alles stimmen, aber es dürfte einfach etwas … etwas origineller …«

»… erzählt werden, ist mir klar.«

»Ist das denn so schwierig?«

»Sie sind gut, wie soll ich lustig erklären, dass sich das Weibchen in einer Baumhöhle mit den gelegten Eiern einmauern lässt?«

»Stimmt … Moment, echt, tut sie das?«

»Ja, ist voll und ganz vom Gatten abhängig.«

»Sehr speziell …«

»Nur noch ein kleiner offener Schlitz gibt Luft, und durch diesen koten sie und die Kleinen.«

»Verrückt. Aber dann schreiben Sie doch genau solche Sachen ins Buch!«

»Gerne, aber wie?«

»Wie wie?«

»Na, in welchem Ton? Soll ich einfach hinschreiben, dass ein Paar lebenslang zusammenbleibt?«

»Herr Aerni, den Ton müssen Sie bestimmen … Moment, ist das wahr?«

»Was?«

»Dass die monogamisch …«

»Habe nichts anderes recherchiert, obwohl eigentlich die meisten Vogelarten das nicht tun.«

»Was?«

»Na eben das, sich die ewige Treue schwören.«

»Dann schreiben Sie eben das hin.«

»Bin da etwas skeptisch.«

»Wieso?«

»Weil der Mensch die Neigung hat, seine moralischen Vorstellungen in der Natur wiederzufinden zu wollen, dabei …«

»Dabei was?«

»… dabei die meisten Tiergattungen bemüht sind, den Genpool so richtig zu durchmischen.«

»Ich verstehe. Aber was wollen Sie denn eigentlich jetzt von mir?«

»Die Antwort, ob ich jetzt literarisch, witzig oder eher fachlich, sachlich über dieses Viech schreiben soll.«

»Herr Aerni, wir leben im 21. Jahrhundert, Tom Krausz machte grandiose Bilder von Vögeln, wir fragten Frau Heidenreich und dann Sie an, ob Sie was zu den Vögeln schreiben könnten.«

»Äh, ja … und?«

»Und? Wir telefonieren mitten in der Nacht eine halbe Ewigkeit lang, weil Sie mich angerufen haben, statt zu schreiben!«

»Herr Galitz, vorhin sagten Sie mir, dass ich nicht so trockene Sachen sagen soll über den Keulenhornvogel, sondern …«

»Erzählen, Herr Aerni, erzählen! Auf Neudeutsch heißt das Storytelling. Das Wie, nicht nur das Was!«

»Ich verstehe Sie doch, jedoch, wie mache ich aus Fakten eine Geschichte?«

»Hmpf …«

»Zum Beispiel, dass sich um die Funktion des Wulstes über dem Schnabel viele Thesen ranken; dass das Männchen einen schwarzen Kopf und Hals hat und unter seinem Schnabel einen Hautlappen in bläulicher Farbe trägt, bis 81 Zentimeter lang sein kann, aber die Weibchen nur bis 76 Zentimeter und deren Hals und Kopf rostbraun sind; dass der Holländer Coenraad Jacob Temminck diesem Vogel 1835 den ersten lateinischen Namen gab und dass die Vögel fast nur auf Bäumen mit Früchten zu finden sind …«

»Herr Aerni, kommen Sie runter!«

»… und dass sie minutenlang ihren Schnabel polieren; und dass zum Glück ihr Bestand nicht gefährdet ist; dass es auch einen Goldhelm-Hornvogel gibt und dass Herr Krausz dieses Prachtexemplar hier im Buch im Vogelpark Niendorf unweit von Travemünde fotografierte, in einer der natürlichsten Vogelparkanlagen Deutschlands, mit über 250 Arten und rund 1000 Tieren … Und haben Sie gewusst, dass die eine der größten Eulensammlungen der Welt haben und sogar den Goliathreiher und auch den Doppelhornvogel und dass …«

»Jetzt reicht's. Herr Aerni. Warum haben Sie mich eigentlich zu dieser Stunde angerufen? Weil die Elke sich nicht den Keulenhornvogel aussuchte, sondern ›Ihre‹ Silbermöwe wegschnappte?«

»…«

»Herr Aerni?«

»Verzeihen Sie, Herr Galitz, könnte ich doch noch so rund 1000 Zeichen mehr haben? Herr Galitz? Hallo?« UA

MERKMALE gehört zur Ordnung der Hühnervögel · Körperlänge bis 1,70 m, davon bis 1,15 m Schwanz · prächtig gefärbte Männchen, metallisch grüner Scheitel mit roter Haube, »Kragen« aus abgerundeten, dunkel gesäumten Federn, die bei der Balz bis über den Kopf aufgespreizt werden
VORKOMMEN Zentralchina bis Tibet und Myanmar · hohe, kühle Lagen
LEBENSWEISE ernährt sich überwiegend von Sämereien, Weichtieren und Insekten

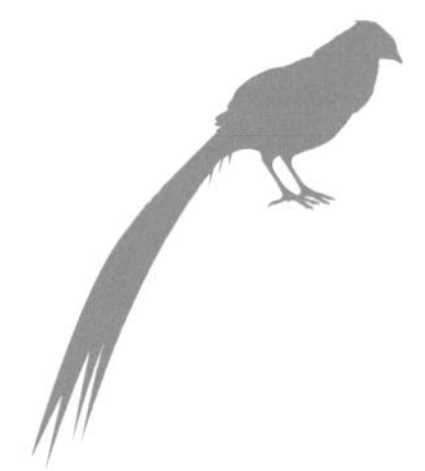

DIAMANTFASAN

Chrysolophus amherstiae

Machen wir uns nichts vor: Dieser Kragen sieht lächerlich aus. Und dieser Vogel übertreibt es auch hinten: Er ist bis zu 1,70 Meter lang, davon sind aber 1,15 Meter Schwanz, das wär' doch auch nicht nötig gewesen. Denn letztlich: Er ist ein Huhn. Fasanen sind Hühnervögel.

Ich kannte bisher nur den Goldfasan. Der sieht nett rotbraun aus, und in der Brutzeit kommt er plötzlich planlos aus den Feldern geschossen und rennt vor dem Auto her. Ja, wenn die Sonne auf sein Gefieder fällt, sieht er schon ein wenig golden aus – aber Diamantfasan? Ist das nicht ein bisschen übertrieben? Gibt's auch Silber-, Eisen- und Platinfasan? Es gibt tatsächlich auch den Silberfasan! Kann natürlich in puncto Pracht mit Gold und Diamant nicht mithalten …

Diamant also. Aus China kommt er, aus der Mongolei und solchen fernen Gegenden, da läuft man halt so rum. Nirgends Diamanten: die Stirnfedern schwarz, mit einem bisschen Rot. Der Kragen silbern und schwarz, der Rücken gold-grün, die Unterseite weiß, die Steuerfedern grau-weiß getüpfelt, gut, das sieht ein bisschen wie Diamanten aus, aber das Ganze ist doch sehr übertrieben.

Er ist schön anzusehen, der Fasan, wie er so dahinstolziert. Schön, und wie so oft besonders Schönes: ein bisschen planlos.

Einmal habe ich in Schottland einen Fasan gegessen, in dem 33 Schrotkugeln steckten, die hinterher mit einem ausgebissenen Zahn auf meinem Tellerrand lagen.

Aber das führt hier jetzt vermutlich doch zu weit. **EH**

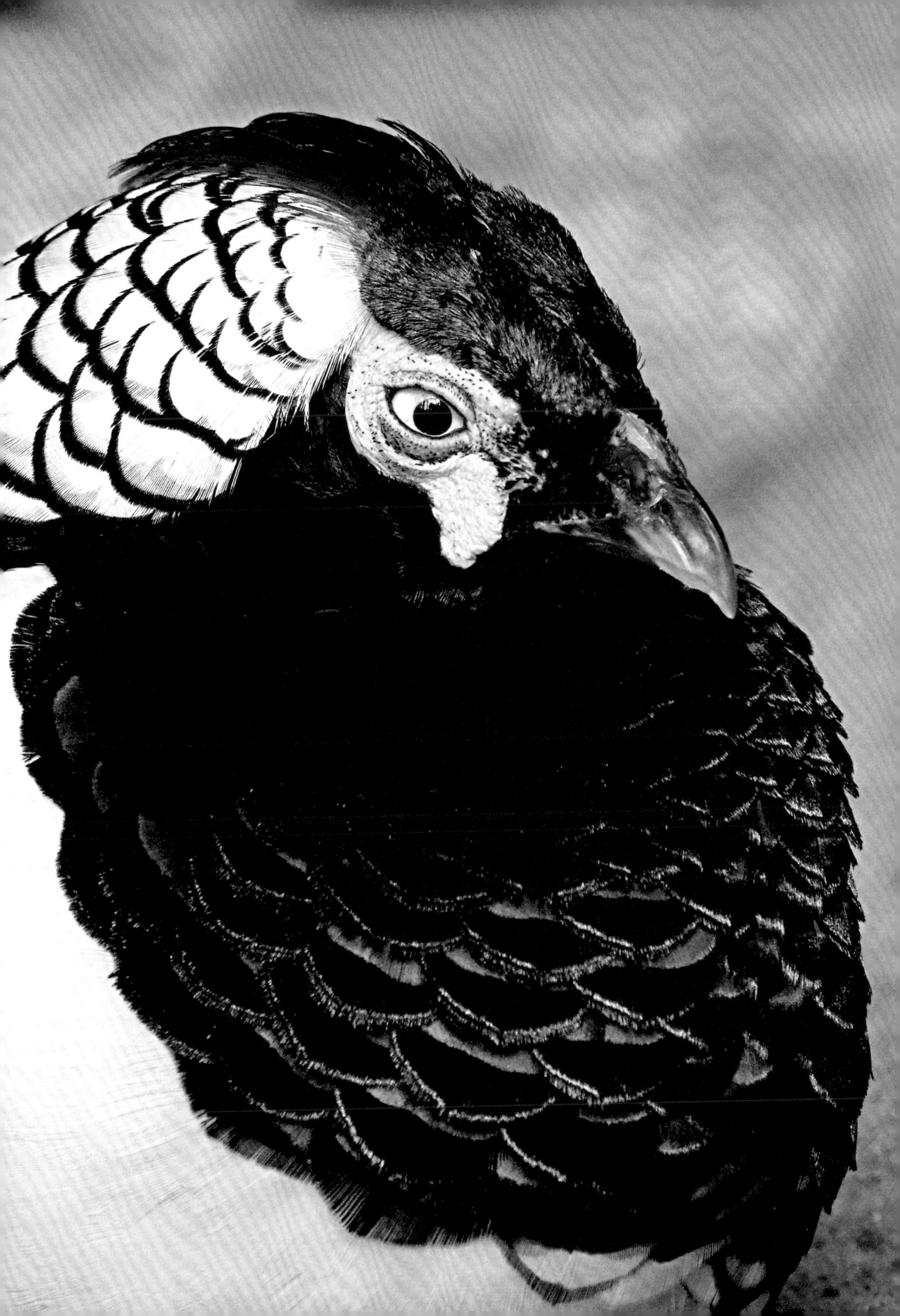

MERKMALE Stammform der Pute · größte Art aus der Ordnung der Hühnervögel, Körperhöhe bis 1 m, Gewicht bis 10 kg · Gesicht und Scheitel hellblau, Hals und Kehle rot, beim Hahn bis 8 cm langer roter Hautlappen zwischen den Augen VORKOMMEN Südkanada bis Nordmexiko, Neuseeland LEBENSWEISE guter Läufer und Flieger · lebt in geselligen Gruppen · Baumschläfer · ernährt sich jung hauptsächlich von Insekten, adult vor allem von Pflanzen, Sämereien, Beeren, Nüssen

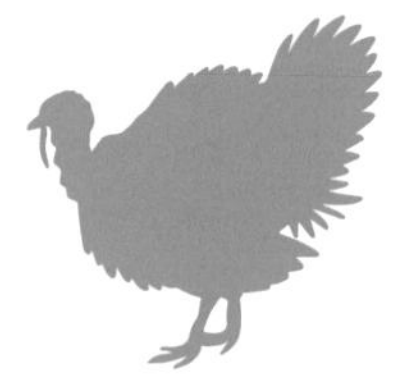

TRUTHUHN

Meleagris gallopavo

Ja, mein Gott, nicht jeder kann schön sein. Aber, das weiß ich genau, jeder hat einmal seinen großen Moment. Schon Andy Warhol hat gesagt: »*In Zukunft wird jeder für 15 Minuten Weltruhm erlangen.*« Jeder. Auch unsereins. Meine 15 Minuten waren 40 Sekunden, die aber für immer. Es sind gute 40 Sekunden in einem der gigantischsten Filme Hollywoods: »Giganten«, 1956, mit Liz Taylor, Rock Hudson, James Dean und mir. Also, meinem Urgroßvater. Einer von meinesgleichen.

Der Texaner Bick Benedict (Rock Hudson, wunderschön) hat Leslie Lynnton (Elizabeth Taylor, wunderschön) aus Maryland geheiratet, sie haben drei Kinder und gerade einen großen Krach, und da fährt Leslie mit den drei Kindern über Thanksgiving zu ihren Eltern nach Maryland. Auf der Ranch läuft ein – ich finde: prächtiger – Truthahn herum, mir aus dem Gesicht geschnitten. Etwa einen Meter groß, etwa zehn Kilo schwer, ein herrlicher roter Hautlappen von den Augen über den Schnabel – alles, wie es sein muss. Und dieser Vorfahre von mir heißt Pedro. Die Kinder lieben und füttern ihn. »*Pedro, Pedro, good boy ...!*« Das hört man doch gern.

Aber dann kommt Thanksgiving, und auf einer Platte wird ein riesiger, kross gebratener Truthahn hereingetragen, und als das erste Kind zaghaft fragt: »Pedro?«, und das zweite nachlegt: »Ist das Pedro?«, und das dritte beim Anschneiden schreit: »Nein!«, und als dann alle – ich habe es gestoppt – vierzig Sekunden heulen, schreien, weinen, trauern um Pedro – wissen Sie, wie lang im Film vierzig Sekunden sind? Das zieht sich! Das ist der größte Truthahn-Moment der Filmgeschichte. Kein noch so schöner Schwan hat dergleichen je erlebt. Ich wollte nur mal dran erinnern ... **EH**

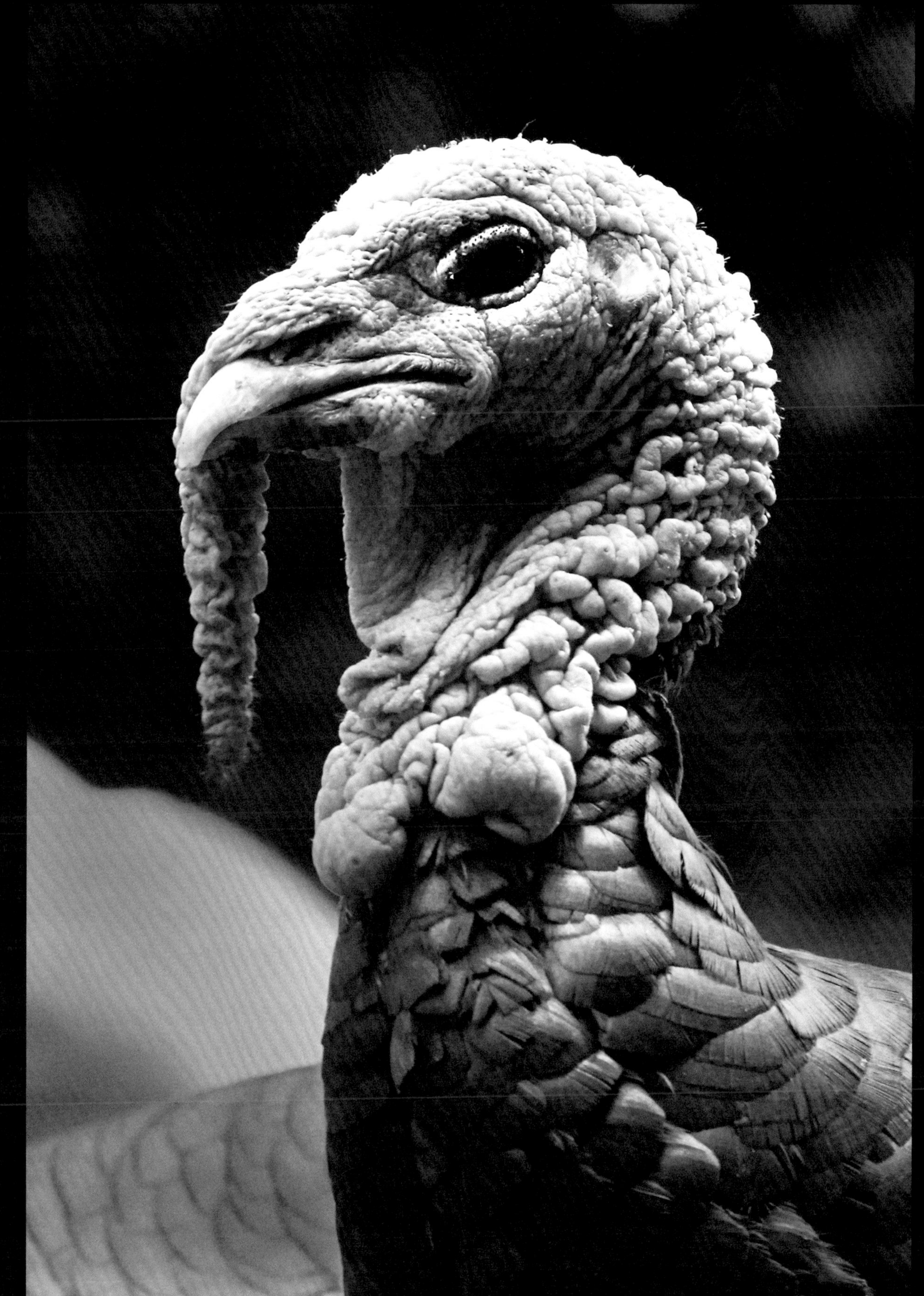

MERKMALE gehört zur Familie der Fasanenartigen · Hahn: Gesamtkörperlänge bis 2,30 m, Gewicht bis 6 kg · kleiner Kopf, Gesicht schwarz-weiß · Hahn: lange grüne Schwanzschleppe mit Augenflecken, intensiv blaues Gefieder und fächerförmige Scheitelkrone · Henne: grünlich-grau, ohne Schleppe · flugfähig, aber nur kurze Strecken VORKOMMEN Indien, Sri Lanka sowie verwilderte Populationen weltweit LEBENSWEISE wachsam, warnt durch laute Schreie · Hahn stellt während der Balz und zur Abschreckung von Feinden seine Schwanzfedern rasselnd zum Rad auf · lebt polygam in Familienverbänden · ernährt sich von Körnern, Sämereien, auch kleinen Schlangen

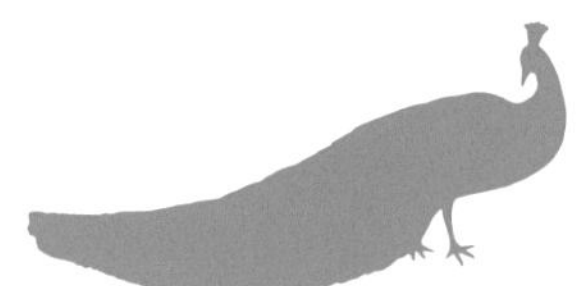

BLAUER PFAU

Pavo cristatus

Ich bin unfassbar schön.

Sie sollten das in Farbe sehen: blau, grün, golden, alles schillert und schimmert, und es gibt in der ganzen Natur nichts Prächtigeres als mich. Meine Gefährtin, nun ja, eher unscheinbar. Aber ich – man kann sich doch nicht sattsehen, oder? Sehen Sie das Krönchen? Hinreißend. Und was Sie nicht sehen: meine Schleppe, meine Schwanzfedern, was für ein Fotograf ist das denn, der das einfach weglässt, anderthalb Meter ist diese Schleppe lang, und sie hat Muster! Muster! Von so was können Modedesigner nur träumen. Ich stolziere gravitätisch und ziehe diese Schleppe hinter mir her, und wenn mir danach ist, schlage ich ein Rad, und dann ... dann möchte man schier niedersinken und sterben bei so viel Schönheit, Sie wissen ja, August von Platen: »*Wer die Schönheit angeschaut mit Augen / ist dem Tode schon anheimgegeben*«, ja, so ist das. Nur meine Federn, nur die Pfauenfedern darf man als Lesezeichen in den Koran legen, wussten Sie das? Jetzt wissen Sie es. Haben Sie mich schon einmal schreien gehört? Da gefriert Ihnen das Blut. Da schreien Jahrtausende Kulturgeschichte. Zeitlos. Ewig.

Ich war schon im Garten Eden dabei, und der erste Pfauenthron für einen persischen Schah hatte 26733 Edelsteine – wäre meiner Meinung nach gar nicht nötig gewesen, meine Federn sind doch schön genug! Ein anderer Schah nannte seine Lieblingsfrau Tavus, was Pfau heißt, und Kaiserin Soraya hieß immer »*die Deutsche auf dem Pfauenthron*«.

Ich bin wichtig. Aber ich bin vor allem eins: unfassbar schön.

Und wie alle allzu große Schönheit auch fast einen Hauch – lächerlich. Mit diesem winzigen Köpfchen. Nun ja. **EH**

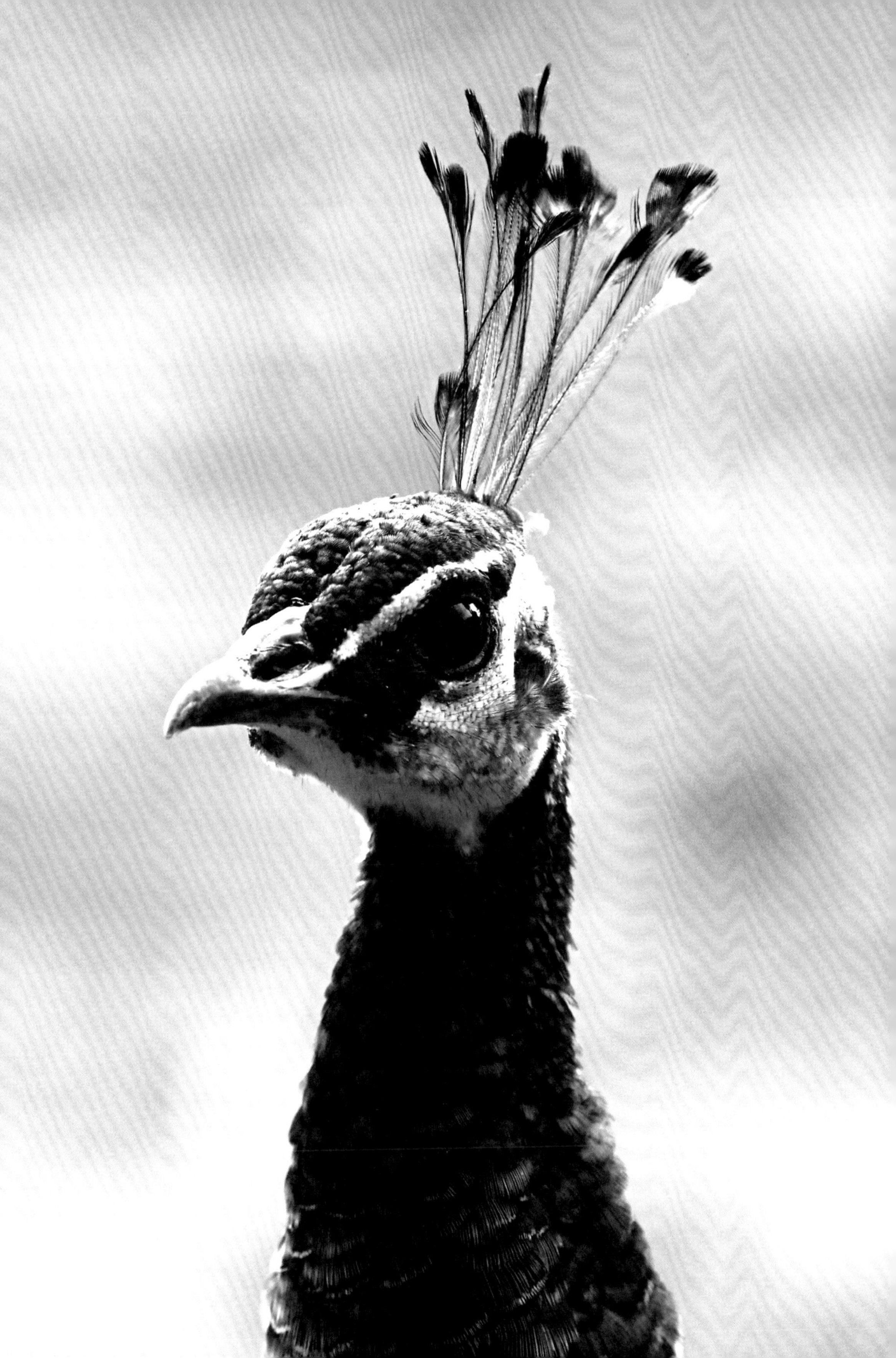

MERKMALE größter Taubenvogel, Körperlänge bis 74 cm, Gewicht bis 2,4 kg · auffällig blau gefärbt · große filigrane Kronhaube mit spatelförmigen weißen Federspitzen VORKOMMEN Neuguinea und benachbarte Inseln · Sümpfe, Sagopalmbestände, trockene Wälder LEBENSWEISE ernährt sich von Sämereien, Früchten und Insekten · hält sich paarweise oder in kleinen Gruppen fast nur am Boden auf, schläft jedoch auf Bäumen · baut ein großes Nest, das Gelege besteht nur aus einem Ei ROTE-LISTE-STATUS (IUCN) potenziell gefährdet

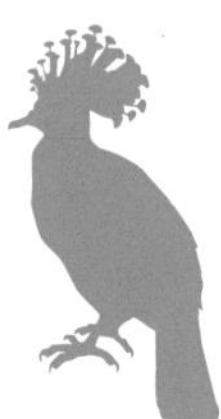

FÄCHERTAUBE

Goura victoria

Immer schon spürte ich in mir eine ornithologische Affinität, keinen blassen Schimmer, woher. Als Bub schlich ich fernglasbewehrt über Wiesen und durch Wälder, während meine Kumpels die Mopeds frisierten oder ihre Pubertätsmähnen.

Aber diese Fächertaube hat mich nie interessiert, ich guckte mir lieber im Zoo einen Sperling an, der freiwillig hier Wohnsitz nahm. Und nun wird mir ein Text über die Fächertaube abverlangt.

Ich tippe diesen Vogel ins www, und tataa! Lauter Bilder mit Déjà-vu-Feuerwerk aus meinen Kindheitstagen. Diese Kronentaube aus Neuguinea scheint das Publikum zu beglücken. Nachdem der Londoner Zoo 1848 diese Art erstmals vorzeigte, kommt kein Tierpark mehr ohne sie aus. Auf sanften Druck des Verlegers habe ich weiter recherchiert und stieß auf das hier:

Die Forschung verglich das Erbgut einer Felsentaube mit 36 Zuchttauben sowie wilden Verwandten und stießen auf eine 5 000-jährige Taubengeschichte. Unter ihnen gibt es allerlei extravagantes Aussehen. Denken wir nur an die Zuchtausstellungen mit Tieren, die als Taube fast nicht wiedererkennbar sind.

EphB2 heißt eine Mutation und soll dafür verantwortlich sein, dass bei gewissen Tauben die Federn im Nacken quasi gegen den Strich wachsen und zu Krönchen werden. Dieses *EphB2* stünde mit der Entstehung von Alzheimer und Prostatakarzinomen in Zusammenhang und, so meinen Forschende, zu weiteren Krebserkrankungen. Was bei gewissen Lebewesen zum Schmuck für die Balz wuchert, kann bei anderen lebensgefährliche Umstände herbeiführen. Da überlebenswichtig, dort lebensbedrohend. Oh Natur, du großes Rätsel. **UA**

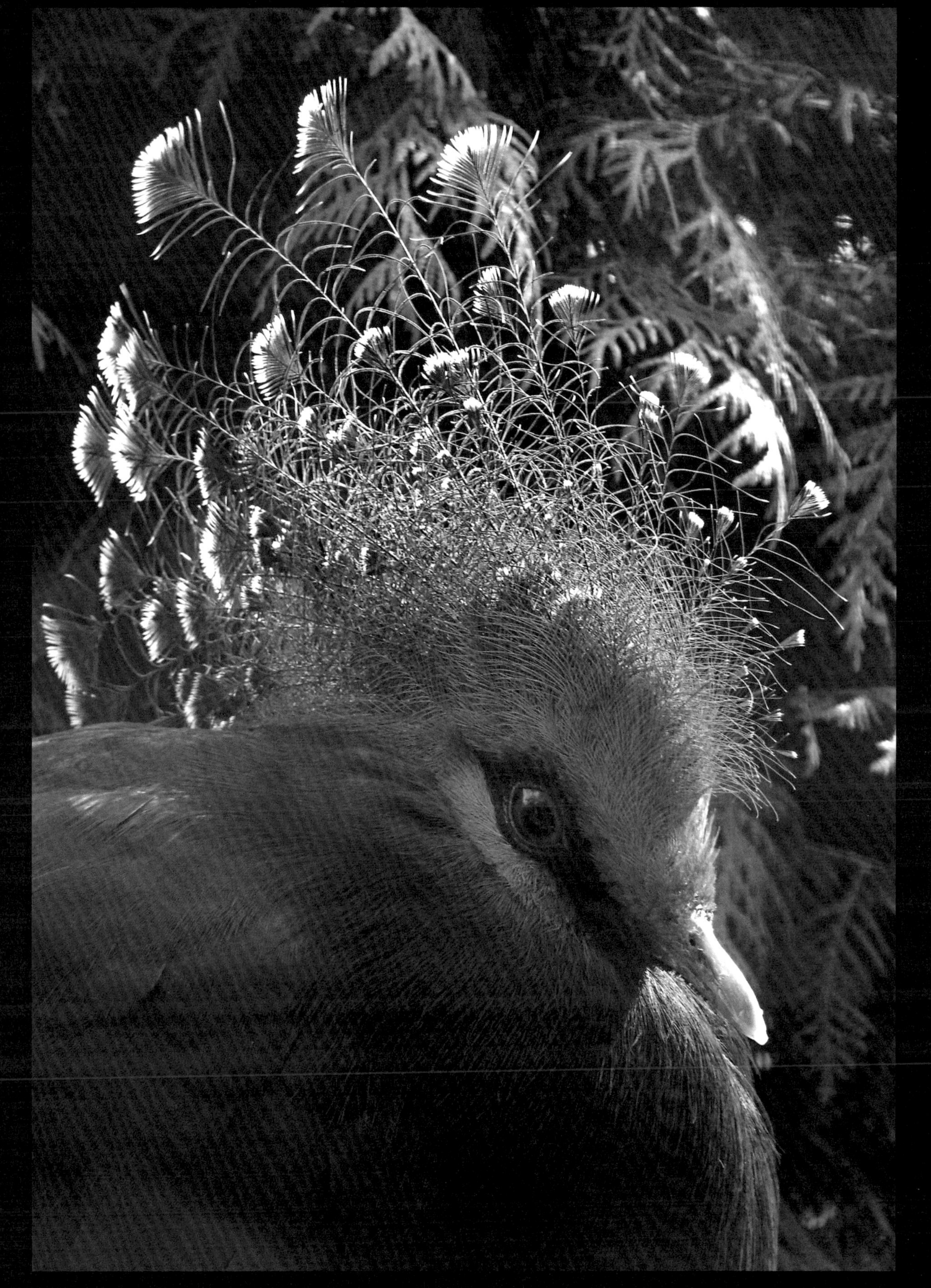

MERKMALE Körperlänge bis 1,05 m, Spannweite bis 2 m · Gefieder schwarz mit weißen Flügeln, Hals dunkelgrau · Kopf samtig schwarz mit rosafarbenen Wangen und kleinem roten Kehllappen, kleiner Schnabel, am Hinterkopf goldgelbe Federkrone VORKOMMEN Ost- bis Westafrika, Sahel- und Savannen-Zone LEBENSWEISE weitgehend sesshaft · brütet in dauerhafter Einehe gerne auf Bäumen, außerhalb der Brutzeit gesellig in großen Schwärmen · ernährt sich von Getreide und Insekten, auch kleinen Wirbellosen, die er stampfend aufscheucht · zur Paarungszeit graziler Tänzer ROTE-LISTE-STATUS (IUCN) gefährdet

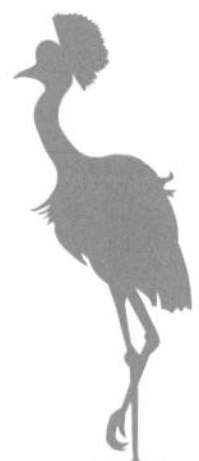

KRONENKRANICH

Balearica pavonina

Auch in der Mode ist ja ein Zuviel manchmal nicht so gut wie etwas weniger. Was der Kronenkranich hier alles aufbietet, ist doch fast ein wenig übertrieben: Über der Stirn trägt er einen dunkelsamtenen Puschel, vor der Brust ein Flatterkleid aus Fransen und dann auf dem Kopf eine verwegene, strahlenförmige goldene Krone, die an den Pfau erinnert, den prächtigsten aller Prächtigen, weshalb man den Kronenkranich auch Pfauenkranich nennt. Aber diese goldene Kronenpracht, so relativiert mein geliebter nüchterner Alfred Brehm sogleich wieder, sei letztlich nur *»aus borstenartigen Gebilden«*. Also kein reines Gold.

Aber nicht genug damit, dass dieser Vogel sich modisch derart aufbläht – er hat auch noch eine seltsame Eigenschaft: Er tanzt. Auf afrikanischem Sandboden hüpft er herum, springt meterhoch vom Boden ab, hebt dabei nur leicht die Flügel an, setzt dann, landend, die Füße wie im Tanz nacheinander wieder auf, was soll das?

Brehm vermutet, dass sich *»nur das Männchen in dieser Weise belustigt«*. Damen machen so was nicht. Und bei diesem wirklich höchst seltsamen Vogel geht auch der sonst streng bei der Sache bleibende Alfred Brehm ein wenig ins Private und plaudert aus:

»Mein Bruder Reinhold sah ihn in Lissabon als halbes Haustier, wie es schien, ohne alle Aufsicht in den Promenaden und Straßen der Stadt freiumherlaufen.«

Ach, was waren das noch für schöne Zeiten! Man geht spazieren und begegnet einem solchen Wunder – denn letztlich, auch wenn ich hier und da mäkele und mich augenzwinkernd lustig mache: Was für Wunder sind sie, diese sonderbaren Luftwesen! **EH**

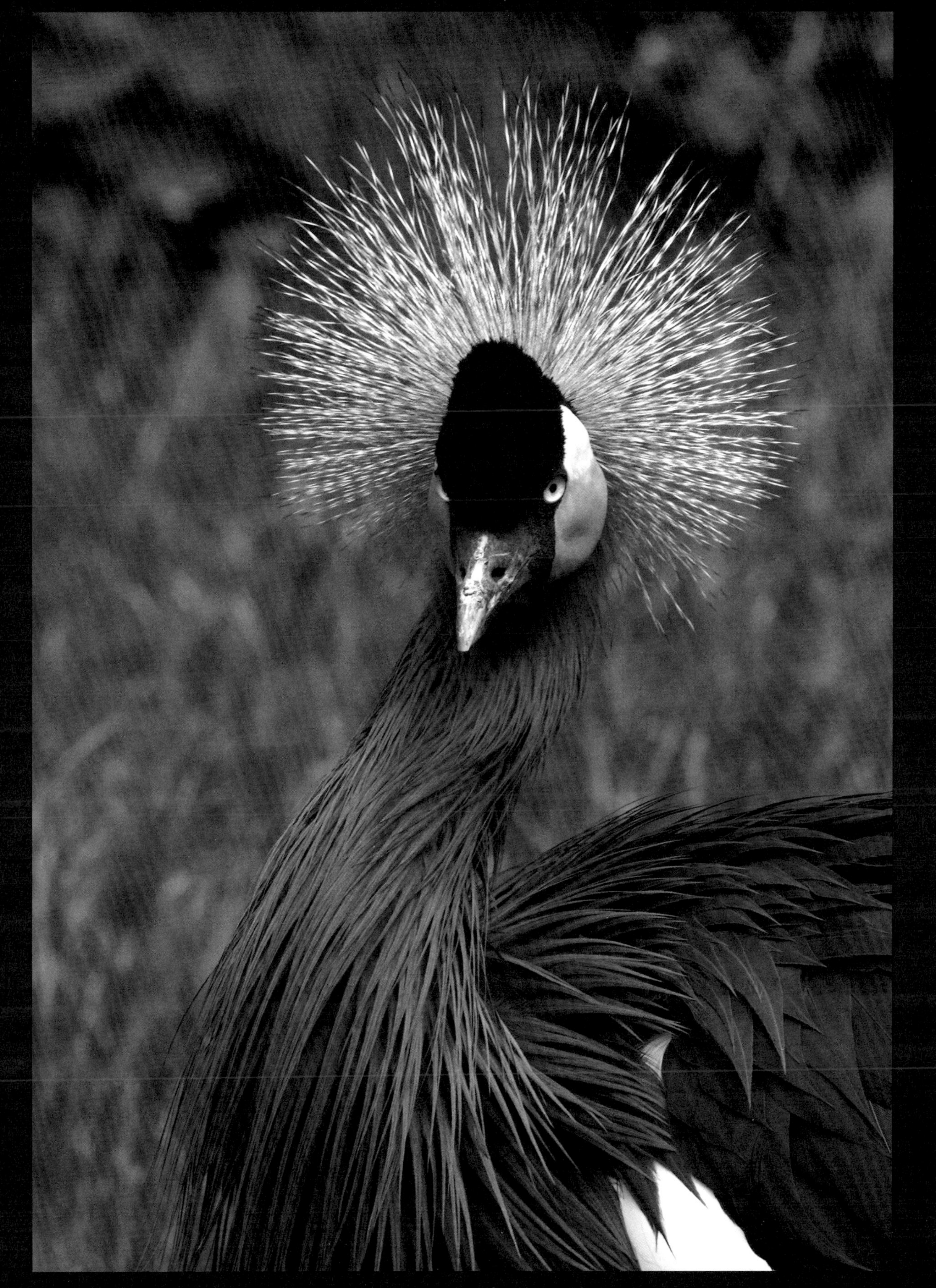

MERKMALE domestizierte Form der Felsentaube · Körperlänge bis 34 cm, Spannweite bis 68 cm · Gefieder variiert von dunkelgrau bis fast weiß, Flügelunterseite hell, schwarze Flügelbänder · rötliche Läufe · rote oder braune Iris · zahlreiche regionale Besonderheiten VORKOMMEN weltweit in Städten LEBENSWEISE standorttreuer Kulturfolger · Gebäudebrüter in schnell zusammengesteckten Nestern, mehrere Gelege im Jahr · ernährt sich von Samen und Essensresten, muss regelmäßig trinken · die charakteristischen ruckartigen Kopfbewegungen dienen dem besseren Sehen

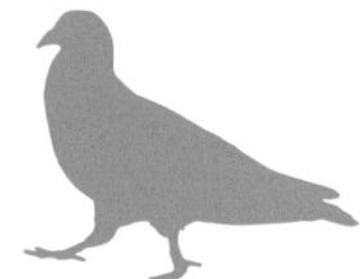

STADTTAUBE

Columba livia domestica

Die »Ratten der Lüfte« – was für eine Infamie. Diese sanften Tiere, die der Mensch einst aus dem Wald in die Städte gelockt hat, werden bekämpft, vergiftet, gequält und sind zum elenden, kranken Proletariat verkommen. Nur in Venedig, auf dem Markusplatz, da füttern wir sie plötzlich und lassen uns dabei noch fotografieren.

Als ich ein Kind war im Ruhrgebiet, gab es nichts Schöneres, als mit Opa und Onkel nach der Schicht »auffem Pütt« in die Taubenschläge unter dem Dach zu kriechen, wo gegurrt und geflattert wurde und wo wir Kinder den liebevollen Umgang mit diesen sanften, klugen Tieren lernten.

Überall werden die Tauben vertrieben, es gibt keine Nischen, Ruinen, Ecken mehr für sie, es gibt spitze Drähte, die ihre Füße verletzen, und man führt Krieg gegen sie – nur wenn geheiratet wird, dürfen süße weiße Täubchen fliegen (wohin? ins Elend), und bei der Olympiade in Korea 1988 saß ich in diesem Stadion, in dem bei der Eröffnung Tausende weißer Tauben freigelassen wurden und in dem ringförmigen olympischen Feuer oben verbrannten und tot oder halb tot in die Menge fielen, ein unvergessliches Grauen.

Die Taube war es, die Noah nach der Sintflut den Ölzweig auf die Arche brachte, die Taube half Aschenputtel, die Erbsen zu sortieren und den Prinzen zu bekommen, die Taube war es, die Picasso immer wieder als Friedenssymbol malte, und Paloma, Taube, nannte er seine Tochter. Und wie erscheint der Heilige Geist den Menschen an Pfingsten? Als Taube.

Heute laufen diese Tiere auf verkrüppelten Füßen durch die Fußgängerzonen, mit von Kaugummi verklebten Schnäbeln, und die Kinder treten nach ihnen.

Geh zurück in den Wald, liebe Taube. Du hast bei uns keine Chance. **EH**

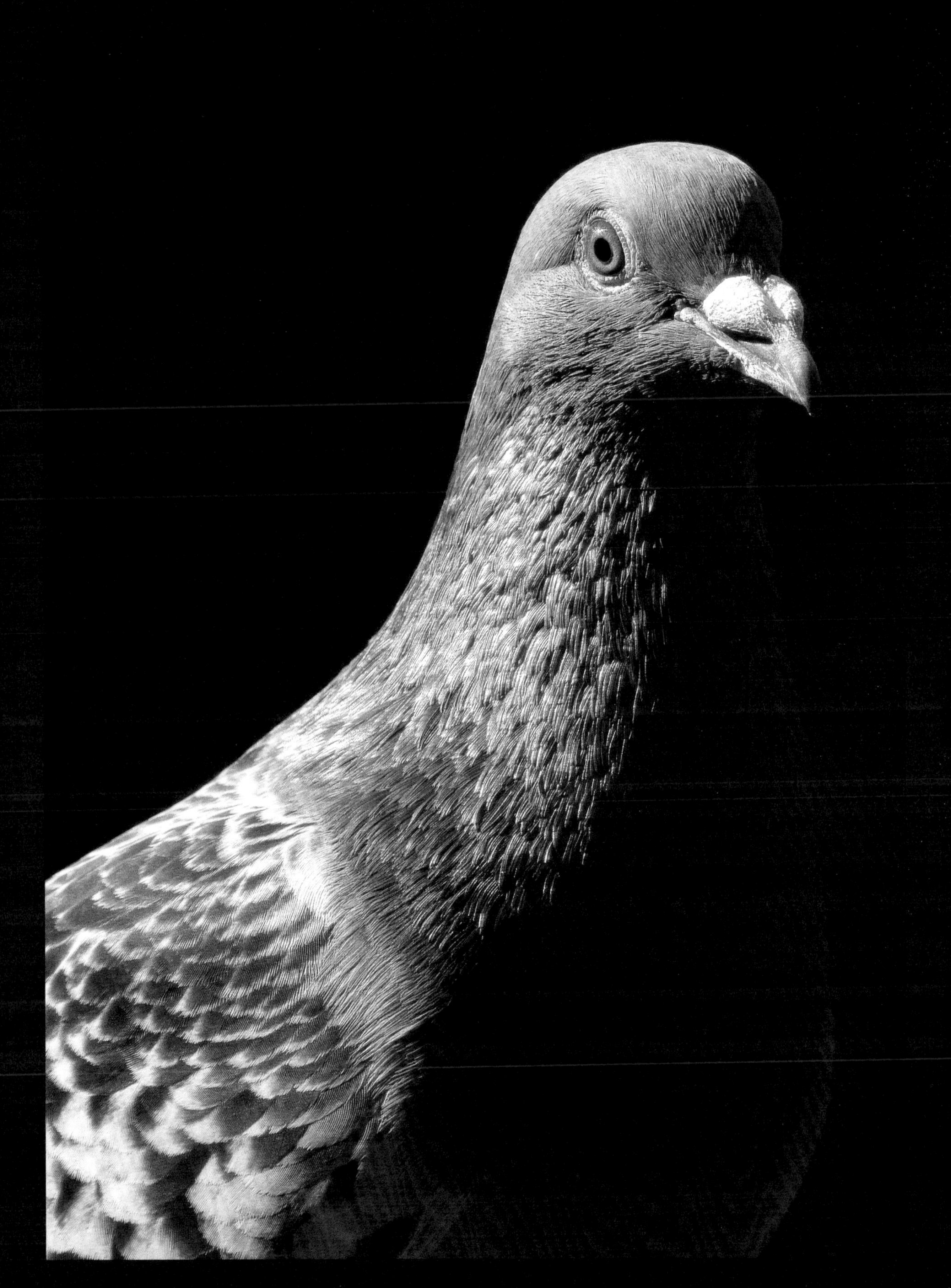

MERKMALE auch Schopfibis; Körperlänge bis 33 cm · Gefieder überwiegend rotbraun, Flügelenden und Schopffedern weiß · mantelartiges Schultergefieder · Kopf grünlich metallisch, Augenringe nackt und leuchtend rot · langer, gekrümmter Schnabel VORKOMMEN Madagaskar (endemisch) · feuchter Regenwald LEBENSWEISE Schreitvogel · gesellig, aber scheu · sucht in Gruppen oder als Paar stochernd nach Insekten aller Art, auch nach Würmern und Krebstieren · führt zur Paarungszeit elegante Tänze auf ROTE-LISTE-STATUS (IUCN) potenziell gefährdet

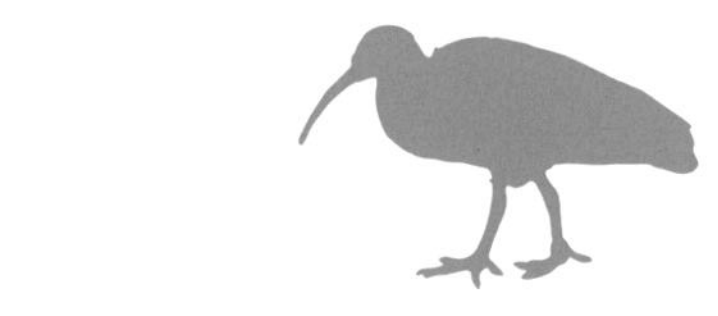

MÄHNENIBIS

Lophotibis cristata

Sehr verehrte Damen, geneigte Kollegen, es ist mir eine Ehre, dieses Tier in diesem Buch aufgenommen zu sehen. Erlauben Sie mir die Erwähnung, dass die Entdeckung des Mähnenibisses – so benennen Sie heute diesen Vogel, nicht wahr? – durch meine Wenigkeit ermöglicht wurde. Unter schweißtreibender Mühe durfte ich dieses Tier 1783 auf Madagaskar erlegen und es meiner Gefolgschaft präsentieren. Diese Menschen wollten es gleich verspeisen, was ich in wissenschaftlicher Mission zu verhindern vermochte. Im Lager griff ich zur Schreibfeder und gab ihm den Namen *Tantalus cristatus*, in Anlehnung an den Büßer in der Unterwelt, geschmückt mit Kamm oder Helm. Unter den Vertretern der madegassischen Vögeln habe ich kein größeres Tier entdeckt, das gerne durch die Mangrovensümpfe stolziert.

Im Jenseits wurde mir zugetragen, dass mein Findelkind von dem deutschen Kollegen Heinrich Gottlieb Ludwig Reichenbach auf *Lophotibis cristata* umbenannt wurde. Eine inakzeptable Negierung meiner Referenz an die griechische Mythologie. Mit diesem neumodischen Wort ιβις kann niemand was anfangen, und ich wähne mich im Verdacht, dass Reichenbach sich mit dem Neffen des Napoléon Bonaparte gutstellen wollte, der 1846 das fürchterliche Wort *Lophotidae* für einen Fisch mit Schopf erfand.

Lassen wir die Eitelkeiten. Möge dieses Wesen auch in Ihrer Zeit existieren; wenn dem nicht mehr so sein sollte, bewahren Sie dieses Druckwerk als Gedenkbuch auf.

Hochachtungsvoll, Ihr Pieter Boddaert

1730 in Middelburg (Niederlande) geborener und 1795 in Utrecht verblichener Arzt, Zoologe, Ornithologe, Mitglied der Gelehrtenakademie Leopoldina und Dozent an der Universität Utrecht **UA**

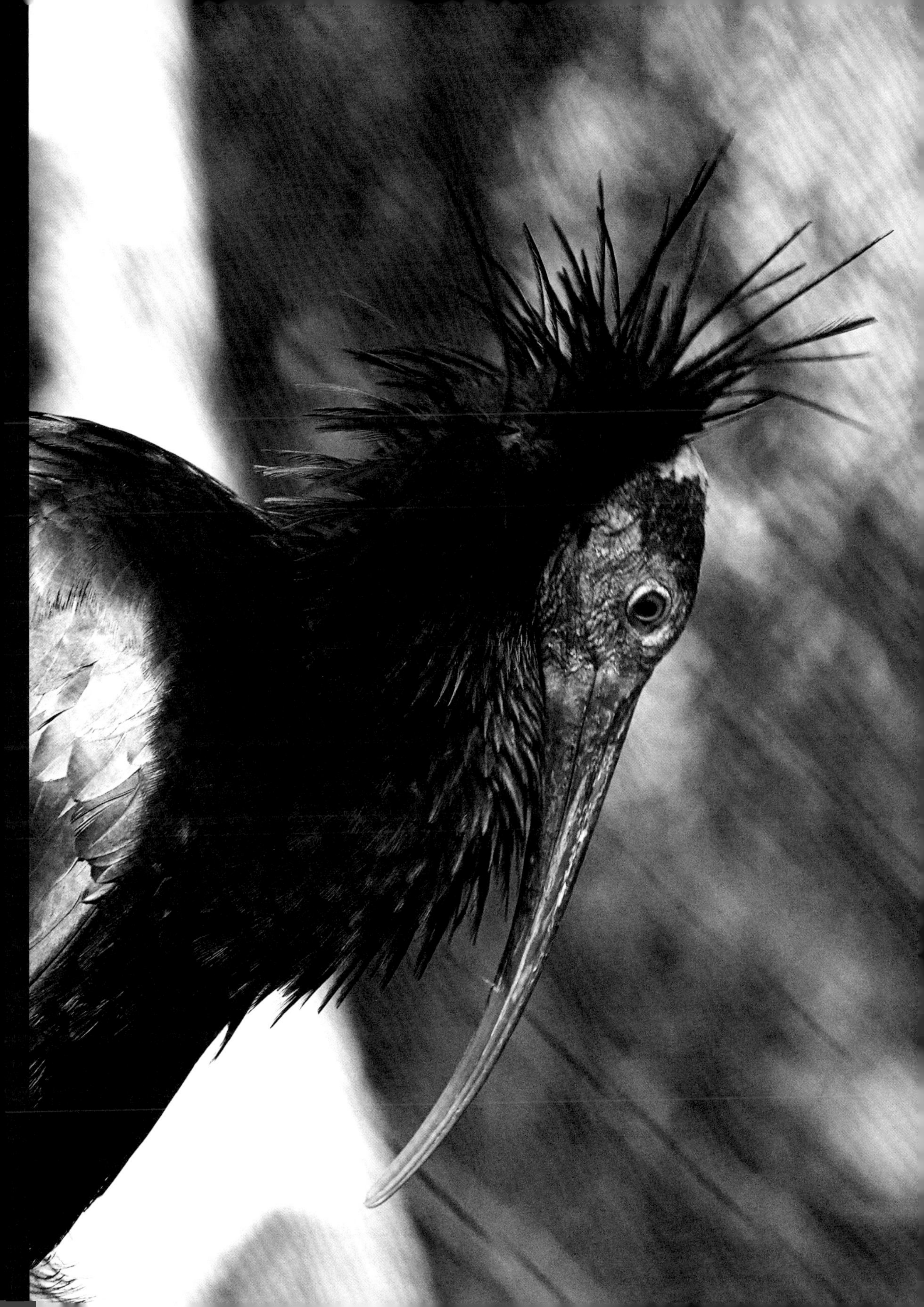

MERKMALE größter Laufvogel der Welt, Körperhöhe bis 2,80 m, Gewicht bis 150 kg · Laufgeschwindigkeit bis 70 km/h · Hähne schwarz-weißes, Hennen erdbraunes Gefieder · lange, kräftige Beine · zwei Zehen mit langen Krallen · nackter Hals, kleiner Kopf · im Verhältnis sehr große Augen bis 5 cm Durchmesser VORKOMMEN Subsahara · Savannen und Wüsten LEBENSWEISE kann weite Strecken wandern · legt sich bei Gefahr und zum Schlafen hin · kann durch gezielte Tritte selbst große Gegner töten · ernährt sich vor allem pflanzlich, auch von Insekten, schluckt Steine u. Ä. als Verdauungshilfe

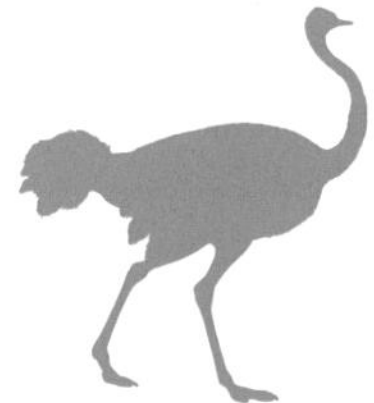

AFRIKANISCHER STRAUSS

Struthio camelus

Ist das überhaupt noch ein Vogel? Viel zu schwer zum Fliegen! Aber rennen kann er wie kein Zweiter, bis zu 70 Kilometer pro Stunde, und bei Angst soll so ein Riesentier – bis zu 2,50 Meter kann ein Straußenmann hoch werden! – den Kopf in den Sand stecken? Nie im Leben. Bei Gefahr oder wenn er seine Jungen bewacht, legt der Strauß sich flach hin, und in der flirrend heißen Wüstenluft sieht man dann nur den riesigen Leib, nicht das nackte Hälschen mit dem kleinen Kopf – aber der ist keineswegs in der Erde. Sinnestäuschung, Legende, haben wir das auch mal geklärt.

Der Nichtvogel fliegt nicht nur nicht, er singt auch nicht, er brüllt wie ein Löwe, und einen Tritt von dem möchte man nicht abbekommen. Kann tödlich enden! Bis zu 130 Kilo kann so ein Kerl wiegen, und dabei ernährt er sich nur von Pflanzen und Früchten. Und alt ist er, sehr alt, in Gräbern aus der Zeit des 9. Jahrtausends vor Christus hat man Schmuck und Perlen aus den harten Schalen von den großen, bis zu zwei Kilo schweren Straußeneiern gefunden. Für was ist er nützlich, so ein Strauß? Man isst sein Fleisch, Damen schmücken sich mit seinen Federn, die auch als Wedel zum Staubwischen benutzt werden, aber sonst – nützlich? Sein Name kommt vom altgriechischen *strouthion*, was etwa großer Spatz bedeutet, auch: Kamelspatz, und die Perser sagen: Dieser Strauß ist doch ein Drückeberger! Fordert man ihn auf, zu fliegen, sagt er, er wäre ein Kamel, und soll er Lasten tragen, sagt er, er sei aber ein Vogel. Und jetzt hat er den Namen weg: *Struthio camelus*, einer, der sich nicht entscheiden kann, was er denn nun eigentlich ist. Mit der großen musikalischen Familie der Strauße (Johann Vater, Johann Sohn, Johann Enkel, Onkel Eduard oder Richard) ist er hingegen nicht verwandt. Wobei sich Richard ohnehin mit ss schreibt. **EH**

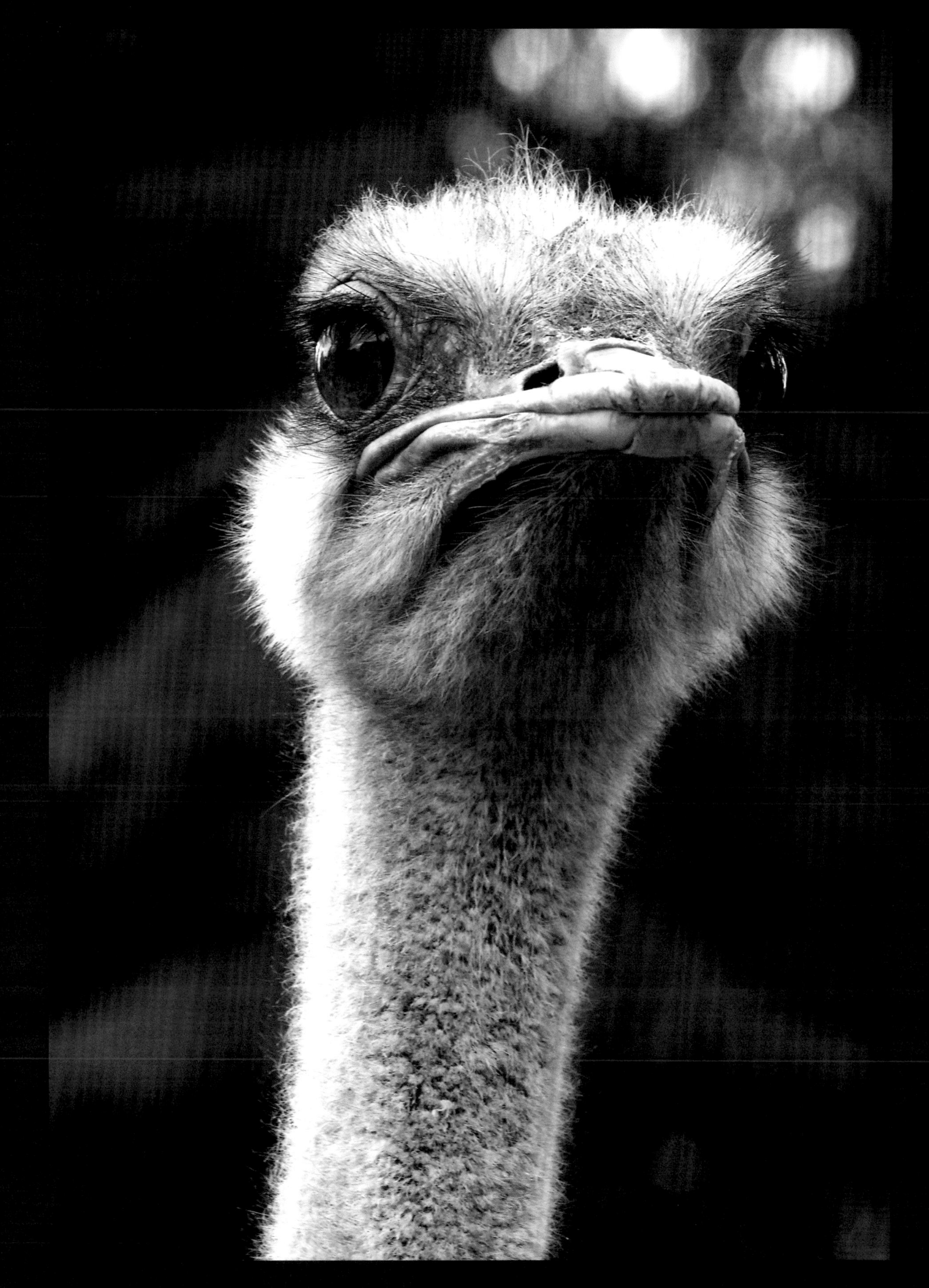

MERKMALE gehört zur Ordnung der Kraniche · einer der schwersten flugfähigen Vögel, Körperhöhe bis 1,30 m, Gewicht bis 19 kg · schwarz-braunes Gefieder, grau-weißer Kopf und Hals · lange Beine, 3 kräftige Zehen · Männchen mit aufblasbarem Kehlsack VORKOMMEN Süd- und Ostafrika · Savannen, Halbwüsten LEBENSWEISE sehr scheu · lebt fast nur am Boden · ernährt sich von Beeren, Samen, auch Insekten, kleinen Reptilien, Säugern ROTE-LISTE-STATUS (IUCN) potenziell gefährdet

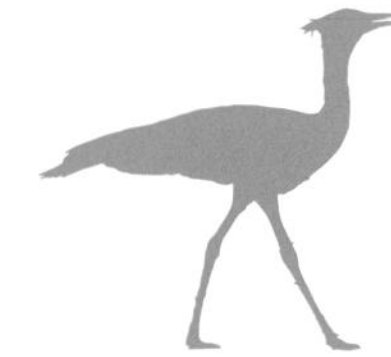

RIESEN-TRAPPE

Ardeotis kori

Die Aufregung war enorm. Im Müggelwald fanden Naturschützer Eier von Riesentrappen! Unmöglich, die gibt's nur in Afrika. Wenn, dann können nur Großtrappen gesichtet werden. Es wurde Alarm geschlagen. Auf den Behörden begann man zu schwitzen in Erinnerung an sehr teure verkehrstechnische Maßnahmen zum Schutz der Großtrappen, damals in den 1990ern; sie leiden unter der industrialisierten Landwirtschaft. Balzende Männchen können sich zur Unkenntlichkeit aufplustern, was recht schräg aussieht. Trappen rennen lieber mit ihren kräftigen Beinen und fliegen nur bei Stress, aber Riesentrappen können immerhin bis zu 30 Jahre alt werden. Wie die Sache ausging? Der Heimatverein Köpenick erlaubte sich mit zwei gebastelten Eiern 2019 einen Aprilscherz. Immerhin weiß nun die ganze Gegend, was Trappen sind. UA

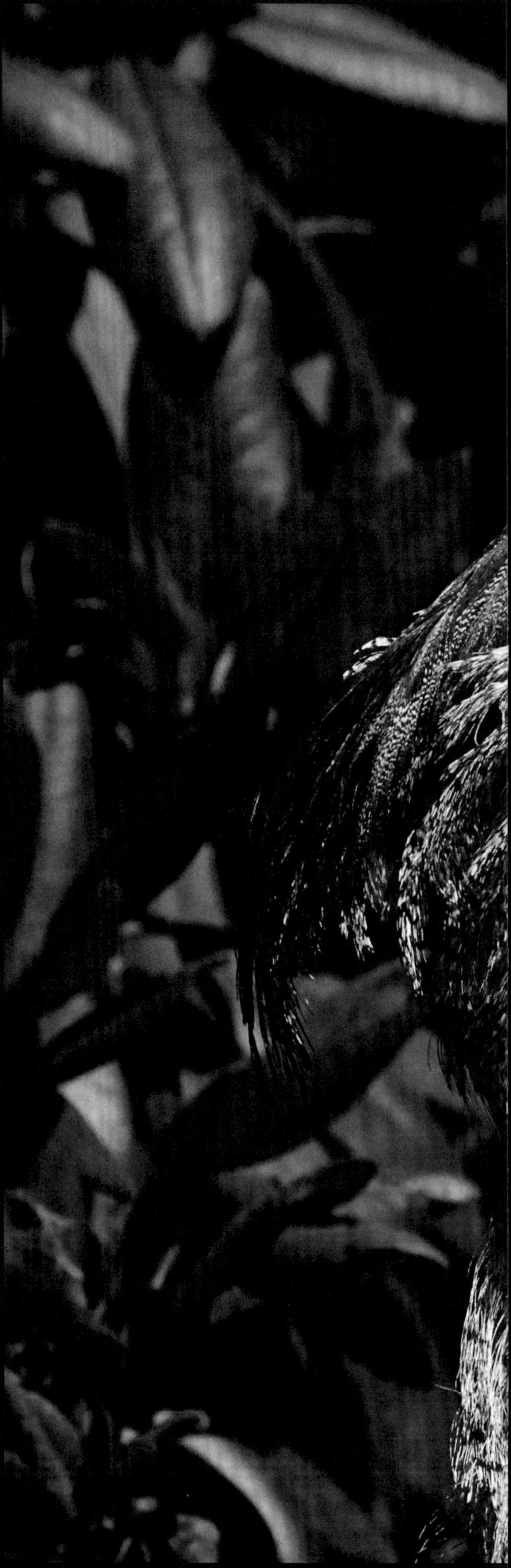

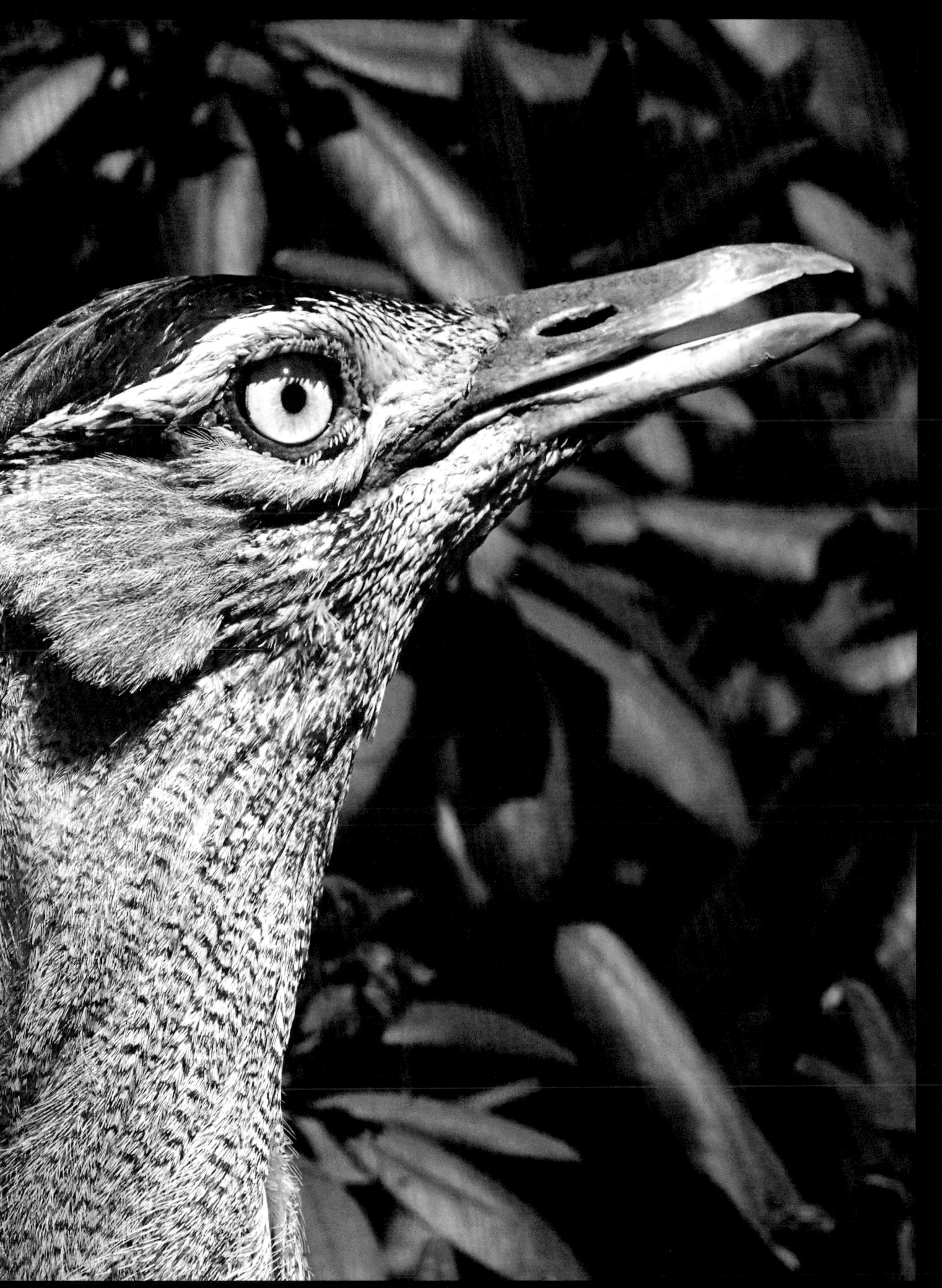

MERKMALE Körperlänge bis 1 m, Spannweite bis 1,85 m · tiefschwarzes Gefieder, Augen und Oberhals nackt · aufblasbarer Kehlsack, langer, gekrümmter Schnabel mit helmartigem, scheinbar abgebrochenem Aufsatz an der Basis · lange Oberlidwimpern VORKOMMEN Subsahara LEBENSWEISE ständig auf Nahrungssuche am Boden · fliegt nur bei Gefahr · auffällig watschelnder, wankender Gang · Fleischfresser, ernährt sich von großen Insekten, Spinnen, Skorpionen, kleinen Reptilien und Nagern, auch Aas · Brutgeschäft und Aufzucht werden vom Männchen und Weibchen gleichermaßen besorgt
ROTE-LISTE-STATUS (IUCN) gefährdet

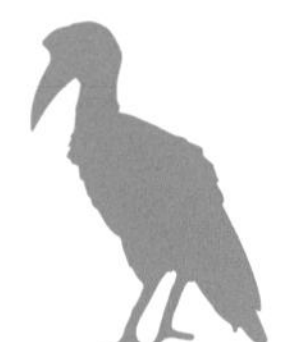

NÖRDLICHER HORNRABE

Bucorvus abyssinicus

Die kennen echt nichts, diese Kerle. Wenn es um die Braut und das eigene Heim geht, dann geht es zur Sache. Wir reden hier von Hornraben, also sicher mal von dem einen hier, der im Zoologischen Garten Basel freie Flugbahn genoss. Da landete das prächtige Männchen auf dem Sims des Oberlichts im Antilopenhaus. Nachdem er mit der Allerliebsten in den letzten Tagen mit viel gesammeltem Nistmaterial eine gemütliche Kinderstube eingerichtet hatte, sah sich der Gockel auf einmal einem Artverwandten gegenüber, einem Kerl wie er. Die Empörung war groß! Und das geht gar nicht. Das verstößt gegen jedes Naturgesetz. Entweder er oder ich – etwas salopp zusammengefasst.

So hackte unser Hornrabe unerbittlich auf sein Gegenüber ein, bis die Federn flogen und Glas splitterte. Was nicht reichte, denn bei jedem weiteren Oberlichtfenster war er wieder da, sein Mitbuhler. So zerstörte der Rabe ein Glas nach dem anderen, bis von der Konkurrenz nichts mehr übrig war. Das wartende Weibchen im Nest verdrehte wohl die Augen ob ihres Helden (keine Ahnung, ob die das überhaupt können).

Die Tierpfleger standen unten vor dem Scherbenhaufen und beschlossen, diesen Macho von Hornrabe einzufangen und ihm die Flügel wieder zu stutzen. Mit dem Resultat, dass die ersetzten Oberlichtfenster wieder für eine Weile hielten. Später, nach erfolgreicher Brut und nachgewachsenen Federn, konnte der Hornrabe sein Spiegelbild wieder ertragen. Heute kann jedoch nicht mehr eruiert werden, ob es sich um einen Nördlichen oder Südlichen Hornraben handelte, denn das verriet der Berichterstatter im »Oberländer Tagblatt« am 30. April 1955 nicht. Aber die hier vorliegende Abbildung zeigt einen Nördlichen Hornraben und mit Sicherheit spiegelverkehrt. **UA**

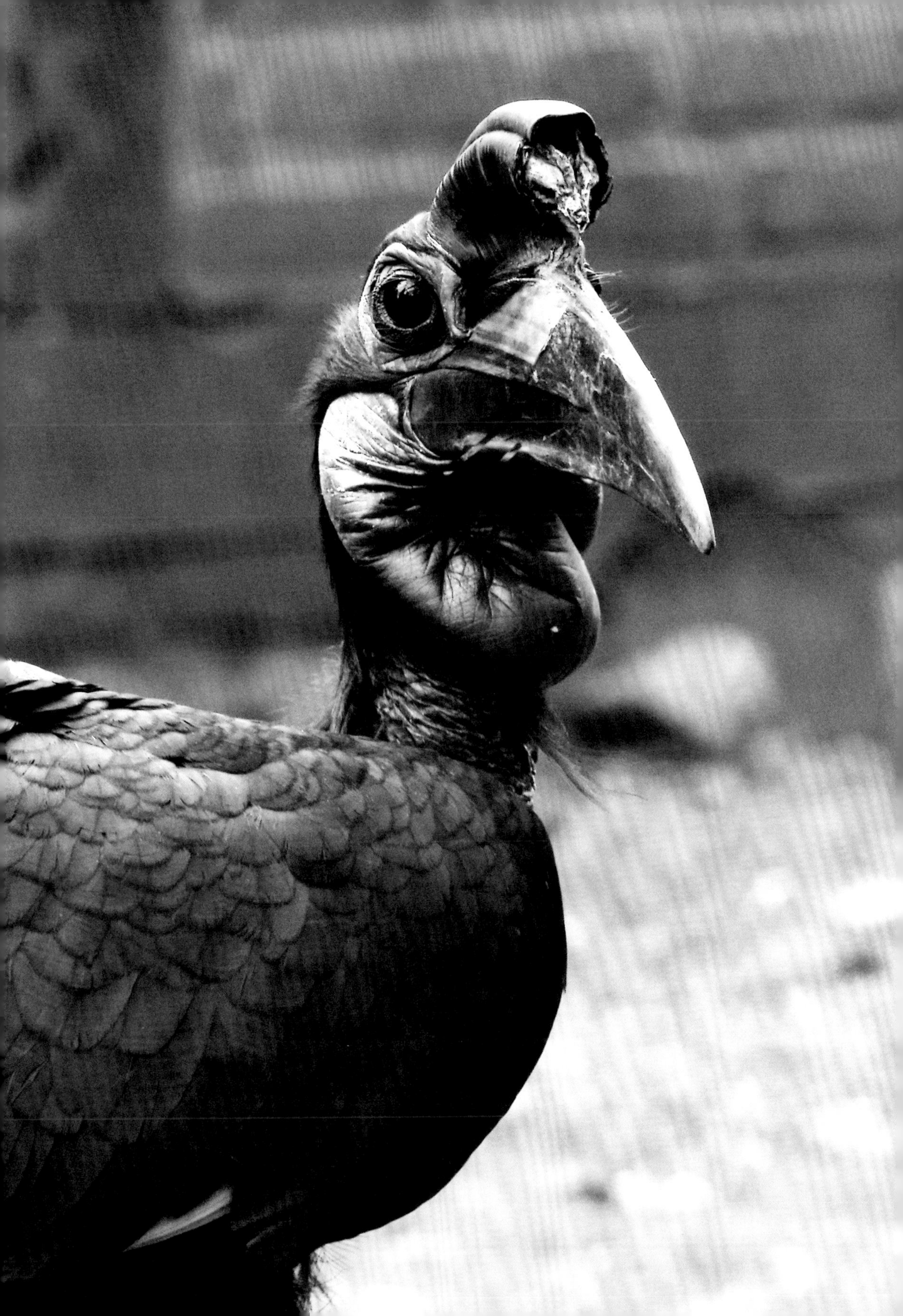

MERKMALE größte Möwenart, Körperlänge bis 65 cm, Spannweite bis 1,55 m · Lebenserwartung in Freiheit bis 15 Jahre · das adulte Tier mit gelbem, bis 65 mm langen Schnabel mit auffälligem roten Fleck, dem sog. Gonysfleck · Gefieder bis auf die silbergrauen Flügel weiß, rosa Beine · Iris gelb mit orangem Augenrand VORKOMMEN Nord- und Westeuropa · Küstengebiete LEBENSWEISE Allesfresser, vor allem Krebs- und Weichtiere, Muscheln, Fisch, auch Jungvögel, selten Kleinsäuger · führt eine monogame Saisonehe · reagiert empfindlich auf Territorialverletzungen durch Rivalen, u. a. durch »wütendes« Grasausrupfen

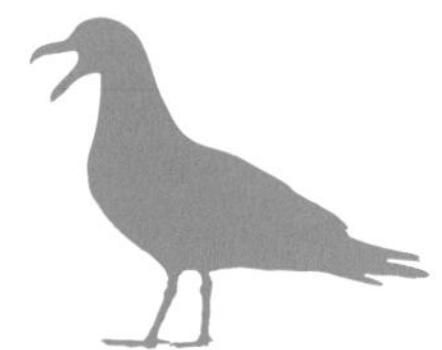

SILBERMÖWE

Larus argentatus

»*Immer folgt mir die Liebe / wie die Möwe dem Schiff*«, dichtete die österreichische Lyrikerin Christine Busta. Heißt das, die Lieben, die einem folgen, können mitunter so aufdringlich sein wie Möwen? An der Nordsee reißt mir die Möwe den frisch an der Bude gekauften Crêpe mit Grand Marnier einfach aus der Hand. Ich bin wütend und muss doch lachen. Sie lässt ihn fallen, er ist heiß, sogleich stürzt sich eine ganze Schar kreischender Möwen auf das gute Stück. Die werden alle nachher einen Schwips haben. Sind das nun Silbermöwen? Es gibt so viele Arten, aber sie sollen die häufigste sein, doch für mich sehen die alle gleich aus, nämlich wie für einen anderen Dichter, Christian Morgenstern:

Die Möwen sehen alle aus,
Als ob sie Emma hießen.
Sie tragen einen weißen Flaus
und sind mit Schrot zu schießen.

Typisch Mann, gleich erst mal abschießen. Ich kaufe mir einen neuen Crêpe, halte ihn diesmal sehr gut fest und denke an die letzte Strophe des Gedichtes:

O Mensch, du wirst nie nebenbei
Der Möwe Flug erreichen.
Wofern du Emma heißest, sei
Zufrieden, ihr zu gleichen.

Sie wurde oft bedichtet, die Möwe – »*Möwe, dir weih ich mein irdisches Wort*«, schreibt Pablo Neruda, »*dich rühme ich mit allem: mit deiner wilden Gier, mit deinem Schrei im Regen oder mit deinem ruhevollen Schweben …*«

PS: Zur Ehrenrettung Morgensterns sei hinzugefügt, dass er in der mittleren Strophe davon absieht, Möwen zu schießen, und sie lieber füttert. Gut gemacht. **EH**

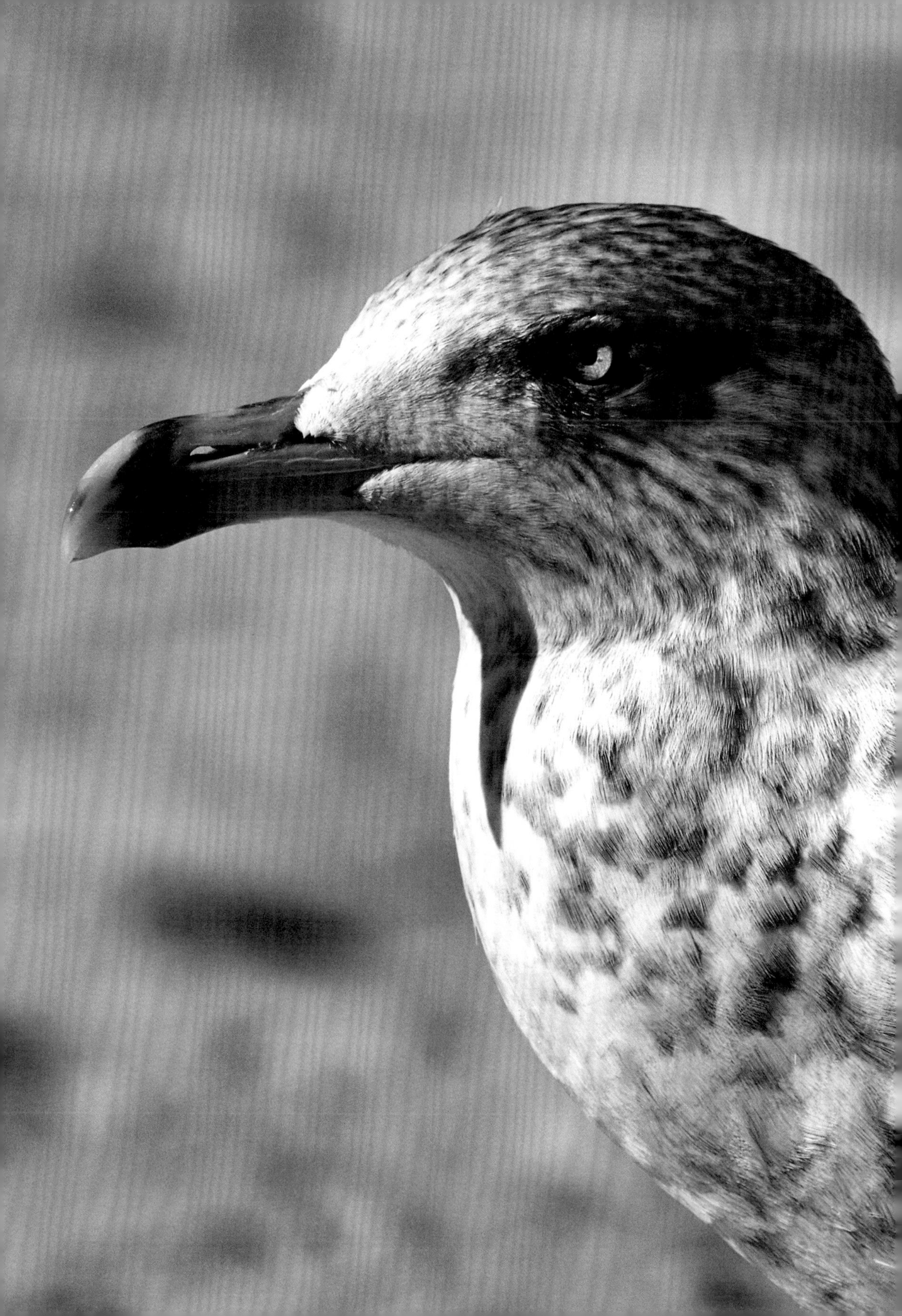

MERKMALE domestizierte Form der Graugans · Gewicht bei Gantern bis 20 kg · Spannweite bis 1,80 m · Gefieder bei den weltweit über 100 Rassen in vielen Farbvariationen von weiß über grau bis braun gescheckt VORKOMMEN Graugans: Brutgebiete in Nord- und Osteuropa, Asien · Überwinterung: Iberische Halbinsel, Nordafrika, Adria LEBENSWEISE äußerst wachsam · ernährt sich vor allem pflanzlich von Gräsern und Sämereien · lebenslang monogam mit einem Partner · Gänseküken (Gössel) erkennen das erste ihnen begegnende Lebewesen nach dem Schlüpfen als »Mutter« an und folgen ihm

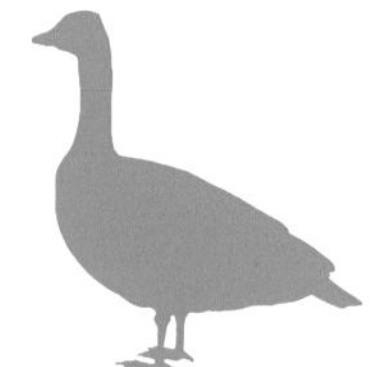

HAUSGANS

Anser anser f. domesticus

Gänse! Wo anfangen! Was für großartige Wesen, was für Geschichten! Egal ob Hausgans, Graugans, Kanadagans, Wildgans – das sind echte Brocken: stark, prächtig, mutig, laut. Den alten Griechen war die Gans heilig, sie stand für Fruchtbarkeit und Eros, schon in der Odyssee kommt sie vor. Bei den Römern haben Gänse im Krieg durch ihr Geschnatter das Kapitol gerettet – sie wurden quasi wie Wachhunde eingesetzt. In der ägyptischen Mythologie hat die Gans das Weltenei gelegt, aus dem die Sonne kroch, Amon-re. Und in der germanischen Mythologie sind Gänse die heiligen Tiere der Hulda, aus der dann Frau Holle wurde, die die Betten mit den Gänsefedern so schütteln ließ, dass es aussah wie Schnee. Sogar bei den Indern gilt die Gans als Gefährte Brahmas, der alles Sein verkörpert, und da steht sie für Freiheit und Ungebundenheit. Ja, und um die Martinsgans kommen wir nun nicht herum: Der brave St. Martin, der den Mantel teilte mit dem Frierenden, wollte sich dafür nicht loben und segnen lassen, versteckte sich im Gänsestall und wurde durch das Geschnatter verraten. Aus Rache muss nun die Gans an St. Martin knusprig auf den Tisch. Rosa Luxemburg hat 1915 aus dem Gefängnis an eine Freundin geschrieben, wie glücklich sie die wilden Gänseschreie machten, die sie in ihrer Zelle hörte, *»da zuckt in mir alles vor Sehnsucht nach – was weiß ich nach was, einfach nach der Ferne, nach der Welt«*.

Und für mich gibt es nichts Bewegenderes als die Schreie der Gänse am Himmel im Frühjahr, im Herbst, wenn sie hoch oben kommen oder ziehen und in ihrer schönen Formation Tausende von Kilometern zurücklegen, und vielleicht sitzt im Gefieder der Leitgans immer noch der kleine Nils Holgersson. Ja, was für großartige Wesen. **EH**

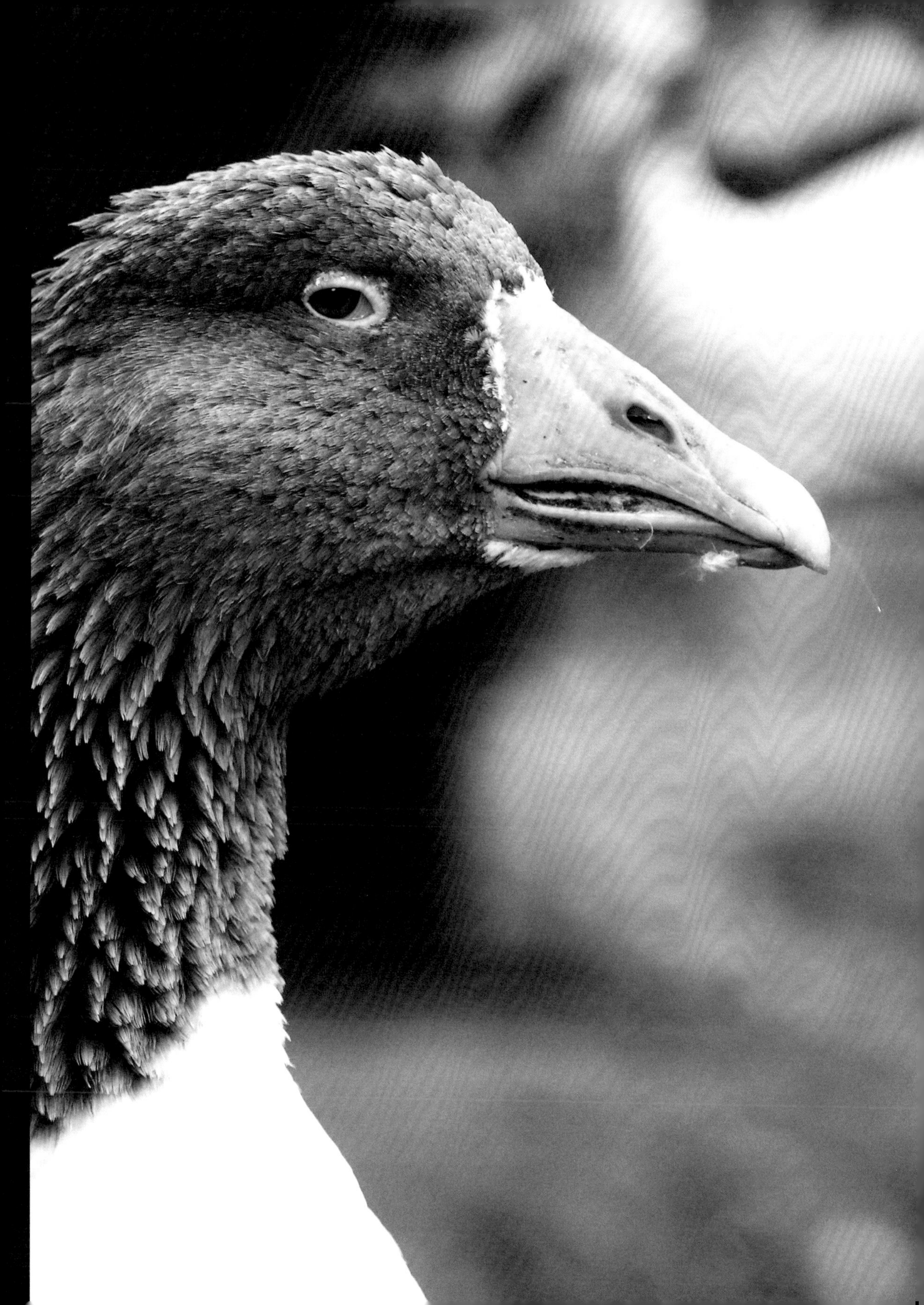

MERKMALE Zuchtform des Haushuhns, älteste deutsche Zwiehuhnrasse aus Süddeutschland · Gewicht bis 3,5 kg · vorgewölbte Brust, waagerechter Rumpf · schnell wachsend, Henne legt mehr als 200 Eier im Jahr · silberweißes Gefieder · Stehkamm, rote Ohr- und Kehllappen, rote Augen VORKOMMEN Deutschland LEBENSWEISE Laufvogel, der nur einige Meter fliegen kann und sich wenig bewegt · zutraulich · flexible Hackordnung · ernährt sich von Körnern, Gras, Würmern, Schnecken, Insekten, auch Mäusen

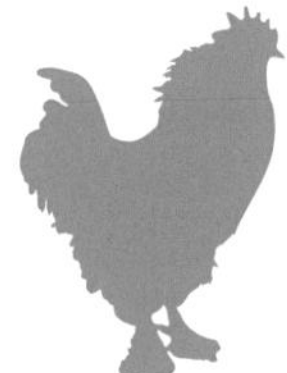

SUNDHEIMER HUHN

Gallus gallus domesticus

Nach dem Krieg hielt meine Mutter in Essen-Rüttenscheid in einem vergammelten Altbau auf dem Balkon im 2. Stock zwei Hühner. Sie hießen Hermine und Hedwig. Wenn es zu kalt wurde oder zu viel regnete, durften sie in die Küche kommen und scharrten leise gurrend auf dem Linoleum nach Körnchen. Sie wurden sehr geliebt. Ich weiß nicht, was aus ihnen wurde, oder sagen wir so: Ich will es lieber nicht wissen. Kocht man mir heute bei Erkältung eine Hühnersuppe, denke ich jedes Mal: Ach, Hermine! Ach, Hedwig!

Ob es Sundheimer Hühner waren? Das Sundheimer Huhn kommt aus Sundheim, der Name sagt es, und Sundheim ist ein Teil von Kehl, an der Grenze zu Frankreich, wo man Wanzenauer Hähnchen zu Riesling verputzt, und die Wanzenauer sind sehr nah an den Sundheimern. Sie sind eine der ältesten Hühnerrassen, freundlich, gute Winterleger, schwere Fleischhühner. Der Hahn kräht zurückhaltend, die Henne gackert eher glucksend, und die Sundheimer Bauern liebten ihre Hühner wie wir unsere und hielten sie im Winter in der Stube unter dem Kachelofen, Stubenküken nannte man sie, aber das Ende war auch da – letztlich – der Topf.

Man möchte es kaum glauben, aber das liebenswerte, robuste Sundheimer Huhn ist vom Aussterben bedroht. Vor einigen Jahren zählte die Bundesanstalt für Landwirtschaft und Ernährung nur noch 865 Hennen und 234 Hähne.

Aber Rettung naht! Der »Verein zur Erhaltung des Sundheimer- und des Zwerg-Sundheimer-Huhnes« bemüht sich um Pflege und Erhaltung.

Ich hab es nicht so mit Vereinen.

Aber hier – ich überlege. Vielleicht sollte ich diesem Verein beitreten? Schon zum Gedenken an Hedwig und Hermine, die uns 1948 durch schwere Zeiten halfen. **EH**

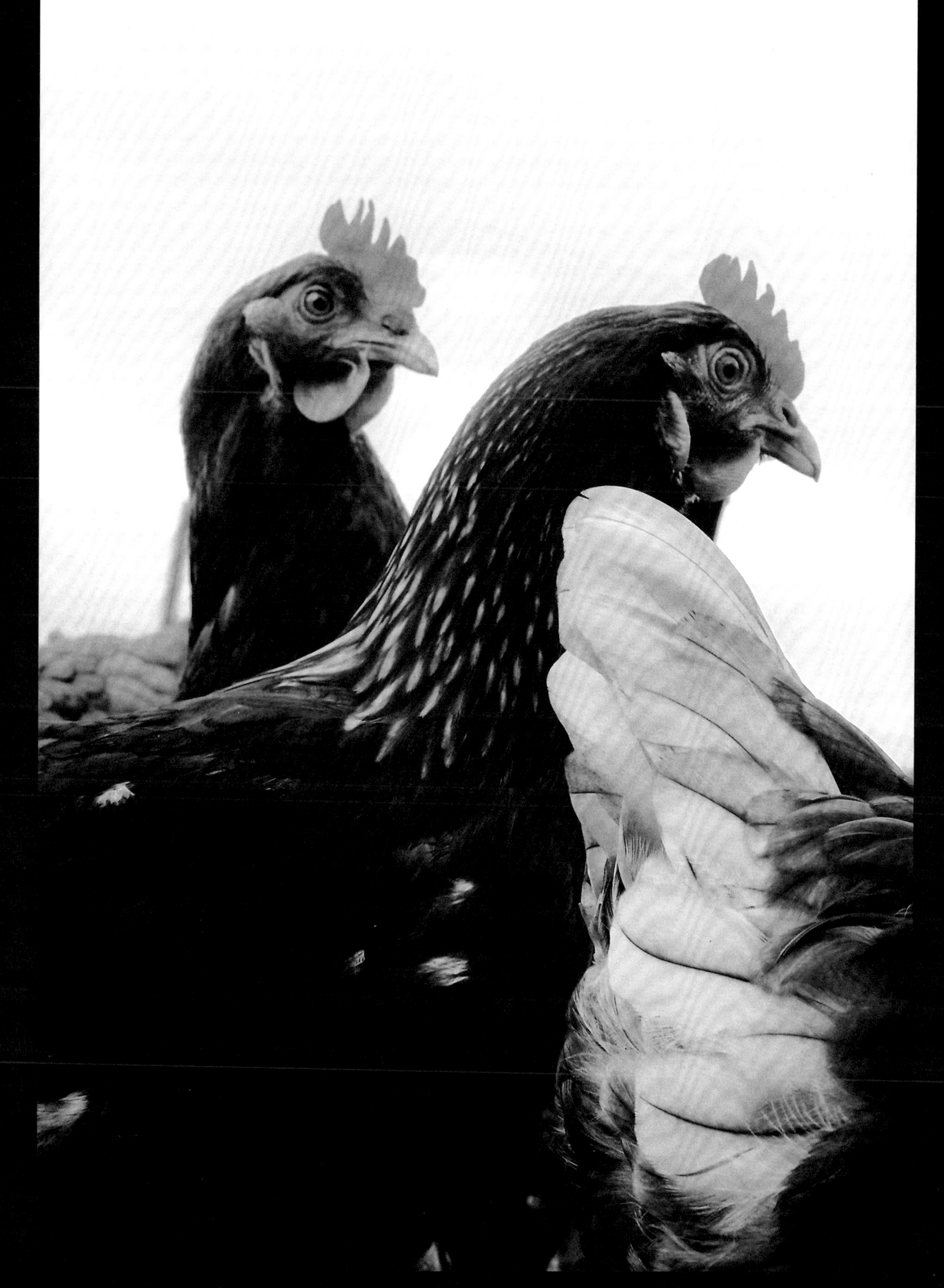

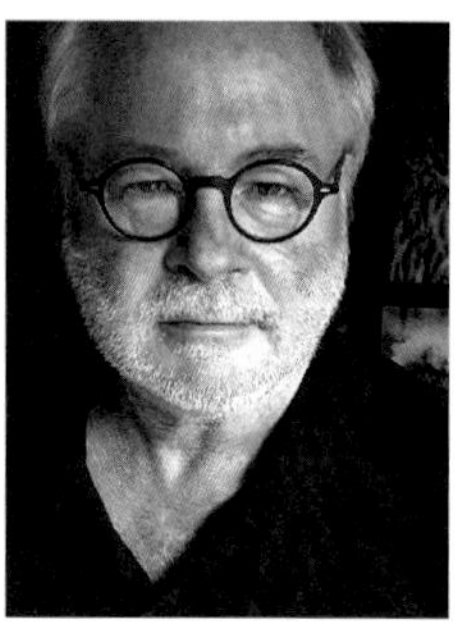

TOM KRAUSZ geb. 1951 in Hamburg · Studium der Fotografie in Hamburg · Kameraassistenz beim NDR-Fernsehen und bei ZDF-Spielfilm-Produktionen · Assistenz bei verschiedenen Fotografen · seit 1980 Arbeit als freier Fotograf und Filmemacher · über 130 Reportagen u. a. für Stern, Merian, Spiegel, Feinschmecker, ZEIT-magazin, Brigitte · Regie und Kamera für diverse Fernsehdokumentationen u. a. für arte, WDR, Servus TV · Ausstellungen im In- und Ausland, u. a. »Jerusalem – Daily Life« (Museum für Kunst und Gewerbe Hamburg, 2002), »Venedig« (Literaturhaus Berlin, 2013), »Aussichten« (GAF Galerie für Fotografie Hannover, 2015) · diverse Veröffentlichungen, zuletzt »Jerusalem« (2015, Text: Iris Berben), »Alles fließt. Der Rhein« (2018, Text: Elke Heidenreich, ITB BuchAward).

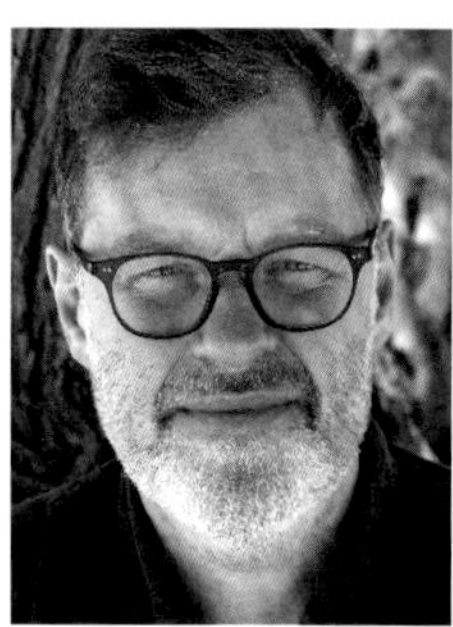

DIETMAR SCHMIDT Prof. Dr., lehrt Literaturwissenschaft an der Universität Erfurt. Autor des Buches »Die Physiognomie der Tiere. Von der Poetik der Fauna zur Kenntnis des Menschen«, München 2011.

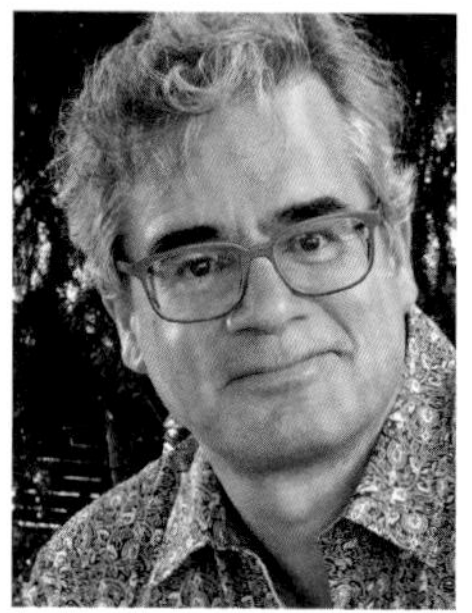

URS HEINZ AERNI Urs Heinz Aerni stellte an der Kunstgewerbeschule Bern fest, dass er farbenblind ist, und wechselte vom Schriftenmaler in den Journalismus und zur Literatur, weil hier mit »Schwarz auf Weiß« nichts passieren könne. Trotz Handicap ließ er sich zum Feldornithologen ausbilden, eine Welt, die ihn schon als kleiner Bub bannte. Er moderierte auf Bühnen und für Medien, ist Co-Kurator von Literaturfestivals und gestaltet das Kulturprogramm für das Hotel Schweizerhof in Lenzerheide. Zu den letzten Publikationen gehören »Lugano – Konstanz« und je ein Quiz über Graubünden und Zürich.

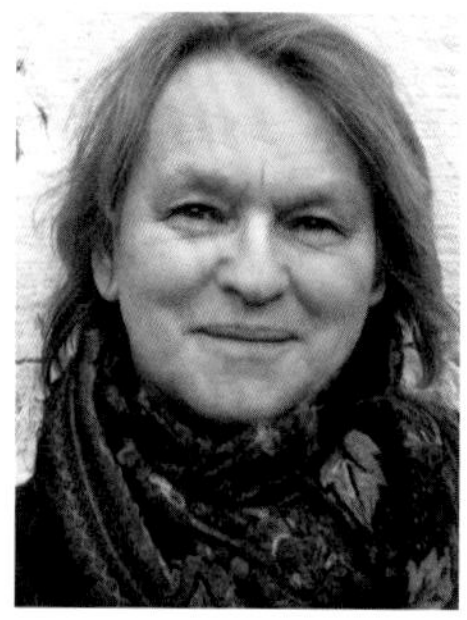

ELKE HEIDENREICH arbeitet seit 1970 für Funk und Fernsehen, sie moderierte Talkshows, schrieb Drehbücher und Hörspiele und war von 2003 bis 2008 erfolgreich mit ihrer Literatursendung »Lesen!«. Sie lebt in Köln, wo sie zwölf Jahre für die Kinderoper arbeitete. Sie schrieb Erzählungen und Sachbücher und machte zusammen mit Tom Krausz viele Reisen, die in Büchern wie »Macbeth«, »Flieg, Gedanke – Verdis Italien« oder »Dylan Thomas« ihren Niederschlag fanden. Zuletzt machten beide ein Buch über Musik in Venedig, »Die schöne Stille«, und porträtierten den Rhein.

Der Fotograf bedankt sich herzlich für die Möglichkeit
zu fotografieren und für hilfreiche Hinweise

Weltvogelpark Walsrode
Am Vogelpark, 29664 Walsrode
www.weltvogelpark.de
Vogelpark Niendorf an der Ostsee
An der Aalbeek, 23669 Timmendorfer Strand
www.vogelpark-niendorf.de

Bibliografische Information der Deutschen Nationalbibliothek
Die Deutsche Nationalbibliothek verzeichnet diese Publikation
in der Deutschen Nationalbibliografie; detaillierte bibliografische
Daten sind im Internet über http://dnb.dnb.de abrufbar.

Impressum

E-Mail: dugverlag@mac.com
www.dugverlag.de
Schwanthalerstraße 79, 80336 München, Tel. 089 / 23 23 09 66
Friedensallee 26, 22765 Hamburg, Tel. 040 / 389 35 15
Gestaltung: Annalena Weber, Hamburg
Steckbriefe und Litho: Sabine Niemann, Hamburg
Schrift: Tzimmes

Druck: Beltz Grafische Betriebe GmbH, Bad Langensalza
ISBN 978-3-86218-133-9
1. Auflage 2020

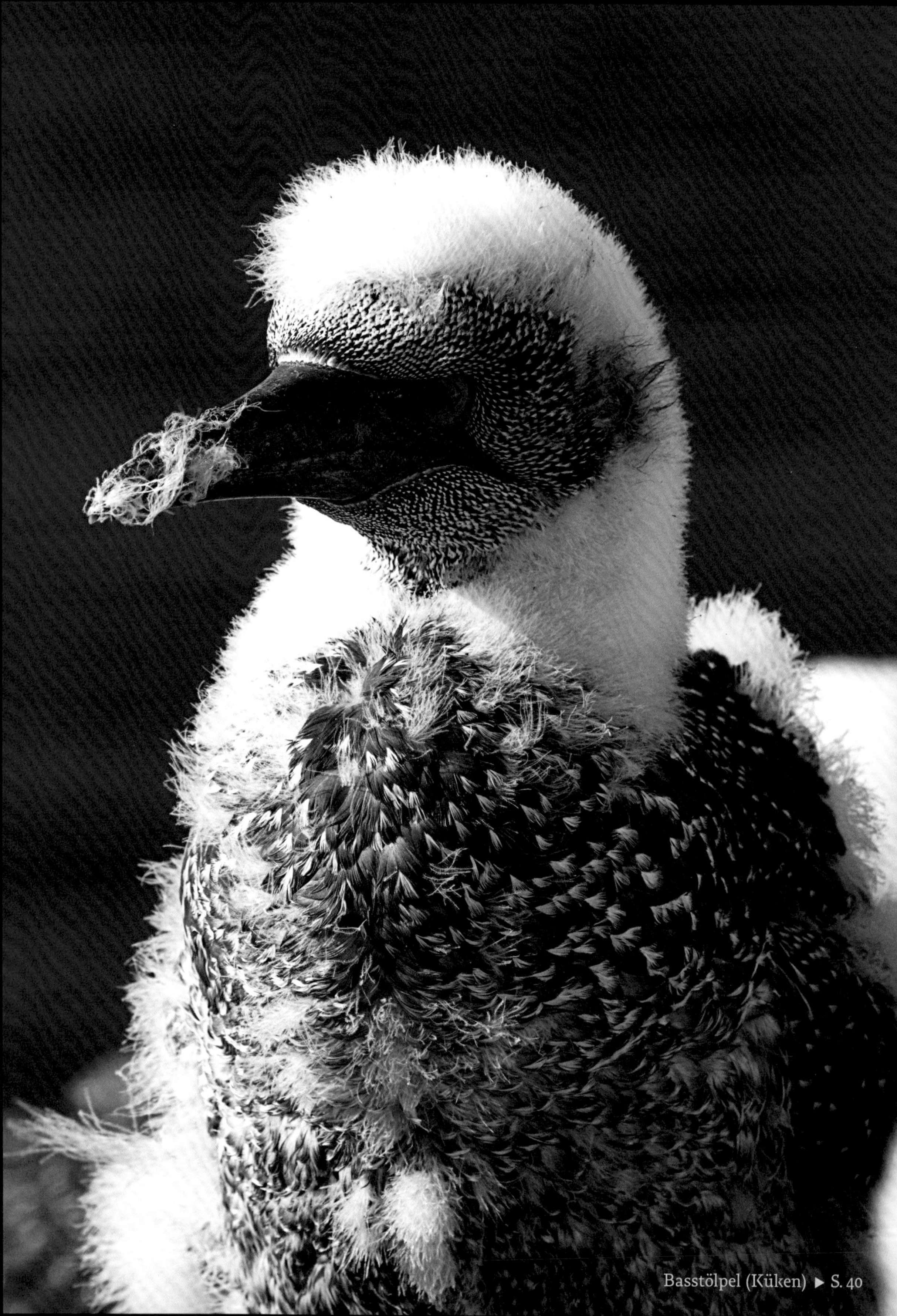

Basstölpel (Küken) ▶ S. 40